# 基于生态系统的海洋管理实践

[美] 朱莉娅·M. 旺多莱克 （Julia M. Wondolleck）

史蒂文·L. 雅飞 （Steven L. Yaffee）　　著

相文玺　曹英志　魏　莱　等译

海洋出版社

2021 年 · 北京

图书在版编目（CIP）数据

基于生态系统的海洋管理实践/（美）朱莉娅·M. 旺多莱克（Julia M. Wondolleck），（美）史蒂文·L. 雅飞（Steven L. Yaffee）著；相文玺等译. -- 北京：海洋出版社，2020.3

书名原文：Marine ecosystem-based management in practice

ISBN 978-7-5210-0580-6

Ⅰ.①基… Ⅱ.①朱… ②史… ③相… Ⅲ.①海洋环境-生态环境保护-研究 Ⅳ.①X145

中国版本图书馆 CIP 数据核字（2020）第 016398 号

图字：01-2020-3735

责任编辑：杨传霞　林峰竹
责任印制：安　森

海洋出版社　出版发行

http：//www. oceanpress. com. cn
北京市海淀区大慧寺路 8 号　邮编：100081
廊坊一二〇六印刷厂印刷　新华书店总经销
2020 年 3 月第 1 版　2021 年 8 月北京第 1 次印刷
开本：787mm×1092mm　1/16　印张：11.5
字数：255 千字　定价：70.00 元
发行部：62100090　邮购部：62100072　总编室：62100034
海洋版图书印、装错误可随时退换

# 《基于生态系统的海洋管理实践》
# 翻译组成员名单

相文玺　曹英志　魏　莱　张宇龙　谭　论

沈佳纹　赵立喜　李亚宁　王　倩　翟伟康

# 前　言

长期以来，我们一直在研究基于生态系统的管理（EBM），也从未停止相关写作。最初的 10 年，我们研究了环境冲突、环保主义者和伐木工（Wondolleck）[1]等团体之间的矛盾，以及林务局、鱼类和野生动物部门（Yaffee）[2]等公共机构的低效决策，我们急需一个有前景的前瞻性管理模型。20 世纪 90 年代初期，"生态系统管理"和"基于生态系统的管理"已成为专业词汇。

一方面，上述词汇体现了一个显而易见的原则。毫无疑问，自然资源属于一个相互联系的大系统，碎片式的狭隘管理毫无意义，必须在更广泛的全局性层次内进行分析和决策。不同人群和团体提出的要求逐渐升级，须以不同的方式进行管理才可避免僵局和冲突，这一点似乎不言自明；在某种程度上，解决方案旨在维持底层系统健康的同时，寻找一种开明的平衡。在这个世界中，难以预料的变化时有发生，而我们的知识有限，由此，对不确定性多加思量，多一点谦逊、少一点骄傲，似乎是理所当然之事。

但这是一条很难走的路。的确，在数百个尝试向基于生态系统的方法转变的案例研究过程中，心怀理想的人们明显面临着许多艰巨挑战：为鼓励人们跳出其狭隘、短期的视角而实施的激励机制收效甚微；人们对科学得到的优先待遇了解有限，甚至心存偏见；决策受权力和"小圈子"支配；即使是富裕国家，其能力仍然具有局限性。除此之外，还有很多因素同样限制了覆盖范围更大、更全面、更令人满意的管理模式的产生。

幸运的是，我们在各地发现了富有创新性的人们，他们正以一种规模微小但意义重大的方式转变着管理模式。15 年的案例研究和审慎思考让我们燃起了希望：EBM 是可以在一定水平上实现的，是能够改善社群社会资本的；EBM 能够减少冲突、加强关系、提升资源管理决策的质量。在有些地方，人们通过改善自然系统条件、减少自然系统面临的威胁，在从该系统中获取希望得到的价值的同时，创造了更高水平的自然资产，取得了显而易见的成效。确实，改善社会条件和治理方式是改善自然系统的必要前导因素，而这种社会改善也是 EBM 的重要方面。

有些地区采用了以合作为基础的公共决策模式，基于此我们出版了生态系统管理案例汇编和书籍，并制作了网站介绍相关的经验[3]。这完全是以实践为基础的。我们仔细研究了现实世界中各地的经验，总结了其共同点和不同点、面临的挑战和促进要素。我们一直关注于转变资源管理实践，也希望能为陆地机构的从业者提供帮助。

海洋科学家、管理者和决策者约在 2000 年（晚于陆地方面 10 年）开始支持 EBM，令人颇感振奋。继国际自然保护联盟及其他国际组织之后，两大海洋委员会也采用了 EBM

理念。大卫与露西·派克德基金会、戈登与贝蒂·摩尔基金会等基金会也开始资助研究和地区行动，以向 EBM 管理方法转变。

10 年前派克德基金会的 Kristen Sherwood 打来电话问我们是否有兴趣对海洋 EBM 开展案例研究时，我们的回答是"没兴趣"。当时我们重点研究的是陆地和淡水系统，同时也投入了很多时间进行案例研究，总结交叉案例经验，所以我们对 Kristen 提议的本能反应是："都是老生常谈，是时候去干点别的了"。不过随后我们的好奇心便被激发起来：海洋和海岸管理与我们一直在评估的陆地系统案例有何关联呢？在海洋系统实施 EBM 方法所面临的挑战是相似还是不同呢？海洋科学家耗费如此长的时间才意识到了实施 EBM 的必要性，这是否说明海洋系统环境更具挑战性，或是仅仅表明二者在原则和资源方面存在分歧，才使得思维和理解碎片化了？

许多海洋科学家和管理者也主张，推进 EBM 需要新的法律授权和自上而下的结构，然而我们先前的工作表明，无形要素如支持变革、受人尊敬且积极性高的人物似乎对成功推进 EBM 也具有重大意义。很多人也聚焦于扩张海洋禁采保护区的数量，但我们在陆地开展的工作表明，能够圈入保留区的土地（即陆地荒野）是有限的。若想发展进步需要管理很多复杂的压力源，而且将自然资源与人类需求分隔开这一举措仅具备有限的政治可行性。

所以，就海洋 EBM 进行了两年渐进式的交流沟通之后，我们回复道："没问题，我们愿意做。"这不仅能帮助我们解答上述疑问，也让我们接触到全新的科学家和决策者社群，遗憾的是，他们之前与陆地研究的同行交流有限。这也让我们有机会帮助许多研究生并和他们共事，研究生可以协助进行案例研究，从而建立起对海洋体系和政策的认识，这将激励他们走向在美国国家海洋和大气管理局、沿海各州机构和基金会工作的职业道路。

在派克德基金会的资助下，2008 年我们开展了一个项目。我们制定了评估框架、在世界范围内广泛选取了 EBM 地点、组织了研究团队对这些地点的一部分进行描述，又在一个更小范围内开展了丰富的案例研究。最后，我们交叉分析案例，从中吸取经验以帮助从业者、利益相关方和研究者在实践中更好地理解 EBM，了解如何克服挑战。很多经验简介都可以在我们的网站上找到（www.snre.umich.edu/emi/mebm）。

我们在世界范围内研究了 60 多个海洋 EBM 倡议，但很快发现没有哪一个模型能全面概括其经验。虽然所有案例中都存在重要的共同特征，即第七、第八章详细介绍的内容，但也存在足以影响每个倡议发挥其效应的显著差异，这种差异也会影响该倡议所能达到的最终效果。我们研究的倡议在多个重要维度上都有所差异：

规模——案例规模从规模较小、基于社群的倡议到大规模跨国进程。随着规模扩大，自然和社会体系的复杂程度也随之增加，为保证全进程信息畅通、可靠，参与其中的政府管辖区域、机构、专家和利益相关方的数量也必然提升。

授权——我们研究的倡议是通过不同途径获得官方批准的。有些通过法律、政策或行政指令建立；而其他自下而上的倡议有时是以非营利性组织的形式成型。虽然只有拥有监管权限的倡议才能直接限制使用海洋资源、采用分区战略，但所有倡议都找到了行使"授权"的方式。

目的和范围——和规模一样，倡议的具体目的和范围、解决问题的数量和类型也会影响倡议的效应发挥及其动态。有些倡议综合性高，包括渔业问题或上游陆地生态系统，但其他倡议涉及的范围较小，只解决单个问题，采用单一策略，如教育或生态恢复问题。

起源——倡议的提出人、提出过程和原因都会直接影响进程动态。自上而下的倡议形式更严谨、声望更高，而自下而上的倡议展现出更强的主人翁精神和承诺。

时间——有些案例是长久以来地区行动的典型案例；其他案例实施的时间很短，主要涉及起步阶段的相关问题。关于通过一定的引导过渡来维持自身发展的问题，时间较长的倡议能提供有价值的见解。而且，这类倡议能更好地展示研究成果和有效的评估措施。

虽然诸多变化和差异容易令人迷惑，但在派克德基金会资助研究项目结束后，我们花费了大量时间和精力，尝试寻找能够帮助人们更好地理解 EBM 工作的共通点和类别。我们将各类项目分为第一章所述的五个类型，并以之为框架组织第二章至第六章的内容。从案例汇编中，我们选出了两种不同情势，以解释每个 EBM 类别。虽然介绍的所有案例均选自北美，但其他地区也存在许多相同的经验。研究时间跨度是 2009—2012 年，而那之后，每个案例都面临着新的挑战和机遇，持续演化。虽然我们尽力更新了案例现状，但并不表示可以完全代表其当前状态，包括人员和结构，相关更新信息可在文末注释所提供的网址上找到。尽管演变不可避免，但采访时分享的案例能够为我们提供有关创造动力、适应变革、维持发展的经验，这也是本书的焦点。

在介绍社会与自然环境复杂形势下的经验法则时，有一点显而易见，即"砖瓦"和"砂浆"这种简单分类能有效帮助我们组织各种有形、无形因素，而正是这些因素在促进海洋案例效力方面发挥了重要作用。MEBM 进程中结构性的"砖瓦"区别于构成"砂浆"的参与者动机和行为。但综合起来，上述有形、无形因素都能在我们研究的案例中以某种形式显现，且是其发展能力中的核心部分。然而对于非结构性和无形因素的问题，似乎很难解决。的确，有人认为"砂浆"因素不可捉摸、过于情感化，抑或甚至将其视为"常识"。20 年前我们也许也会有同感。但事实上，它是一种以地点为基础的重要因素，可在不改变主要政策或制度的前提下进行强化；我们相信重视该类因素会赋予在第一线为发展而奋斗的人们力量。至于所谓"常识"，当仔细研究各地科学家、管理者和决策者的"疯狂"努力时，人们就会明白"常识"并不普遍。

随着时间的推移，我们逐渐认识到海洋 EBM 和陆地、淡水资源管理并非迥然不同[4]。它们会面临许多相同的挑战，许多相同的策略也会有所帮助。由于人们对海洋与陆地的认知不同：海洋的问题很难直观"看到"，所以呼吁人们参与改善水下生态系统的行动更具挑战性。二者的产权问题也不同，陆地管理须处理比海洋管理更严格的私有财产权。但是，相互重叠和碎片化的管辖范围，包括政府（联邦、州、县）、行政（处理渔业管理 VS 能源开发 VS 海洋运输事务的机构）和使用者（部落 VS 商业 VS 娱乐），在海洋方面造成了具有同样挑战性的"权利"问题。好在关注海洋、陆地和淡水情况的人们可以相互学习，而且有足够的实践案例为适应性学习提供充分依据。

若 Barry Gold、Kai Lee、Kristen Sherwood、派克德基金会没有在我们做研究时让我们参与海洋养护工作，本书也不会问世。因本书而结识的一些海洋科学家有布朗大学的 Heather Leslie 和 Leila Sievanen、杜克大学的 Lisa Campbell，他们利用我们携手制定的评估框架在加利福尼亚、包姚和西太平洋进行案例研究。与 COMPASS（科学与海洋交流伙伴关系）的 Karen McLeod 和其他人员的互动交流加深了我们对海洋 EBM 的理解。专注于海洋养护领域中的同事分享的许多见解也让我们受益匪浅，其中包括 Ellen Brody（NOAA 国家海上禁渔项目）、Chris Feurt 和 Alison Krepp（NOAA 国家河口研究保留区系统）、Lauren Wenzel（NOAA 国家海洋保护区中心）、Sara Adlerstein-Gonzalez 和 Sheila Schueller（密歇根大学）。我们很高兴可以拓展对沿海和海洋生态系统相关研究和管理问题的看法。

本书所述的案例最初是密歇根大学自然资源和环境学院的研究生进行研究和起草的，包括 Clayton Elliott、Dave Gershman、Jason Good、Matt Griffis、Colin Hume、Jennifer Lee Johnson、Amy Samples 和 Sarah Tomsky。我们也与校友和研究生 Sarah McKearnan 密切合作，其在初始评估框架和墨西哥湾案例的研究工作中格外细致、见解独到。对海洋 EBM 的许多细微差别的广泛认识也得益于其他研究生所开展的补充研究，包括 Ricky Ackerman、Amanda Barker、Anna Bengtson、Todd Bryan、Christina Carlson、Sara Cawley、Kathy Chen、Kate Crosman、Alyssa Cudmore、Katie Davis、Jennifer Day、Julia Elkin、Michael Fainter、Matt Ferris-Smith、Kristina Geiger、Elizabeth Harris、Troy Hartley、Kirsten Howard、Elise Hunter、Chase Huntley、Camille Kustin、Josh Kweller、Kate Lambert、Margaret Lee、Nat Lichten、Sue Lurie、Bill Mangle、Stacy Mates、Samantha Miller、Rachel Neuenfeldt、Joe Otts、Naureen Rana、Eric Roberts、Carolyn Segalini、Cybelle Shattuck、Mariana Velez、Maggie Wenger 和 Michelle Zilinskas。非常感谢上述所有校友的努力，也希望他们在"现实世界"取得更大成就。

在此感谢无数受访者，慷慨共享其宝贵时间以及其对 EBM 倡议的看法和观点。希望我们成功解读了他们的故事，能够吸引他人追随的脚步。同时要感谢 Island Press 编辑 Barbara Dean、Erin Johnson 和 Sharis Simonian 在本书出版过程中给予的指导和支持。最后，向我们的女儿 Anna 和 Katie 表达爱意和感激，感谢她们在对又一个书籍出版项目持质疑态度时所表现出的宽容。虽然很容易因气候变化预测和公众言论的分歧而受挫，我们依然对公众将来所承继的世界保持乐观态度。很多人，平凡或不平凡，都致力于寻找通向美好未来的路，在面临很多挑战时始终坚持不懈。单是这一点就可带来希望。

# 目　录

# 图表目录

# 第一章　基于生态系统的海洋管理经验

2011 年 12 月，来自 3 个州、2 个加拿大省份的管理者共聚一堂，庆祝携手推进缅因湾海洋保护工作 20 周年。通过共同努力，他们调动了数百万美元以开展修复项目、推进科学认识、协调边境两侧的监测和管理。20 年前初次会面时，联邦政府官员认为他们"幼稚至极"，妄想改变当时极具争议的形势。美国国务院打压他们的努力。现在回想起当时的这种质疑，团队的联合创始人之一笑着说，"现在还留在这的人，可以微笑着说'20 年后我们成功了！'"[1] 缅因湾海洋环境委员会成立时微不足道，起初的目标也很简单："希望通过学习、联通、共享信息，所有人能更好地做好本职工作"，而现在它已成长为世界上跨国海洋生态系统保护的模范。

1990 年联邦政府建立佛罗里达群岛国家海上禁渔项目，怒火随之而来。渔民、居民、寻宝人、房地产商和其他蔑视联邦法规的人组成联盟，举标识和条幅谴责美国国家海洋和大气管理局。禁渔项目的首位监察员 Billy Causey 的画像一天之内被"绞死"两次。该地区渔业日渐衰退，敏感的珊瑚礁地带频繁发生船只搁浅事故，公众对此表示很担忧，但很多人更害怕一旦局面"失控"会破坏群岛独特的文化和生活方式。而今天，居民、渔民和各州、联邦参与禁渔项目的管理人员携手合作，共同保护该地区的独特资源和赖以生存发展的社群。他们为其成就而自豪。受到过度开发的海洋生物种群的数量在回升，船只搁浅事故骤减。一名渔民回忆，"第一次听到海洋保护区时，我们非常害怕。可一旦参与其中……渐渐地就不再害怕了"[2]。

俄勒冈州奥福德港海洋资源团队（POORT）获得了国家海洋和大气管理局 2010 年度卓越奖，嘉奖其创新性地采用基于社群的方法实现了渔业的可持续发展。2012 年，POORT 获得了州长颁发的俄勒冈杰出贡献金奖，至此也意味着应奥福德港渔民请求而建立的俄勒冈州首个海洋保护区获得批准。10 年前，该社群渔民的处境截然不同。那时他们感到被孤立，无法改变正深刻影响其生活的管理决策。一名当地渔民的妻子 Leesa Cobb 明白当地渔民面临的痛苦和挑战，开始作为渔民代表而不懈努力，最终帮助他们成立了 POORT。"成立 POORT 时，"她回想着，"渔民面临着很多挑战。当时沿岸三文鱼生态濒危，当地的海胆业也崩溃了，马上底栖鱼类也遭到厄运。可以肯定的一点是，政府通过的任何渔业管理措施都不起作用。人们当时已经准备好迎接改变了。"奥福德港发生改变的过程为我们提供了以社群为主，有效管理海洋资源的典范。

世界范围内，人们共同努力推进生态系统规模的海洋养护和管理方案，规模有大有小，过程有正式和非正式。其任务并非易事：海洋生态系统复杂、科学不完善、风险高、

1

冲突不可避免。尽管如此，在各处迥然相异的地方，如缅因湾、佛罗里达群岛和奥福德港，人们也正在保护海洋、正在做出改变。他们在推进科学认识、利用资源修复海洋生物栖息地和生态系统、提高意识和关注，宣示着在看似难以处理的海洋养护问题上依然可能取得进步。虽然他们的故事各自以独特的方式呈现，但其经历所展现的经验教训与基于海洋生态系统的管理（MEBM）实践有极高的相似度和广泛的关联性。这些各不相同的地区取得进步的原因是什么？他们遇到了哪些挑战，又是如何克服这些挑战？相关人员对希望追随其脚步的其他人有何建议呢？

# 基于生态系统的管理实践

为回答上述问题，本书从 MEBM 试验区的经历中吸取经验教训。该地区本来几乎无人志在践行 MEBM。确切地说，他们只是希望解决传统的单一物种、单一资源或单一机构的方法均未成功解决的渔业衰退、珊瑚礁崩溃或水质差的问题。多数人都意识到必须将其焦点扩大到地区规模，联合必要的人士和组织以取得进展。他们建立跨国关系以获取科学知识、资源和授权。最后，大多数人进一步寻求整合、平衡使用者和目标，使管理活动产生可持续的效果。实际上，参与者之所以支持基于生态系统的管理原则，是因为他们希望解决其他策略未解决的问题。

虽然 MEBM 的定义各有不同，但大多包括下列 5 个因素[3]：

● 规模：MEBM 观点倡导使用生态边界而非政治或行政边界，管理通常涉及的地理范围更大，时间框架更长。

● 复杂性：MEBM 观点将海洋资源视为各个复杂系统的组成要素，在实践中追寻采用能够承认并利用这一复杂性的策略。

● 平衡：MEBM 方法力求平衡、整合多个人类使用者团体的需要，同时维持可满足这些需要的生态系统的健康。

● 合作：鉴于跨国管理涉及更多人士和组织的利益，且管理复杂体系涉及更多领域的知识，MEBM 方法会涉及多种多样的组织和个人团队。

● 适应性管理：考虑到我们所知领域中潜藏的不确定性和未来变化的不可避免性，MEBM 观点倡导适应性的方法，监测和评估未来管理产生的变化。

许多科学和政策因素加速推进了 MEBM 的实施。鉴于前期从公共土地"一地多用"转向"基于生态系统"管理公共土地的过程中所取得的经验[4]，21 世纪初海洋资源政策开始推广生态系统规模的管理[5]。美国海洋政策委员会和皮尤海洋委员会制定了海洋政策指南，并提议 MEBM 应成为未来海洋资源管理的核心[6]。后来，两大委员会的许多建议都被纳入 2010 年奥巴马总统签署的行政命令中。该命令强制要求将基于生态系统的管理列为美国海洋、海岸和五大湖管理的 9 项首要目标的第一项[7]。2013 年发布的《国家海洋计划》正是根据基于生态系统的管理过程制定的。沿岸各州也相应地根据基于生态系统的管理方法调整其海洋政策。例如，加利福尼亚州和马萨诸塞州均制定了海洋保护法，强制实施基于生态系统的管理方法[8]。同样，《加拿大海洋法》也要求实施海洋综合管理方法[9]。

在联邦和各州机构开始应对基于生态系统的管理观点和方法所带来的影响，关注海洋养护的慈善组织开始资助科学和地区项目时，一些决策者、管理者和受影响的团体却阻碍了发展，甚至导致退步。他们辩称，在生态系统规模上进行管理缺乏相关的科学认识，不确定性太多。有些人指出，人们就"基于生态系统的管理方法"进行争论时，概念晦暗不明、各不相同[10]。作为回应，2005 年科学与海洋交流伙伴关系（COMPASS）加快制定了MEBM "共识声明"，其中 200 多名科学家和政策专家一致同意，"基于生态系统的管理是将整个生态系统（包括人类）考虑在内的综合性的管理方法。基于生态系统的管理目标是维护健康、多产、有弹性的生态系统，如此生态系统才可提供人类期望和需要的服务。与当前所用的聚焦于单一物种、部门、活动或单方面忧虑的方法不同，基于生态系统的管理考虑的是不同部门的累计影响"[11]。

将这份概括声明付诸实践似乎极具挑战性，一些 EBM 的支持者表示必须制定具体的程序步骤。有人认为法律授权是必不可少的。其他人认为基于生态系统的方法必须同时考虑所有问题。还有人倡议成立新的地区机构处理政府管辖范围交叉重复的问题。许多人认为综合海洋空间规划（将土地使用规划和分区的方法应用于海洋）是前进的道路[12]。

通过观察世界范围内数十个进程，我们发现实施 MEBM 没有唯一模板。事实上，在海洋养护领域中改进生态系统问题有无数种方法；每种方法的作用方式都会随其背景、起源、组成和目标的变化而变化。若没有法律授权，相关人员会找到其他激励方法。小规模倡议设法与大规模倡议建立联系，反之亦然。综合海洋空间规划只是众多策略中的一种。

# 不同的道路，相同的经验

过去 8 年，我们一直在倾听人们的故事，分享他们的奋斗史和成就，为希望在对其意义重大的地方推行 MEBM 原则的人们提供建议。在大卫与露西·派克德基金会的帮助下，我们在世界范围内选取了在行动上体现 MEBM 原则的数十个案例，无论相关方是否明确使用了 MEBM 的标签[13]。我们首先是寻找文献中定义的基于生态系统管理的典型案例，但很快就发现实践中存在无数的变形。不存在放之四海而皆准的模板，实践方法各种各样。

我们详细研究了 24 个案例，比较和对照其共有的重要特征和显著差异。所有研究案例都采用了生态系统的观点，具有合作性和适应性，在现行法律和政策下均行之有效，且可利用协同作用跨规模工作。各研究案例注重促进协调，加强沟通。但他们采用了不同的策略，克服了独有的挑战，认真调整其管理结构以适应各自独特的背景和目标。

我们研究的大多数案例更像是实验。相关人员曾反复调整工作以适应各地域、组织和目标；他们在可控范围内根据具体问题、机构和能力调整过程和策略。当我们告诉受访人员，他们的故事看起来前景很好，能成为其他人员效仿的模范，所以我们正在研究他们的工作时，多数受访人员都会一笑置之或质疑我们的判断。"我们也仍在尝试解决这个问题"是最常见的一句话。但在持续的"解决问题"的实验过程中，他们揭示了类似的宝贵经验教训，而且超越了规模、范围或社会政治环境的限制。

# 五类基于生态系统的海洋管理倡议

虽然我们研究的许多倡议都有一些重要的共同特征，但在很多方面依然存在显著差异，这取决于其环境背景、目标和计划实施方式。有的是自上而下，有的是自下而上。有的倡议由政策制定者发起，有的倡议是由管理者、社群成员或非政府组织发起的。有的倡议管理结构很复杂，高度形式化，有的组织形式较为简单。其也会因其授权程度的不同而不同。有的有权管理资源、规范使用，但多数只限于规划、协调或顾问角色。本书介绍五类 MEBM 倡议以及相关的挑战。

## 大规模跨国倡议

该类 MEBM 倡议以高级别合作协议的形式成型，联系了不同的国家。该类计划承认与同一海洋生态系统相关的共同利益和共同关切，同时也尊重国家主权和制度。与许多国际协议相同，该类计划无权要求某国家采取具体行动；所有参与活动均为自愿。大规模的跨国计划受到考验的原因在于需要解决不同文化、政治和法律体系等方面的问题。

相关案例包括缅因湾海洋环境管理委员会和乔治亚海盆普吉特湾国际特别工作组，二者均是为推进美国、加拿大两国及两个海洋系统沿岸的各州、各省实施 MEBM 而单独成立的组织。同样，保护瓦登海三方合作协议鼓励荷兰、德国和丹麦通力协作，保护其在北海共有的联合国教科文组织世界遗产保护区。2007 年安哥拉、纳米比亚和南非共同成立了本格拉洋流委员会，旨在推进本格拉洋流大型海洋生态系统的综合管理。

## 跨州地区性倡议

政治和制度范围较小（并不意味着规模较小）的是单个国家内的跨州地区性倡议。该类倡议通过合作协议或国家政策制定，将单独的各州和/或联邦政府联系起来，共同致力于推进海洋养护工作。该类倡议大多数是自愿活动，无权要求任何一方采取行动，其目的是为承认共同的目标、协调活动、实现各自项目之间的协同作用或提高效率、整合科学和技术、吸引投资（单个项目很难做到）。该类倡议通常是由选举出的官员发起，但必须寻找最初政治指令以外的其他方法，推动实质性向心力的发展，以避免可能破坏倡议的政治管理。

相关案例包括联邦墨西哥湾项目和各州发起的墨西哥湾联盟。健康海洋西海岸州长联盟、大西洋东北部和中部区域海洋理事会也是鼓励多州合作的类似地区性倡议。他们希望确保各州单独采取行动时考虑更广泛的生态系统。

## "自上而下"，有监督管理的倡议

有的 MEBM 倡议有强大的法律效力。该类倡议依据法律制定且明确拥有管理海洋资源的授权，通常由单个联邦或州立机构管理，有权成立强制性的海洋保护区或规范管理区域内海洋资源的使用。北美地区的案例包括美国国家海上禁渔项目、加州渔猎委员会经《加利福尼亚海洋生命保护法》授权成立的各海洋保护区、《加拿大海洋法》授权发起的斯科舍大陆架东部综合管理倡议和依据《马格努森 – 史蒂文斯渔业保护和管理法案》成立的地区渔业管理委员会。还有澳大利亚大堡礁海洋公园管理局、厄瓜多尔加拉帕戈斯群岛海洋保留区、坦桑尼亚马菲亚岛海洋公园等倡议，虽然分布广泛、制度背景多样化，但都有着相同的目标，都面临相似的挑战。

虽然上述正式的政府倡议均有法律效力，但所处社会政治背景会影响其作用的发挥。利益相关方之间的矛盾可能非常突出，所以合作和协调往往至关重要。此外，为处理州 – 联邦管辖范围交叉重叠的问题，该类倡议通常必须达成正式协议，划分各自的权限范围。

## "自上而下"，无监管倡议

并非所有自上而下的倡议都有法律效力。很多方案是由各州或联邦政府建立，并作为推进 MEBM 的机制，但并不具备管理或监管授权。该类倡议并不直接管理资源，也不能指导或限制他方的活动。该类计划通常是大、中型规模，有权进行规划、协调、教育或促使他人采取行动。可想而知，缺乏明确授权可能为其工作造成困难；他们必须想方设法鼓励或促使他方自愿行动，如召集团队、提出焦点问题、为他方采取行动提供种子资金或为他方实施的管理计划注入主人翁精神。做得好的话，这一"促使"作用可改变机构行为，最终能够改善海洋健康。

美国国家海洋政策的实施计划呼吁扩展此类倡议，以增强生态系统规模的问题意识，鼓励国家和地区协调努力，对问题给予更多的关注。其中一个案例是五大湖恢复倡议，这项自愿行动联合了 11 个联邦机构和相应的州立机构，在五大湖恢复工作中共同推进以科学为本的适应性框架。同样地，华盛顿州的普吉特湾合作伙伴关系和西北海峡委员会也在社群、机构和利益相关者之间倡导以生态系统角度看问题。环保署的国家河口项目已开展了多项基于生态系统的工作，包括阿尔伯马尔–帕姆利科国家河口伙伴关系和纳拉干海湾河口项目。虽然缺乏监管授权，但通过有效协调各种养护活动，上述倡议均获得了成功。

## "自下而上"，基于社群的倡议

并非所有的倡议均是政府制定的。有的倡议是行动派市民自发组织的，他们代表社群层面的目标和问题发声。自下而上的倡议涉及的地理范围相对较小，组织形式包括非正式的自愿团体、正式的非营利性机构或当地政府顾问委员会。虽然基于社群的倡议规模较小，可有效减少跨管辖范围的复杂性和其他挑战，但缺乏权威意味着，这类倡议必须想方设法影响权威人物的行动，才可产生具有深远意义的影响。

基于社群的倡议在世界范围内广泛盛行，俄勒冈州奥福德港海洋资源团队（POORT）就是其中的典型案例。渔民利用当地社群的力量和关切成立了该自下而上的倡议。虽然缺乏监管或管理权威，POORT 在 MEBM 方面已是硕果累累。近十年来，墨西哥佩尼亚斯科港渔民一直通过以社群为基础的非正式管理结构管理潜水渔业，2002 年成立了禁采海洋保护区；2006 年潜水渔民得到特许，获得了部分岩石扇贝渔业的独家捕鱼权和管理权。

## "砖瓦" 和 "砂浆"

虽然各个 MEBM 倡议多有不同，但无论其类型为何，其中可协助推动计划进程的数个原则是通用的。倡议能一直维持下去且成效显著，正是依赖于所谓的"砖瓦"和"砂浆"的有机结合，这本是公认用于浮选装置的特殊比喻。每个倡议都有清晰严谨的管理结构，明列了其管辖范围、角色和责任。这种结构通常明确地在讨论中融入科学，且能兼顾各方利益。政府之间的协议、法律、任务声明和资源界定了进程的范围和可能性。这种有形、可复制的特征即为"砖瓦"，为倡议提供了必要的基础设施；考察的所有案例都明显呈现了该特征的不同形式。

"砖瓦"是必不可少的，但并不足以使 MEBM 取得进展。如果珊瑚礁仅剩骨架结构，将会是荒凉、毫无生机的地方，它需要有机物、营养动态、营养流和内部联系才能成为完整、功能性的系统。在我们考察的 MEBM 倡议中，是相关参与人员的行动和动机赋予了它们生命。关系、奉献、地域感和共通的主人翁意识是团结、维系倡议的"砂浆"。从不同角度看待问题的人们在互相尊敬的基础上携手解决共同问题的方式，正与这种"砂浆"相呼应。"砂浆"给予了所有考察案例力量和精力。

## 本书导览

编写本书是为实现三个目标：一是希望介绍区分每一类 MEBM 倡议的特点、挑战和策略；二是重点强调各 MEBM 倡议中共有的要素；最终目标是探讨现实世界中这些不同的实验带来的政策和管理启示，为从业者、政策制定者、社群、慈善基金、非政府组织和其他期望改善海洋养护和管理状态的人们提供建议。

第二章到第六章通过直接相关人员和团队（图 1-1）的经历和观点分析了 MEBM 的案例。每一章节对比和比较了两个案例，重点强调了五种 MEBM 倡议各自的细微差别。每一章节介绍了各案例中面临的独特挑战、取得进展的要素或未能取得进展的限制因素。五个章节的典型案例均来自北美，但全球各地的情况都反映了相似的经验教训[14]。

● 第二章着重强调了跨国 MEBM 倡议，对比了缅因湾海洋环境委员会和乔治亚海盆普吉特湾国际特别工作组的经历。两个倡议的目的均是连接美国、加拿大边境——地缘政治意义上的一条高度可见的界线，但在高度动态变化的海洋生态系统中却意义有限。

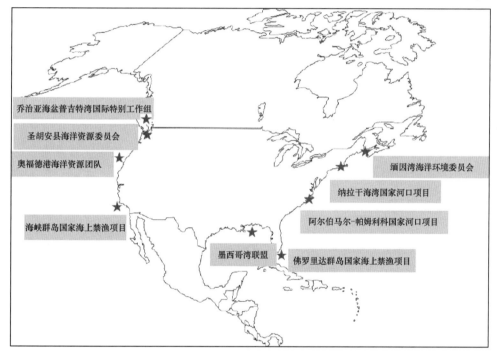

图 1-1 案例分析地点

● 第三章介绍了墨西哥湾的两个倡议，其中 MEBM 活动经历了从联邦发起的"环境保护署墨西哥湾项目"到"墨西哥湾联盟"的转变。该联盟是由海湾沿岸五州共同发起的，并得到了五州的强力支援。本章节说明了相关各方如何解决连接州与联邦、州与州管辖范围时面临的挑战。

● 第四章介绍了有权建立保留区、管理资源和规范使用的联邦机构发起的 MEBM 倡议。国家海上禁渔项目在管理佛罗里达海峡和加利福尼亚海峡群岛禁渔区的过程中，强调了两个禁渔区在解决争议问题的同时谨慎行使授权的方式方法。

- 第五章说明了在缺乏管理或监管授权的情况下，政府在新英格兰纳拉干海湾和北卡罗来纳州阿尔伯马尔和帕姆利科湾发起的环保署国家河口项目如何实现 MEBM。两个案例都阐释了通过河口沿岸机构和社群传达共同关切和开展自愿活动的创新性方法。每个案例都是通过非监管渠道寻求"授权"。

- 第六章介绍了俄勒冈奥福德港海洋资源团队和华盛顿圣胡安县海洋资源委员会这两个基于社群的 MEBM 倡议"自下而上"的管理经验和特有挑战，介绍了两地市民面临的挑战，以及在拥有的权力和授权看似有限的条件下，他们又是如何影响当地的海洋管理的。

- 第七章、第八章考察了各类倡议案例中的要素，强调了"砖瓦"和"砂浆"对成功实现 MEBM 的重要性。除了特色案例分析，这两章节也总结了我们对全球 MEBM 倡议的研究[15]。

- 第七章综述了类似"砖瓦"的有形要素，也是一个倡议中可见度最高的成分，如管理结构、法律、正式协议和资源。它们为管理者和利益相关方实现海洋养护目标奠定了基础、提供了基础设施。

- 第八章介绍了类似"砂浆"的无形要素，包括参与者的动机、奉献、关系、理解和信任。这种无形要素赋予了倡议生命，凝聚了所有的"砖瓦"要素，产生了实质影响。

- 第九章分析探讨了整体结论，以及本书所述 MEBM 实验承载的经验教训和给予的政策启示。如果"砖瓦"和"砂浆"都必不可少，那么政策和决策者如何创造条件以促进"制造砖瓦"和"混合、使用砂浆"呢？管理者和从业者如何设计、管理未来才可以帮助他们实现 EBM 的倡议呢？

有政策制定者期望推进政策和计划优先事项，有基金会希望能合理安排其海洋养护投资以实现最大影响，有学生准备就职于海洋养护领域，且需要了解他们可能扮演的角色以及需要在学校中获得的技能和技术，我们期望本书所含故事、评论和分析能够帮助上述人员和机构。此外，我们希望有志于实施 MEBM 原则的从业者能够应用本书总结的经验教训，开始设计倡议、明白如何支撑正在进行的倡议、判断可能破坏倡议进程的因素以及如何纠正以上不足。

我们的目的是介绍过去的实践，反思其意义，为从业者、管理者、决策者、社群和非政府团体提供帮助。虽然事实上 MEBM 没有唯一的方法，但相关经验法则和策略能够协助启动倡议并保持其进展。区域性规模和包容性过程将成为未来资源管理决策的一部分。的确，气候变化、全球化、入侵物种的扩散和生物多样性缺失等阻力给过去管理的规模和特色造成了巨大挑战。我们应该从现实世界正在进行的基于生态系统的管理实验中吸取经验教训。取其精华，去其糟粕，如此才可为海洋生态系统的可持续发展搭建更好的平台。

# 第二章　解决缅因湾和乔治亚海盆 普吉特湾的跨国边界问题

鉴于很多海洋生态系统都涉及跨国边界问题，其有效管理必然需要各机构和政策制定者开展跨国交流。国界不可能阻挡海洋生物，但必然会限制科学家、管理者和决策者之间交流的次数和意向。至少，跨国边界造成了沟通、出行、集资和项目实施的复杂化。更重要的是，需要解决法律、政治体系和文化方面的差异。

为促进美国和加拿大负责管理海洋资源的各机构、各部、各州和各省之间的交流和协调，建立了两个联结两国边界的基于生态系统的创新性海洋管理（MEBM）进程，现在距其建立时间已超过 25 年。这两个倡议分别是缅因湾海洋环境委员会和乔治亚海盆普吉特湾国际特别工作组，其位置相对而立，由各自州长和省长签署的高级别协议正式确定，之后得到了两国政府的支持。两者均建立于冲突的背景下，缺乏监管或管理权限。

远而观之，这个两个倡议的结构和目的极其相似。时至今日，缅因湾委员会在该地区仍然发挥着重要作用，而乔治亚海盆普吉特湾国际特别工作组已解散。关于跨国海洋养护工作中面临的独特挑战以及维持倡议发展的重要因素问题，本章两个平行案例提供了相关的宝贵意见。

## 缅因湾和乔治亚海盆普吉特湾

缅因湾和乔治亚海盆普吉特湾位于大陆两侧，是 MEBM 的两个类似目标。两地面积广阔，为数以百万的人提供了家园和生计。人类生产生活带来了污染物和营养物质，这些物质转而对鱼类和标志性的海洋哺乳动物造成压力。两地均面临着跨越美国—加拿大边界的独特管理挑战。两个海湾地区均为周边各州、各省提供了重要的认同感和必要的生态系统服务。

### 缅因湾

缅因湾是一个跨国半闭海，与马萨诸塞州、新罕布什尔州、缅因州、新不伦瑞克省和新斯科舍省接壤。海域面积 36 000 平方英里（93 200 平方千米），南至马萨诸塞州科德角，北至加拿大省的芬迪湾上游。弯曲的入口和约 5 000 个岛屿构成了其海岸线，长度达

7 500 英里（面积为 12 000 平方千米）。该流域向内陆延伸近 200 英里，总流域面积为 69 000平方英里（178 700 平方千米）[1]。

缅因湾是上百种鱼类、贝壳类和超过 18 种海洋哺乳动物的栖息地，包括濒危的北大西洋露脊鲸。该地区的商业鱼类中，高达 70% 的物种依赖于缅因湾的河口度过其部分生命周期。缅因湾沿岸栖息地被视为"北美东部滨鸟南飞最重要的集结地"[2]。数以万计的滨鸟从北冰洋的孵化地向南迁徙至越冬地点。

缅因湾流域现有 600 多万人口，他们利用海湾进行娱乐、渔业、水产养殖、运输和旅游活动，寻找发展机遇。但大量未完全处理的污水排放至缅因湾，破坏了多产的贝壳类栖息地[3]。此外，来自工业排放物、城市径流和农业活动的其他污染物共同作用，改变了缅因湾的溶氧量和营养平衡。

为更好地解决上述问题，1989 年缅因湾附近三州州长、两省省长签署协议正式成立了缅因湾海洋环境委员会（GOMC）。该协议承认"缅因湾的自然资源是互联的，且构成了超越政治边界的整体生态系统的一部分"[4]。根据协议规定，"保护、养护和管理该地区资源的最有效途径是通力合作追求一致的政策、倡议和项目"。委员会成立的初衷是为跨国合作提供平台。

## 乔治亚海盆普吉特湾

普吉特湾、乔治亚海峡和胡安·德·富卡海峡组成的海洋生态系统统称为萨利什海，是世界上最大的内陆海，面积约 6 000 平方英里（17 000 平方千米），海岸线长 4 700 英里（7 500 千米）[5]。其流域面积达 42 000 平方英里（110 000 平方千米），包括的主要城市以及周边大都市有：西雅图、温哥华、塔科马、埃弗雷特、维多利亚、纳奈莫、伯明翰和奥林匹亚[6]。该地人口超过 700 万，预计 2025 年会增至 940 万[7]。其食物、运输、交通、娱乐和美学享受均依赖于该流域，故海洋生态系统对该地区的经济至关重要。

乔治亚海盆普吉特湾在北美是生态多样性最丰富的海洋生态系统之一[8]。其包括一系列沿岸栖息地和开阔水域栖息地，如海草、海带、岩石潮间带、盐沼和半咸水沼泽、沙滩、泥滩和盐滩。该地栖息了 200 多种鱼类、120 多种鸟类、20 多种海洋哺乳动物和 3 000 多种无脊椎动物[9]。其文化标志性物种包括虎鲸、巨型太平洋章鱼、秃鹰、大蓝鹭和太平洋大马哈鱼[10]。

尽管该生态系统丰富性和多样性如此，但也面临众多压力，尤其是人口快速增长造成的压力。运输、城市和农村产物、污水倾倒造成的污染和油轮进出萨利什海石油泄漏的风险使海洋水质成为最大的担忧之一。其他压力源包括：沉积物和生物群（如大马哈鱼和虎鲸）中的有毒污染，过度捕鱼，因疏浚而丧失近岸栖息地，开发项目造成沿海湿地丧失，上游淡水改道，通过船舶压载水引入（主要来源）的外来物种[11]。

跨境生态系统的管理活动正式开始于 1992 年《华盛顿州和不列颠哥伦比亚省环境合

作协议》的签署，随后成立了环境合作委员会（ECC），1994 年该委员会下成立了乔治亚海盆普吉特湾国际特别工作组。小组成员包括联邦、州立及省立机构和原住民代表；其任务是聚焦乔治亚海峡和普吉特湾共通的海洋生态系统的环境问题。2007 年工作小组解散。

# 启动：“自下而上”与“自上而下”的起源

联结跨国边境、希望对管理和政策产生实质影响的 MEBM 倡议需要得到正式批准。虽然跨国边境两侧的管理者几乎没有任何沟通阻碍，但合作要想意义深刻、持续进行且有实质性目标和活动，就需要某种形式的正式批准。在前期起源和正式化的渠道方面，缅因湾和乔治亚海盆普吉特湾（PSGB）两个倡议存在差异。

二者的动机均来自对水质下降问题和使用者团体之间矛盾的担忧。二者的拥护者都敦促建立实现协调一致对策的机制。二者的相似之处还包括均要求机构管理者进行审议，并由高级官员担保背书。但缅因湾委员会基本上是由中层机构管理者成立的，他们承认进行跨国交流的必要性，也建立了相关的实现机制，而 PSGB 特别工作组是根据选举、任命的高级官员的指令成立的。这一起源上的细微差别似乎影响到倡议的主人翁精神，与前者（GOMC）中的中层官僚不同，后者（PSGB 特别工作组）中的高级官员在离任后对项目的兴趣即会减弱。这也解释了 GOMC 的持久性和 PSGB 特别工作组的昙花一现。

## 缅因湾委员会：中层机构管理者发起的“自下而上”的倡议

大多数人认为成立区域小组讨论缅因湾海洋生态系统内的共同利益的想法应归功于 David Keeley。Keeley 是缅因湾沿海项目办公室主管，没有对话途径可以让他和当地其他主管探讨大家共同关心的缅因湾问题，这一直使他感到困扰。马萨诸塞州、新罕布什尔州、缅因州、新不伦瑞克省和新斯科舍省均与缅因湾接壤，其沿岸和海洋管理者有管理该生态系统资源的责任，但没有机会轻松共享信息、协调管理。Keeley 曾说过：“意识到这一点后，我去拜访了前州长 McKernan，对他说：‘为什么不成立一个由三州和加拿大两省组成的国际委员会呢？’然后，我组织了新斯科舍省、新不伦瑞克省和三州同行之间的一次会面。”[12]

Keeley 依然记得，起初国际委员会的理念受到了国家层次的阻力。“我第一次提出这一理念时，”Keeley 评论道，“我们收到了很多美国国务院成员发来的批评备忘录，暗指我们在试图建立一个国际条约，但那本是国务院的特权。我们收到了 NOAA（美国国家海洋和大气管理局）同事的信函，认为国家不会无知到提议这种理念，因为众所周知，关于贸易、蓝莓、土豆、木材、劳动力和海牙国际法庭对美国与加拿大边境的裁决等问题，新英格兰各州和加拿大各省之间的矛盾冲突由来已久。”现在回忆当时的质疑声音，Keeley 笑着说:"现在还留在这的人,可以微笑着说'20年后我们成功了!'。"

虽出师不利,但此后不久缅因湾海洋环境委员会成了正式批准的组织。1989年,马萨诸塞州、新罕布什尔州及缅因州州长和新不伦瑞克省及新斯科舍省省长宣布了他们与相邻各州和各省政府签署的《缅因湾接壤各州、省政府保护缅因湾海洋环境的协议》。协议条款规定号召成立缅因湾海洋环境委员会以探讨共同关心的环境问题并采取相应行动。该基础协议签署之后,又发表了任务声明:"维护、提高缅因湾的环境质量,保证当代人和后代子孙可持续使用资源"[13]。

最初,委员会成员包括各州和各省的三名代表,以及各州长和省长指定的15名个人。1995年,委员会决定正式增加美国和加拿大联邦机构代表,承认在该地区实行的相关国家政策和项目。"开始时,"Keeley指出,"从某种意义而言,我们称其为观察员,因为国务院担忧联邦机构参与与条约无关的国际讨论。"如今,来自非政府组织、工业以及土著和原住民的很多伙伴都积极参与到各种委员会和特别工作组中来。

## 乔治亚海盆普吉特湾:州长和省长发起的"自上而下"的倡议

在乔治亚海盆普吉特湾,美国和加拿大面临着对海洋生态系统问题采取更广泛应对措施的压力,部分原因在于彼此对该问题的担忧越来越深。20世纪90年代初,双方担忧进一步升级。美国官员对加拿大污水处理"缺乏明显进展"和维多利亚、温哥华等海滨大城市污水持续排放对海洋环境质量造成毁灭性影响表示尤为担心[14]。加拿大则主要担心美国在共享水域的活动,包括经由普吉特湾运输阿拉斯加原油至美国本土48州的超级油轮,以及发生灾难性石油泄漏的可能性。

不列颠哥伦比亚省环境部Jamie Alley写道,该地区的关系一直处于紧张状态:

20世纪90年代初以前,边境两侧的政客、媒体和社群领导人因为海洋水质明显下降而争相指责对方。在EPA的诉讼威胁下,华盛顿安装了二级污水处理装置,因而十分记恨加拿大未采取类似的行动。西雅图和普吉特湾的商业领袖开始组织维多利亚旅游抵制活动,以此抗议加拿大首都地区和大温哥华改变的步调太过缓慢。有人游说一些美国的帆船运动爱好者,劝其远离颇负盛名的年度史维苏里(Swiftsure)经典帆船比赛……加拿大一方,官员和政客指出虽商议速度较慢,但不列颠哥伦比亚省已着手准备液体废弃物管理规划,警告美国不要干涉独立主权国家的合法民主进程。[15]

随着紧张形势不断升级,1991年5月,不列颠哥伦比亚省环境部领导与华盛顿州生态部领导举行非正式会面,探讨促进有效合作的方式[16]。不久,华盛顿州州长Booth Gardner和不列颠哥伦比亚省省长Mike Harcourt开始着手解决这一问题。他们成为了好朋友,一致认为通过合作和协商正面解决该地区共有问题的时机已经成熟。1992年5月,他们签署了《环境合作协议》。根据该协议规定成立了不列颠哥伦比亚省/华盛顿州环境倡议,之后更名为环境合作委员会(ECC)[17]。多数人认为该协议预示着该地区一个新时代的到来，在对待自然资源问题上，其定位比其他很多地区更具优势。ECC 包括华盛顿州生态部部长和不列颠哥伦比亚省环境部（前环境、国土和公园部）副部长，以及来自美国环保署（EPA）、加拿大环境部及加拿大渔业和海洋部地区办事处的正式观察员[18]。

1993 年 ECC 的重任之一是成立独立的海洋科学小组，小组成员是来自不列颠哥伦比亚省和华盛顿州的大学和政府科学家，共 6 人。小组主要负责评估共享水域的海洋环境，并提供行动建议。Jamie Alley 回忆道："委员会（ECC）面临的问题中，只有海洋水质问题受到了政治指责、激起了如此大的民愤，但可能也只有这一个问题取得了如此显著的进展。这也可以说是成立委员会需要解决的最重要的一个问题。"[19]

1994 年 8 年，海洋科学小组向 ECC 提出了 12 条建议。随后，ECC 成立了乔治亚海盆普吉特湾国际特别工作组，逐一落实上述建议。国际特别工作组由不列颠哥伦比亚省环境部和普吉特湾水质局联合领导，成员包括来自美国环保署（EPA）、NOAA 西北渔业科学中心、加拿大环境部、加拿大渔业和海洋部、华盛顿州生态部、华盛顿州自然资源部、华盛顿州鱼类和野生动物部、西北印第安渔业委员会、西北海峡委员会的代表和不列颠哥伦比亚省萨利什海沿岸的原住民代表。

# 关联两个不同制度背景下的同一生态系统

GOMC 和 PSGB 特别工作组若要产生一定影响，必须设法解决跨国行动面临的制度现实。不同国家有不同的法律、竞争性的利益、不同的政治制度和多样的文化。因此，各级政府、选举和任命的官员、政府和非政府团体之间的关系会大相径庭，甚至收集、整理信息的方式也会不同。新不伦瑞克省圣克罗伊国际航道委员会的 Lee Sochasky 曾说过："两国的唯一共同点是英语。但边界两侧的政治、管理和观念均有显著差异……正因如此，跨国项目的难度才更大，因为必须要解决大多数人无法看到的障碍。"

这两个倡议在关联两国边界时遇到了哪些挑战呢？如何制定共同协作的合理日程呢？他们又是如何确保个别国家的政策和方案得到尊重？即使是会面地点和会面安排这样看似简单的问题都需要我们去寻找相应的答案。

## 政治和制度环境的影响

评论 GOMC 面临的挑战时，委员 Sochasky 提到了加拿大和美国之间缺少与环境质量保护或海洋环境管理相关的普通法："在很多方面，加拿大体系远远不如美国体系先进，无论是管理工具还是立法和政策方面。其中部分法律和工具是应需而生。美国 1972 年出台了《清洁水法案》，加拿大近期才终于快要通过该类法案。我们没有设置海岸线分区，也没有对地表水进行分类。美国早已盛行的事情，在加拿大仍处于进化发展阶段。"

　　使各国面临的挑战进一步升级的是，各邻国可能会争相开发自然资源，而在促进各方合作时，可能很难消除这一竞争关系。比如，加拿大和美国渔船在竞争有限捕鱼权，双方试图通过政府获取某种优势。20世纪70年代末，美国和加拿大均在近岸200海里范围内成立了专属经济区（EEZ）。这一决定导致对多产的乔治斯浅滩渔场的权利发生了交叉重叠。1979年，两国首次进行了渔业保护协议谈判，但强势的渔业游说阻止了国会通过该法案。年末，缅因湾海上边界的紧张局势演变得异常激烈，国际联合委员会不得不介入解决此事，最终大部分乔治斯浅滩分给了美国[20]。

　　乔治亚海盆普吉特湾进程的参与人员遇到了更基本的问题。国际特别工作组的联合主席，华盛顿州生态部 John Dohrmann 解释说，

　　就联邦法律和省级法律之间的平衡而言，加拿大议会制度有着根本性不同。我们采用的是"联邦法授权各州，继而授权地方"的结构。如何落实具体建议（如人们不应在鳗草床上建造码头）在华盛顿州与不列颠哥伦比亚省是完全不同的。在工作团队中就落实细节作相关讨论时，你和他们没有共同语言，因为他们讨论的是完全不同的结构。

　　机构职责的差异不仅存在于各州和各省之间，同时也存在于各国政府之间。在华盛顿，州政府根据联邦《清洁水法案》规范水质问题，且与 EPA 关系良好。在不列颠哥伦比亚省，联邦-各省关系更为复杂，在加拿大渔业和海洋部管理下，联邦法律在某些方面使省级水质法律黯然失色。一般而言，加拿大的联邦-各省关系比美国更为复杂。根据 Jamie Alley 的观点，

　　不列颠哥伦比亚海洋和海洋渔业局是环境部的一个分支结构。该省在该局没有宪法管辖权，但有深刻和持久的利益，该省致力于通过该局影响联邦政府在宪法规定下履行职责的方式。然而，加拿大最高法院规定乔治亚海峡海底的管辖权归省所有而非联邦政府。美国的情况简单得多，划定了3英里界限，管辖范围非常明确。在加拿大，那真的是一张纵横交错的网。

　　公众参与政府决策时，美国和加拿大也有完全不同的规则。在美国，进行重大决策前，各机构必须举行公开会议或听证会征求公众意见。在加拿大，决策前通常不向公众公开任何信息。这一差异会为日常跨国工作或处理公众高度关注的问题时带来困难。如 John Dohrmann 所说，

　　我们会公布"正在针对有毒物质等问题成立跨国特别工作组，接下来就开始任命人员了"，而加拿大人却会说，"我们只会派遣各部门人员至美国，任何人在完成工作且经过各部批准之前不可谈论工作内容。我们不邀请公众或原住民代表，也不公开会议内容"。我们这边则会对外称，"我们将邀请三个部落、华盛顿毒物联盟和塞拉俱乐部，纸浆和造纸厂也希望派代表参加。我们将发布通告，公开所有会议内容"。

　　即使是简单的汇编、分析科学信息也会遇到制度差异的问题，这是两国合作固有的问题。"不只是将摄氏度换算成华氏度这么简单"，华盛顿 ECC 协调员 Tom Laurie 这样评论。EPA 的 Michael Rylko 补充了下面的例子：

我们的水质数据是按照流域的等级结构组织的。流域是嵌套型的，一个流域向下流入大海的途中一定会汇入更大的流域中。加拿大则以流域组（海拔、植被和土壤兼容的流域）的形式监测各流域，以对比相似的事项。这种做法从某种角度来看不无道理，但各流域不会相互汇入，因而存在有些流域组既流入东部海盆又流入乔治亚海盆……我们也不会以类似方式解读土地覆盖的卫星数据。

## 共享数据集和指标

为克服制度障碍，GOMC 和 PSGB 最初均采用了争议较少的策略，以更清晰地了解各流域及其问题。比如，两个倡议都致力于开发新信息，协调已有数据集。Tom Laurie 作如下解释："强化科学信息分享较为简单，因为这不会侵犯任何人的管辖范围。"通过推动科学对话在 PSGB 中建立协作是有逻辑道理的。Jamie Alley 也表示同意，他曾评论："从技术层面而言，这非常简单。科学家之间的友好交流非常频繁，相互之间对各方有用的信息也非常多，信息交流基本畅通。若是沿着等级链继续向上，政府的制度结构就会产生更大影响。"

缅因湾委员会的组织者也希望能加强其行动力，而他们进一步意识到首要的是建立缅因湾生态系统科学的共识。Sochasky 评论过，各机构在为各自倡议收集信息时，表现出的能力参差不齐，至少共享数据集能使各机构在管理的基础方面处于同等水平。其中一个关键需求是绘制缅因湾地图，当时尚无可用地图，所以委员会制定了缅因湾测绘倡议（GOMMI），进行了全面的海底成像、测绘、生物和地质调查。新罕布什尔州沿海管理项目主管 Ted Diers 作了相关解释："GOMMI 为完成测绘工作提供了平台，同时也记录了绘图实时进程。我们如果要推进更广泛的基于生态系统的管理或海洋空间规划，必须首先获得最基础的信息。没有整个缅因湾海底的详细准确绘图，我们无法进行海洋空间规划。"

GOMC 也协助建立了缅因湾海洋观测系统（GoMOOS），该系统每小时都会公布开源的海洋学数据以供商业水手、沿海资源管理者、科学家、教育家、搜救队和公共卫生官员使用[21]。Diers 对 GoMOOS 创造的价值作如下解释：

GoMOOS 传送的浮标数据及利用其创造的工具带来了很多有趣的事情。我肯定用过这些数据，特别是暴风雨期间。我们开始对周围发生的事有了一定的了解，也能够向他人解释清楚，为各种活动提供案例，比如适应气候变化或类似其他活动。正是因为这些数据，你才能了解各种动态。搜救队也会用到这些数据，它帮助拯救了很多人的生命。

乔治亚海盆普吉特湾国际特别工作组也投资开发共享科学信息。如对特别工作组历史的一个评论所总结的那样，"特别工作组极其重视通过研讨会和联合研究，针对问题和解决途径建立跨国共享认识"[22]。EPA 普吉特湾河口管理人 Michael Rylko 对此作了解释：特别工作组很早就认识到两国没有共同的数据集，所以无法按要求提交报告，"回来时我们建议，如果我们有更多时间，至少可以使六七个数据集发挥作用。我们真的该重新加工这

15

些数据——而不仅仅是将其堆砌在一起。"

跨国数据分享的另一个重要机制是重视指标和监测。比如，2006 年成立的生态系统指标伙伴关系这一 GOMC 委员会，就建立了区域规模的指标和报告系统，以反映海湾的整体"健康"状况。一百多名志愿者代表缅因湾周边各种利益团体和组织，协助生态系统指标伙伴关系选择、汇编与生态系统健康相关的特殊指标信息。在 GOMC 和美国 EPA 的资助下，GOMC 委员会也开发了一个化学污染物监测项目——"海湾守望"[23]。自 1993 年起，"海湾守望"通过测量蓝贻贝中的污染物评估缅因湾沿海水域的污染物类型和浓度。这是为数不多的跨国协调开展的监测项目之一。

建立一组跨国生态系统指标以表明环境各方面的状态和趋势也是乔治亚海盆普吉特湾倡议的重心。来自联邦、各州和各省的机构代表成立了"合作工作小组"，并以声明的形式确定了具体指标[24]。这些指标不只关注海洋生态系统；总体而言，该组指标也能说明萨利什海及周围海盆生态系统的整体健康状况。

小组初步选择的 6 个指标包括：人口、空气质量（以可吸入颗粒物为监测指标）、固体废弃物、海豹体内的持久性有机污染物、濒危物种和陆地保护区[25]。该清单后来扩大，新增了空气质量、淡水和海水水质、濒危海洋物种、贝类捕捞、河川径流和食物网中的有毒物质[26]。每个指标均由两国相应机构进行监测，然后汇编、分析数据，确定指标的整体状态。

指标工作小组的联合领导人 Michael Rylko 表示，通过观察边境两侧的监测数据，可更为准确地把握生态系统趋势：

在访问双方各自独立的数据集时，我们会从以下角度解读普吉特湾方面监测的数据："我们是否拥有同样的数据？是否处于不利地位？是否在改善现状？"从某种角度而言，这样解读数据是一种主观行为。数据较为分散，且覆盖的地理范围较广。而当我们只观察边境一侧的监测数据时，我们的解读方式表现得更为乐观。

当我们把两个数据集整合在一起建立 2006 年指标体系时，发现了一些规律：你退后一步后会说，"你知道的，这还不够好"。我们意识到，双方对各自的解读过于自信了……听起来这只是一小步，可最后在建立 9 个数据集的整个过程中我们一直都在这样做……每个指标都是消极的，最好的情况也只是中性，根本没有一个积极指标。边境任何一侧都从未做出这种解读，更不用说广泛宣传了。可能关于生态系统状况问题，我们作出的最大胆声明就是宣布要携手改善生态系统状况时所作的声明。

## 构建互动、沟通的论坛和网络

为实现领导者和工作人员的跨国互动，两个倡议均建立了新机构。他们建立了中层管理者和工作人员可进行沟通和合作的机制，为批准各项进程的高层官员建立联系。比如，GOMC 包括州长、省长和联邦机构指派的代表，但 GOMC 的大部分工作是由工作小组、多个委员会和下属委员会完成的。通过上述委员会，工作人员可就栖息地、污染物和海洋活动等话题进行互动。其他论坛也相继成立，包括缅因湾地区研究协会，它是一个由负责研究、管理和组织工作的各机构组成的协会。美国 EPA 的 Mel Cote 说过，"它不只是政策制定者和管理者的论坛，同时也是科学家的论坛。论坛提高了各方人员的效率，最终实现了更高效的管理"。

通过上述论坛和网络召集集会能确保尊重国家主权以及两国、各州和各省的管辖范围。这种机构只是敦促性而非强制性的，因为两个倡议均不具有独立授权。但它推进了共同的理解和协调，通过独立的成员活动将共识转化为行动。本质上，他们开发了一系列信息、确定了诸多优先事项和关系，并最终通过改变各个机构的行为站稳脚跟。PSGB 特别工作组的联合领导人 John Dohrmann 如是解释这一相互作用：

我们会针对沿海海岸线管理问题开展联合研究；提出适用于边界两侧地区的一系列建议。之后我们在华盛顿方面成立了实施机构，可直接落实上述建议。下次更新管理计划或两年期预算时都会反映以上内容。华盛顿州更新海岸线管理规则（适用于该州范围内的全部海岸线管理活动）时，汇总了一大堆特别工作组遇到过的问题和当时所持观点。

这不是魔术，因为人没变。为成立特别工作组，我们应该成立技术小组，邀请各机构派遣己方专家参加会议，他们会在随后的几个月讨论相关问题并达成一定共识，然后回归日常工作。他们会建议其代理董事应该做什么。

虽然他们采取的活动均是非正式活动，但综合各方面来看，效果却非常显著。部分成效是借鉴于他人方法之故。互动获得的知识赋予了其协调活动、分配利用稀缺资源的能力。Mel Cote 曾作出评论："我认为联合各机构和组织的任务和优先事项意义重大，因为一旦各方（特别是美加合作伙伴间）找到共同的工作基础，我们就可以最大限度地利用有限的资源。"

持续互动才能带来创造性的解决方案。如委员 Lee Sochasky 所评：

委员会取得的巨大成功之一就是团结了来自不同管辖范围、不同背景、持有不同观点的人员，而且现在他们已经相互了解对方的工作，可以找到解决问题的通用方法。

共处的时间越久，越了解对方的工作方式，就会想到共同解决问题的方法。这是缅因湾委员会一个十分有价值的功能，尤其是对工作小组而言。既然已经了解了对方的工具箱，他们可以通过联合工具共同努力，找到解决问题的方法。

GOMC 协调员 Michelle Tremblay 认为，若没有委员会提供的互动论坛，跨国交流将少之又少，"联邦管辖范围内的如 DFO（加拿大渔业和海洋部）和 NOAA 可能不会频繁对话，合作也不会如此频繁。各州和各省机构不会这么了解对方的工作情况（甚至可能毫不理解）。合作没有了依托，将不会再有联合项目的合作"。

同样，2001 年 PSGB 国际特别工作组报告中提到了该论坛在推进跨国对话方面的作用：

除消除跨国边界外，乔治亚海盆普吉特湾国际特别工作组也许比起其他任何方法，能

17

更有效地影响跨国生态系统管理。为参与特别工作组开展的各项相关活动，边界两侧的双方作出了实质性的努力……过去的 10~15 年，从业者经历了几乎不与边界另一侧的同行对话，到积极参与对方活动的转变[27]。

除正式会晤和集会上的互动以外，新的对话论坛促进了机构和个人之间有重大影响的工作关系和网络的建立。GOMC 候补委员 Mel Cote 说过："因为有了网络，所以在制定计划和实施项目时，我们对相关参与人员的选择可能会更广泛；有了这个网络，可以提高在不同当局下的有效性……如果合作伙伴拥有可提高项目有效性的资源，那么与之合作可提高方案的有效性。"GOMC 委员 Lee Sochasky 表示同意："政治制度和立法机关只关注自己的管辖范围。只有通过构建沟通桥梁，才能在他人的制度内工作，才能进行协商对话，使各方同意在小范围内改变其常规的工作方式，改善整个生态系统的状况。"

# 挺过启动到制度化的过渡期

尽管都是为了克服在跨国范围内推进实施基于生态系统的海洋管理所面临的相关挑战，缅因湾和乔治亚海盆普吉特湾项目的经历却各不相同。GOMC 不断取得进展，而且成了区域海洋保护格局的宝贵组成部分，PSGB 特别工作组却已解散，被新机构所替代，而这一新机构看似也即将没落。是什么原因造成了两个倡议长期以来不同的发展趋势？为什么 GOMC 能从倡议启动到制度化的过渡中幸存且一直持续到现在，而 PSGB 特别工作组却渐渐消失了？

经历不同的原因在于几个要素。在共享生态系统问题上，两个倡议展示出了不同程度的身份认同。GOMC 背后的推动力量是一种共同问题意识，而 PSGB 特别工作组却从未树立该意识。两者都受到政治格局不断变化的冲击，但只有 GOMC 一个组织挺了过来。最终，虽然二者均面临似乎无法逾越的行政障碍，GOMC 却往往能找到解决障碍的办法。二者的不同经历为维持跨国 MEBM 留下了启示。

## 共享的生态系统焦点

针对某一具体、界限分明的水域或地区，形成共通身份认同是十分重要的，因为这有助于确定共同的焦点，建立相关人员之间的联系。在本章的两个案例中，将缅因湾视为单一地理空间的观念比较强烈，而乔治亚海盆普吉特湾倡议却不然。GOMC 委员 Priscilla Brooks 认为，"委员会成员对缅因湾的激情"是该倡议中显著的持久动力。她补充道："所有机构、非政府组织、商业成员都对这种资源充满热情，也清楚其在全球范围内的重要性及其伟大之处。"

GOMC 不断巩固这种关于海湾的强烈区域认同感。比如，其出版了该地区的季度报刊

《缅因湾时报》。该报刊不仅能够使该地区感兴趣的人员了解委员会的工作，更有助于培养与海湾生态系统的共享联系和认同感。GOMC 网站包括 NGO 名录和人员查找工具，可识别活跃在海湾地区的机构。他们的倡议拨款项目承认为实现 GOMC 目标而成立的地区非营利性组织，并为其提供经济支持。上述所有活动都有助于建立和强化与缅因湾本身及海湾问题相关的共享身份认同。

GOMC 领导者认识到保持人员积极性的重要性，承认其贡献，并给予相应奖励。委员会每年都会为个人和组织颁奖，嘉奖其对海湾的贡献。每年在与海湾接壤的各州和各省，他们会授予两名个人、企业或组织"缅因湾远见奖"，嘉奖其在保护海洋环境过程中表现出的创新性、创造性和贡献。同样，"缅因湾工业奖"也是旨在承认企业在改善缅因湾生态系统中展现的创新性和领导力。"朗加德志愿者奖"是为纪念 GOMC 的一位创始人，每年颁发给一名优秀志愿者。"苏珊·斯诺·卡特领导奖"旨在表彰彰显杰出领导力或指导能力的沿海管理专业人士[28]。

相反，乔治亚海盆普吉特湾国际特别工作组的相关人员被迫产生的共享身份认同是难以持久的。毫无疑问，较为稳定的生态系统焦点从来不是强行灌输能够达到的。其中一个原因巧妙地体现在了倡议的名称上。不列颠哥伦比亚省的首要任务是乔治亚海盆，华盛顿州的是普吉特湾。有人试图通过将环绕乔治亚海峡、普吉特湾和胡安·德·富卡海峡的水域命名为萨利什海，来强化单一海洋生态系统的意识，而 PSGB 计划期间却从未出现这种统一的远见。该倡议一直未能以区域生态系统活动的身份站稳脚跟；相反，他们的活动虽然与边界另一侧几乎同时开展，但却只重点关注自身范围内的生态系统，从未综合考虑。

## 持续关注共同议程和共同问题

前文提到与区域形成强烈的共享认同感，与之密切联系的是持续关注共同议程和共同问题。本章的两个案例中，对共同议程和共同问题达成共识的程度、在合作中对共同问题的关注度是不同的。造成这一差异的原因之一可能在于参与联合规划的意愿和能力不同。

### 制订共同的行动计划

GOMC 的重点是成员组织一致认为需要关注的海湾地区的问题。联合制订的行动计划进一步灌输并强化了这一重点和共识。在缅因湾，该地区的州长和省长明确指示 GOMC 要制订联合行动计划。David Keeley 就此事说过，"州长和省长之间的初始协议基本上起到了两个作用：创建了该委员会，并要求委员会制订五年计划"。

该项任务和预期结果成了团队短期内的工作重点。在 Keeley 看来，规划过程也是一个"为各机构制定共同议程"的机会。行动计划目标主要来自各管辖区的现行管理计划，并通过整合产生协同效应。虽然各成员认为委员会只是"幕后领导"，其行动计划只是为个体成员机构的活动指明方向，但该行动计划却是囊括于海湾规模内的计划之中的。自

GOMC 成立日起，已制订了五个行动计划。

乔治亚海盆普吉特湾的经历完全不同。John Dohrmann 说过："特别工作组最初的倡议之一就是讨论制订联合战略规划。我们制定过白皮书，召开过会议，得出的结论是，没有足够的精力和适当的制度实施联合计划。但有一点是能做到的：如果双方各自制订了计划，说，'我们正在普吉特湾实施一计划。嘿！加拿大，我们会不断向你们征求对我们计划的建议和专业知识，如果你们也选择制订计划，我们很乐意提供同等协助。'"

归根结底，不同的动机导致了不均衡的持久性。有些参与人员的动机是对生态系统的担忧，同时，他们坚信各项进程是实现改革的独特机遇。其他参与者的动机是强制要求参与的高层命令。一旦该命令的强制性受到削弱，他们继续参与的动机也会逐渐消失。从 John Dohrmann 的观点来看，国际特别工作组有如此结局的原因可归结为对生态系统共同议程的投入程度不同："如果仔细研究乔治亚海盆普吉特湾国际特别工作组的结局，我认为这是因为华盛顿州与不列颠哥伦比亚省之间的不协调，前者极其重视采取综合方法解决生态系统问题，也积极开展各种活动；而后者根本不认为这是一个重大问题，也并未开展类似活动"。

### 持续性参与

另一个可能削弱共同跨国议程意识的因素是有关各方之间缺乏持续性。特别工作组成立期间，不列颠哥伦比亚省和华盛顿州的各机构都经过了多次重组，影响了参与人员的持续性。在华盛顿，普吉特湾水质局改组为普吉特湾行动小组，后又改为普吉特湾合作伙伴关系。边界不列颠哥伦比亚省一侧也发生了类似的变动。

一系列的重组致使 ECC 和 PSGB 特别工作组的人员任命发生了变动。Tom Laurie 提到，在他担任 ECC 华盛顿协调员的多年里，不列颠哥伦比亚省方面至少更换过五位协调员。在谈论国际特别工作组的过程中，John Dohrmann 曾提道：

多年来，该省各个时期内的重点关切真的发生了很大变化。1992—2007 年，华盛顿方面更换过一次特别工作组的联合领导人。我一直是小组成员，而且一半时间是担任联合领导人，华盛顿方面约 1/3 的成员也从未离开过。相反，加拿大曾经更换过八九个人。

### 以问题为中心

两个案例中，目的的明确性也存在差异。GOMC 重点关注海湾生态系统中的优先问题，而 PSGB 特别工作组有时会因注重提高合作效率这一程序性问题而受到阻碍。二者之间的这一细微差异可能源于前期的起源。缅因湾委员会是以自下而上的方式成立的，主要由管理者制定首要目标及其实现计划。该委员会在解决海湾共同问题上具有明确性、一致性和坚决性。这种对共同问题的共同关注在 PSGB 特别工作组中却是转瞬即逝。

PSGB 特别工作组是政治官员制定的自上而下的倡议，政治官员指示各自一侧的机构跨国通力合作，这种起源似乎以跨国合作为重点而非共同问题。一位评论员曾说过，"值得注意的是……乔治亚海盆普吉特湾生态系统两侧的政府官员几乎都未将'建立跨国伙伴关系'写入工作说明中，因此在各自制度框架下，几乎所有人都是孤立无援的，都无法按要求做到持续性学习"。确定以"跨国工作"和"跨国互动"为目的，而非急需共同关注的更广泛的生态系统问题，这一事实可能从一开始时就对乔治亚海盆普吉特湾倡议的潜力提出了挑战。

PSGB 特别工作组历史上的最后几年证明了其重心摇摆不定。PSGB 联合领导人在 2003 年和 2004 年 ECC 年度会议上说过，"特别工作组和工作小组成员的贡献度和参与度是不同的"，"落实建议行动是一个挑战"[29]。2003 年 4 月 ECC 指示特别工作组"审查其任务，并对小组的未来提出相应建议"[30]。当时，特别工作组正在制订行动计划，"以应对多个工作小组的相对不活跃状态"。人们希望该行动计划能够作为"复兴特别工作组的两年工作计划"。

根据 2004 年 ECC 会议记录，PSGB 特别工作组的问题再次提上议程，包括是否应该将其"永久性解散"或"暂时搁置，直至出现需要重新启动的问题为止"[31]。当时，特别工作组主要包括"针对美国和加拿大各自优先问题成立的独立工作小组"。合作似乎行将终止。特别工作组在本次会议上的报告得出了结论："虽然特别工作组对密切沟通和建立关系很有价值，但对于实现成员机构的具体目标几乎没有直接作用"[32]。

2005 年 ECC 会议再次讨论了特别工作组的未来，ECC 指示特别工作组联合领导人"研究管理方案，并提出相应建议"[33]。下次会议上，John Dohrmann 针对"重新合作"提出了 4 种方案，每种方案都承认以海洋和沿海问题为新的国家重心，这对维持特别工作组对萨利什海的关注构成了挑战[34]。此次会议之后，PSGB 特别工作组就被解散了。

2007 年 6 月，为复苏跨国合作，经省长和州长一致同意，不列颠哥伦比亚省和华盛顿州成立了沿海和海洋特别工作组（COTF）替代 PSGB 特别工作组。顾名思义，COTF 覆盖的范围扩大到了萨利什海以外，包括不列颠哥伦比亚省和华盛顿州的外部海岸。但其目标与前身类似，均是强调加强海洋和沿海问题相关的交流与合作[35]。

2008 年 ECC 会议提出了 COTF 三年计划草案。极具讽刺意味的是，草案的第一条是："从缅因湾委员会和其他跨国或地区海洋管理计划中吸取经验教训，研究区域海洋治理模型"[36]。但，自 2008 年 ECC 会议起，COTF 就淡出人们的视野。"不得不承认，我认为它可能不是真正的特别工作组，而是虚拟的。"联合领导人 Kathleen Drew 在 2009 年曾说。普吉特湾伙伴关系的 Chris Townsend 也同意 Drew 的观点："COTF 相当不正式，老实说，当时也并不是非常活跃。"

COTF 苟延残喘并不意味着不列颠哥伦比亚省和华盛顿州间不再就海洋问题进行沟通与合作。特别是近年来，两年一次的萨利什海生态系统会议声名鹊起。参会人员包括 1 100 多名科学家、管理者和政策制定者。该会议提高了萨利什海共享生态系统在边境两侧的关注度和知名度。自 2003 年成立大会以来，该会议在明确问题、推进知识发展、促进沟通方面的作用日渐扩大。尽管如此，人们还是失去了有组织和持续性合作的论坛，无法借论坛进一步就共同关心的问题采取行动，而这本是成立乔治亚海盆普吉特湾国际特别工作组的初衷。

## 获得维系参与度的成就

一旦某倡议的参与度开始下滑，就会出现恶性循环。如果人员开始退出，则会一事无成，那么其他人继续参与的意义就会被削弱。即便仍有个别人坚守岗位，但仅依靠其个人力量是无法取得必要进展的。

GOMC 倡议的参与度得以维系，是因为参与机构和个人意识到其行动有助于实现自身利益以及海湾的整体利益。很少有参与者将积极参与跨国倡议作为工作重点。2009 年 6 月接任 GOMC 秘书一职的 Ted Diers 曾说过，"都是些边角工作"。因此，必须要奖励带着成就感参与其中的人员；没有成就，注意力就会转移至其他工作重点。

GOMC 更像是一个使能组织，即通过该组织，对缅因湾的资源获得授权和管辖权的各个组织能够采取行动，开展重点项目，履行其职责，同时缅因湾生态系统也能受益。用于生态修复项目和其他项目的种子资金创造了成就感，反过来，这种成就感会激发继续参与的积极性。Ted Diers 对此作如下解释，"我们为核心活动提供资金……催化周围其他的事情发生"。例如，GOMC-NOAA 的栖息地生态修复拨款项目为缅因湾、马萨诸塞州和新罕布什尔州的海洋、沿海和沿河栖息地修复项目提供资金。从战略上讲，团体如有兴趣和能力实施项目以推进实现 GOMC 的目标，将获得补助金。通常拨款范围是 4 万到 7 万美元不等，10 万美元为限，可用于支持活动的可行性、规划、工程和设计、实施、监测或其中任意几个方面。但拨款需要达到 1∶1 非联邦贡献匹配。David Keeley 这样说：

我们每年投入 25 万~30 万美元拨款给当地团体，而他们为拨款做出的贡献真的非常惊人。这种杠杆作用让 NOAA 非常兴奋，结果，当我们重新发放拨款时，当地团体就会说"和国内其他地区相比，你们做得太棒了！"他们对我们这个项目的评价非常高。

据估计，平均 NOAA 每投资 1 美元，项目就可以通过杠杆作用利用 3~5 美元。此外，2009 年，GOMC 启动了缅因湾修复和保护倡议以为海湾制定统一的修复策略。该倡议涉及边界两侧的公共和私人团体，旨在为该组织进行战略定位，以获取修复基金。GOMC 网站上曾表示，"2010 年用于五大湖修复项目的 47 500 万美元的联邦预算项目强有力地说明了制订全面计划的重要性"[37]。

## 确定保持重心、推进发展的组织结构

GOMC 演变过程中确定的结构、角色和责任，在委员会和活动中建立了共享的主人翁意识，同时避免了 GOMC 和 PSGB 特别工作组遇到的"一边倒问题"。成立了 GOMC 秘书处，各州和各省均有机会履行领导责任，轮值周期为两年。如此，各州和各省可共同承担该进程的行政压力。更重要的是，交替领导避免让人误解该倡议是某管辖区为谋私利而弄虚作假。秘书处负责召开委员会和工作小组会议，制定会议日程，准备会议材料。它领导制定了 GOMC 两年工作计划和五年行动计划，为 GOMC 委员会和工作小组选派了主席。这种轮值周期和在倡议管理中的核心作用向倡议相关的所有成员州和省输送了主人翁意识和责任意识，由此促使其持续参与。

PSGB 特别工作组建立了多层组织结构以鼓励就跨国问题进行交流。但是，这种多层交叉重叠的结构（包括 ECC、特别工作组、合作工作组声明等组织）虽是出于好意，却可能会让人觉得"过犹不及"。它们似乎带来了关于角色和责任的困惑，而且在参与的工作人员看来是重复的。鉴于上述跨国组织通常涉及同一批成员，被迫参加多个会议无疑大大增加了机构工作人员的压力。不同议程、不同重点、不同优先事项的各种会议占据了大部分时间，就很难取得实质性的成果。Chris Townsend 说过：

> 建立不同层级的协调机构、签署不同级别的协议让人感到十分困惑。一般而言，参加合作工作组声明的人员一定会出席沿海和海洋特别工作组会议，尤其是涉及某个特别话题的会议，后者的成员也会参加前者召开的会议。这样看起来有些冗杂。我无法断言如此安排是有效还是有害，但我认为如果能够进一步协调，确保只有一个协调机构，会做得更好。

众多合作性质的倡议不但没有产生协同效应，反而造成了互相干扰。"在资源有限，授权相对广泛的情况下，这根本没有意义。"Townsend 解释说。Rylko 表示同意："建立多个双边计划确实效率低下，特别是每个双边计划都要制定广泛的多边邀请名单的时候。每个人都被邀请参加他人的双边计划，这在某种意义上分散了他们的精力。到现在为止，我们并没有以多边形式真正支持任何一个进程。"

近年来，海洋政策出现了一个新重点。在加拿大海洋法、总统海洋政策委员会和皮尤海洋委员会的推动下，海洋政策除内陆萨利什海以外，也关注外部沿海，这一新重点抽离了原本只关注乔治亚海盆普吉特湾生态系统的各项跨国倡议的部分精力。谈到 PSGB 国际特别工作组的结局，Jamie Alley 提到双方已经精疲力竭了：

> 加拿大方面，联邦政府积极参与决定如何实施 1997 年通过的海洋法案，如何在各地区落实。各省大部分的时间和精力转至："联邦政府在做什么？如何制订其计划？"华盛顿方面，我认为普吉特湾行动小组已经耗尽了精力。他们本已要向普吉特湾合作伙伴关系转变，可这时州长改变了主意，转而关注："外海岸要如何处理呢？"

初期，ECC 有效地建立了通讯线路和关系，但随着后期召开正式会议的频率逐渐降低，ECC 也蒙受了损失。ECC 华盛顿协调员 Tom Laurie 对此解释说："两国边界互连互通，可 ECC 的问题就在于，它认为我们每年只需要和不列颠哥伦比亚省对话两次，但事实上，对话时刻都在发生，我们也的确需要时刻对话。"

不断变化的政策和政治行政管理也对缅因湾委员会造成了影响。虽然迄今为止，委员会每每都能成功适时调整其计划以适应新的优先事项，但是美国国家海洋政策和实施计划[38]、加拿大海洋行动计划仍有可能带来制度变化，从而削弱 GOMC 的作用。

## 适应政治转型的所有权

GOMC 和 PSGB 都受到过各自政治格局变动的冲击。国家行政机构不断更迭，各州长和省长频繁更换。新的政治领导掌权后，作为高层政治倡议，特别工作组的这种起源可能会为其处理新的政治环境带来更多挑战。政策优先事项的转变立刻导致了特别工作组工作方向的模棱两可。部分小组成员不确定自身的作用和责任为何，开始质疑继续参与的价值。

PSGB 进程的所有权以及对该进程的承诺似乎主要存在于 ECC 和省长/州长级别。当这一级别的人员发生变化时，会出现新的优先事项，对以往进程的承诺则会动摇。Kathleen Drew 对特别工作组的结局解释为："州长或省长办公室对此没有任何关注。它已经陷入了一种不可能实现任何高层目标的官僚体系。"

Jamie Alley 解释了与特别工作组高层次起源相关的利益和挑战：

人们本应记得的一个重要特征是，不列颠哥伦比亚-华盛顿环境合作委员会本身，及其职权范围内的事务应上报省长和州长而非机构领导人的重要性。在 20 世纪 90 年代初到 20 世纪末的第一阶段，这确实有助于了解事情的概况。我认为特别工作组失去动力，是因为州长和省长之间的关系已经分崩离析。

GOMC 主要由该地区的中层管理者成立并"所有"，他们将其看作推进工作的有效工具，但 PSGB 特别工作组是由最终会离任的高级官员成立的。EPA 的 Michael Rylko 曾经评论："导致我们失去平衡的一件事就是最后十年出现的政治动荡。就国家政治层面而言，时而对对方有利，对己方不利，时而对己方有利，对对方不利。"

2008 年，加拿大议会突然解散，要进行新一轮大选，部分政府活动也被推迟，包括国际工作。特别工作组任期内，省、州级机构经历了多次重组，严重影响了参与人员的持续性。在华盛顿，普吉特湾水质局改为了普吉特湾行动小组，后又改为普吉特湾合作伙伴关系，授权逐步扩大。新领导人都希望成立新的项目，留下自己的足迹，而不想继续执行前任的倡议。

如果 PSGB 跨国倡议成功创造了维持 GOMC 的条件，如鼓励持续参与的有效组织结构、激励机制和成果，可能就会在这一系列变动中幸存。如果没有以上要素，自上而下的动机停止时，合作也随之停止。"他们没有找到前行动力。"EPA 的 Michael Rylko 评论说。"它好像随着时间渐渐消逝了。"Kathleen Drew 评论说。从启动到就跨国生态系统问题持续开展工作的过渡中，PSGB 特别工作组失败了。

## 解决资金和其他官僚障碍时的创造力和承诺

面对跨国工作中独特的制度和程序性挑战，需要借助额外的创造力；这种创造力是否存在，则主要与倡议相关人员的投入水平、领导对倡议的支持和反对程度有关。在缅因湾，解决重大挑战时，大家都积极地进行创造性思考。在乔治亚海盆普吉特湾，虽然部分参与人员试图维系倡议的发展，但他们无法激发他人充分投入，无法找到前进的方向。

许多 PSGB 特别工作组成员苦叹，即使在最基础的层面上，也无法有效地资助其跨国工作。Kathleen Drew 说过："我们的预算无法承担跨州出差，遑论跨国了。这是一个巨大的挑战。"鼓励合作伙伴积极开展活动需要资金，可他们未能找到一个获取或分配资金的方法。与调整预算周期相关的官僚主义造成了这种挫败感，为实施工作计划增加了难度。EPA 工作人员 Michael Rylko 说过：

首次签署合作声明时，我们制定了年度工作计划，期限只是一年。开始实施计划之前我们一直没有意识到，财政年度将工作计划一分为二。我们真的没有一整年的工作时间。我们只有我方工作年度的年初和对方的年末。听起来似乎没什么大不了，但也不能随意调整财政决定。太可笑了。这是其中一个问题。当我们仔细研究省–州之间的双边协议时，他们的财政年度和我们也是相差 6 个月，只是与联邦财政年度处于相反的季度。我们四个人中，有四种不同的财政年度，从各个季度分别起计。于是，我们开始考虑将工作计划制定为两年。但即便如此，挑战依然存在。如果各自的倡议不同步，则很难整合为一个正式的进程。

参与普吉特湾伙伴关系的 Chris Townsend 也作了类似的评论："特别工作组没法筹集到资金，也没法为跨国资金投入提供便利。如今没有资金投入机制，也没有跨国资金投入的便捷机制。"没有能力投资实地项目，就无法让参与人员见证变化的发生，这就使得维持合作极其困难，即便没有跨国边界的复杂性也是如此。

在解决与 PSGB 同样的集资障碍时，缅因湾委员会实行了创新性的行政管理，得以在跨国范围内筹集和管理资金。很明显，委员会的工作需要资金来支持，但一个迫切的问题是所需资金应由何人接收和管理。鉴于 GOMC 是跨越两个不同国家的自愿组织，1998 年成立了两个平行协会（边界两侧各一个）为 GOMC 管理资金和合同，接收拨款和捐赠：GOMC 加拿大代表协会和缅因湾协会（GOMA），后者是一个美国 501（c）（3）非营利性实体。GOMA 董事会包括美国和加拿大代表。如 GOMA 所述，"加拿大协会负责与加拿大的资金源签署合同，并传递应由缅因湾协会管理的资金。两个协会均遵守各自国家的法规和非营利性/慈善机构准则"[39]。

GOMC 已能够开发多元化的融资组合，适时地发展多个资金源。Keeley 说过，他们的预算是"七拼八凑而来的"，每年预算是 50 万到 100 万美元不等，包括年度会费、国会拨款和加拿大机构捐款。他们向边界两侧的竞争性方案发送了各种拨款提案，也收到了恢复项目相关的大额资金。其他金融支持来自私人团体、个人和基金会。"我们是机会主义者，"Keeley 说，"主要是寻找资金，写提案。每年不定期融资（一次性融资）达数十万美元。"

GOMC 也能有效适应各时期的机遇和挑战。他们成立了工作小组以解决个别问题，并与专业人员进行交流。他们制定并修改了有助于指导和了解成员活动的行动计划。久而久之，知晓所需和可行性之后，GOMC 的组织结构、活动变得越加精妙、完善。如，连续五个五年计划证明了其对海湾生态系统的了解更加广泛，制定的目标和目的更具战略性、巧妙性。关于团队重心的演变，David Keeley 曾说过：

第一个五年计划中，我们很幸运与三州、两省和各联邦机构达成共识……直到最后的两个计划中，我们才开始加入可量化的目标。如，"未来五年内，潮汐盐沼恢复率要增加3%，从 78 万英亩增加至 120 万英亩"。在这之前的目标是"希望能恢复栖息地"。都是些普遍认同的基本问题。

# 小　结

缅因湾海洋环境委员会和乔治亚海盆普吉特湾国际特别工作组倡议有很多共同点。二者均是自愿的跨国组织，旨在通过增进各资源机构和部门之间的跨国交流，加强海洋资源管理中对生态系统规模的考虑。二者都得到了州长、省长和国家政府的授权，但其中只有一个持续至今。它们不同的轨迹突出了在生态系统管理中维持有效跨国合作的几个关键属性。

人们只有意识到合作动机之后才会合作。缅因湾和乔治亚海盆普吉特湾两个倡议中，参与人员的早期动机有很多，但各不相同。开始时，二者的前景一片大好。但是，利用好这份希望需要解决在跨国生态系统内实施基于生态系统的海洋管理面临的独特挑战。对广泛的生态系统产生强烈的地域感和共享责任意识是前提条件。对相关人员而言，重要的可见成就有助于维系其参与度。保持重心、促进发展的有效组织结构是必不可少的。各层级的持续性投入是经受住不可避免的政治转型期的必要条件。

虽然乔治亚海盆普吉特湾国际特别工作组开始的动机与缅因湾海洋环境委员会类似，但为保持动机，他们遭遇了很多障碍。该倡议从未完全跨越将萨利什海一分为二的边界，反而将注意力集中于边界两侧各自的优先事项。虽然管理层和实施层的相关人员接受了基于生态系统的跨国管理目标，并致力于实现这些目标，但特别工作组中的"委派"人员的流动造成了对倡议的理解和投入方面的差异。新州长和省长在该地区确定了新的优先事项，制定了新的倡议。在 PSGB 地区，美国环境保护署和加拿大环境部推出了一套具有类似目标的会议和活动。特别工作组的使命模糊了，终被解散。

# 第三章　动员建立墨西哥湾多州伙伴关系

在墨西哥湾，一项创新性的多州伙伴关系将注意力和精力集中于对国家、地区和当地意义重大的生态系统。虽然由不同州参与的大规模计划可能不会涉及跨国边界这一复杂问题（如第二章所述），但仍必须解决管辖范围相关的复杂要素以发起并维系合作。墨西哥湾联盟（GOMA）是一项自愿计划，没有权利强制执行或规范使用。尽管如此，它还是为墨西哥湾沿岸五州提供了一个机会，通过汇集专业知识、吸引投资、发挥各州政策和项目之间的协同作用，在生态系统范围内确立并致力于实现共同目标。

GOMA 成立之前，相较于其他海洋、沿海地区（如切萨皮克湾和普吉特湾），联邦对该地区的投资和关注相对较少。墨西哥湾是世界第九大水体，墨西哥湾地区在物质和经济方面相当重要，但其在国会预算辩论中的相对模糊令人吃惊。墨西哥湾的海岸线跨及美国5 个州，总长达 47 000 英里（其中包括所有堰洲岛、湿地和内陆海湾的海岸）[1]。美国60%的淡水都汇入墨西哥湾，这些淡水分布在 33 个主要的水系中[2]。它是世界上最大的龙虾渔业基地之一，控制着沿海到内陆城镇之间数十亿美元货物（包括石油和天然气）流通的港口和航道。

数十年来，越来越多的迹象表明墨西哥湾的资源正面临巨大压力。每年，路易斯安那沿海会出现大面积的贫氧水，夺走鱼类和其他海洋生物的生命。墨西哥湾典型的沿海栖息地，如沼泽和湿地，正在恶化，危害着海岸的野生动物及其在暴风雨时的庇护所。数个物种被列为受威胁或濒危物种，其中包括抹香鲸、部分海龟物种、海湾鲟鱼和小齿锯鳐。对美国渔业贡献较高的鱼群数量骤减。国家期刊（如《时代杂志》）注意到这些问题，发表文章示警（如《海湾日渐扩大的"死亡区"》[3]）。

要解释为什么这个大型海洋生态系统未能引起国会注意，最好的解释可以通过查看当地保护资源的历史来找到。墨西哥湾多州联盟成立之前，资源保护活动较为分散且地区协调性不充分。墨西哥湾各州的环境机构和小部分学术、非营利性组织在各自独立范围内解决墨西哥湾问题。选举上任的领导人没有意识到协调分散项目的迫切需要，认为没有必要以团体身份游说国会，以获得资金在生态系统规模内解决海湾面临的环境威胁。美国环保署牵头的墨西哥湾项目自 1988 年以来一直存在，但在很大程度上被视为单一联邦机构发起的自上而下的倡议。虽然该项目成功实现了一些跨国合作，但在建立共同的地域身份认同、加强生态系统内的问题和管理战略的所有权意识的道路上却是一路坎坷。

2004 年，历史突发转折。受佛罗里达州州长 Jeb Bush 的鼓舞，墨西哥湾五州的州长开始商讨如何通过新的地区项目引起各州甚至全国对墨西哥湾更高层次的关注。五位州长携手成立了墨西哥湾联盟。之后，2005 年发生了猛烈的暴风雨——13 场飓风，包括恐怖的"卡特里娜"飓风和"丽塔"飓风。暴风雨造成了大量的人员伤亡，居民流离失所，同时，缺乏基于生态系统的协调管理明显让这些地区更加脆弱，因此暴风雨后，墨西哥湾沿岸成为全国关注的焦点。这一系列暴风雨成为了各州长开始跨州合作的集结号。

在那个决定性的暴风雨季后 4 年，墨西哥湾沿海地区再次遭受了一场人文和环境灾难。2010 年年中，英国石油（BP）旗下已停用的"深水地平线"（Deepwater Horizon）油井在三个月的时间内就泄漏了 9 400 万到 1.84 亿加仑石油到墨西哥湾水域[4]。英国石油和多个政府机构开始着手应对这一前所未有的漏油事件所产生的影响，于是在该地区开展强有力的跨州合作变得无可争议。成立不久的墨西哥湾联盟，为在生态系统规模内开展复杂的生态恢复项目、建立推动项目进展的关系奠定了组织基础。

一个在面临严重生态和经济问题时缺乏协调的地区，如何变得协调高效，并开始对生态系统规模的问题采取行动？它是如何解决棘手的州与州、联邦与州之间的关系以建立共同的所有权意识，不断激励行动的呢？它是如何在政治领导人不断变换、机构预算被削减的情况下维系合作的呢？

# 环境保护署墨西哥湾项目启动跨州合作

1988 年，美国环境保护署（EPA）邀请墨西哥湾五州参加新的墨西哥湾项目，人们第一次在墨西哥湾推动实施地区性的生态系统管理方法。参照其他保护五大湖和切萨皮克湾的大面积淡水和海洋生态系统的区域项目，墨西哥湾项目（GMP）被视为建立"致力于推动海湾经济发展的同时，改善墨西哥湾环境健康的联邦、州、地方和公共实体之间的地区伙伴关系"的一种方式[5]。该项目旨在成立一个新的论坛，通过该论坛，各联邦和各州机构可与非营利性组织及其他利益所有者合作开展保护、恢复墨西哥湾资源的行动，EPA 为"目标战略行动"提供资金以激励上述所有行动[6]。

自其正式启动到成立由各州牵头的墨西哥湾联盟的 17 年间，GMP 在公共教育、科学调查、保护和恢复项目方面取得了一定的成就：恢复了 6 662 英亩栖息地，为食用贝类提供健康建议，监测和跟踪近岸藻华繁殖，为解决现场污水系统影响建设示范性项目[7]。也许更重要的是，它成立了一个论坛，使得各州立机构的高级工作人员可共聚一堂，商讨墨西哥湾地区生态系统规模内的问题。

许多人员（目前已成为墨西哥湾联盟的核心人物）认为，关于制定各州牵头、基于生态系统的倡议，GMP 可发挥重要作用以为其奠定基础。如，墨西哥湾联盟生态系统整合和评估小组领导人，得克萨斯州农工大学墨西哥湾哈特研究所主管 Larry McKinney 认为，GMP 从根本上改变了与墨西哥湾长期健康息息相关的各州和联邦行动者之间的关系。"这是 EPA 首次邀请各州参加，"Larry McKinney 解释说，"这是首个所有州立机构共同为委员会效力的地方。"[8]尽管如此，GMP一直未能获得足够的吸引力，无法成为实施基于生态系统的海洋管理的首选之地。虽然GMP仍然存在，也依旧在墨西哥湾联盟及该地区的其他项目中发挥重要的促进作用，但直到成立各州牵头的联盟之后，各州才重点关注该地区、开展协调行动。

# 墨西哥湾联盟的推进力

2004年4月，佛罗里达州州长Jeb Bush致信给墨西哥湾各州州长，说明其大胆想法：墨西哥湾五州应建立伙伴关系，共同解决海湾日益严重的环境问题。信件发送给了亚拉巴马州州长Bob Riley、路易斯安那州州长Kathleen Blanco、密西西比州州长Haley Barbour和得克萨斯州州长Rick Perry，信中称，维持墨西哥湾沿岸生态健康、经济发展的最佳途径是沿岸五州跨界合作，制定协调的地区倡议。虽然当时已存在一项联邦计划，致力于加强海湾资源保护和恢复方面的地区协调，Bush仍认为各州应制定自己的倡议。

四位州长一致同意Bush的提议。2005年冬天，他们组织了第一次会面，从需要协调互助的生态系统的角度商讨了墨西哥湾问题。翌年2月，墨西哥湾联盟成立，4月，各个联邦成立了机构内部工作小组以协助联盟未来的工作。短短一年后，州长和工作小组联合发布了史上第一个墨西哥湾行动计划。

飓风"丽塔"和"卡特里娜"造成了大规模破坏，居民流离失所，在这一特殊时期，联盟以惊人的速度完成组建并投入工作。是什么将各州长的注意力集中到沿岸资源呢？既然EPA的墨西哥湾项目已经在促进跨州对话方面取得一定成效，为什么Jeb Bush仍然决定制定一个全新的倡议呢？此提议背后的动机是什么呢？

制定新的倡议有两个主要原因。首先，Jeb Bush和该州环境保护部的几名创业顾问在2004年发现了一个独一无二的政治机会以将新的联邦资源引入该地区。其次，墨西哥湾项目是环保署的产物，这一特殊身份可能不可避免地限制了各州在解决海湾日益加剧的生态问题上发挥其领导力的水平。佛罗里达州希望建立各州可明确控制的地区合作。

## 寻求联邦资源

过去10年内，在佛罗里达州和其他海湾各州，人们对用于解决海湾环境问题的联邦资金不足一事日益不满。虽然墨西哥湾的环境问题日益严重，对当地甚至全国的经济都产生了重大的影响，但在联邦预算讨论过程中，墨西哥湾几乎完全被忽视，这让各州领导人感到沮丧。他们注意到，切萨皮克湾、普吉特湾和其他大型海洋生态系统已经收到了稳定的联邦资金。

不幸的是，EPA墨西哥湾项目未能扭转墨西哥湾在联邦预算讨论过程中的命运。尽管该项目获得了足够的资金维持一个项目团队、发放小额拨款、管理自己的部分项目，但相较于国内其他地区由联邦资助的类似海洋和沿海伙伴关系，该项目的预算很少。

美国国家海洋和大气管理局（NOAA）沿海服务中心在联盟成立时期为其提供了广泛支持，中心主管 Margaret Davidson 指出，联邦项目的地理结构可能增加获得大额联邦拨款的难度。它横跨了 EPA14 区中的两区——第 4、第 6 区。Davidson 认为，如果该项目全部位于一个地区，则可能会得到集中性的援助以及各州国会代表的支持，但跨越两区的事实更增加了获得上述援助和支持的难度。如果没有五州代表的不懈努力，该项目解决大规模生态环境问题的资源注定是有限的。

州长 Jeb Bush 相信，由墨西哥湾五州建立的新型伙伴关系最有可能使联邦政府将墨西哥湾列为其环境资助首选。他在 2004 年写给州长 Blanco、Barbour、Perry 和 Riley 的信中明确提到了这种可能性："如果倡议掌握在各州政府手中，我们可确保海湾沿岸各州，也就是最熟悉海湾状况且受其影响最深的地区作为各项活动的主导者。我希望联邦政府看到我们的伙伴关系和投入之后，能协助解决我们的优先目标。"[9]

墨西哥湾项目曾经的州政策主管兼多个联盟团队的联邦代表 Phil Bass 解释说，能够更好地竞争供不应求的有限国会拨款，正是佛罗里达州向其他海湾各州解释在生态系统问题上进行合作的意义时所用的主要论点。据其报告，佛罗里达州环境保护部主管 Colleen Castille 在 GMP 组织的各州立部门主管会议上首次提出成立联盟的可能性："Colleen 提到这个话题时，人们的第一反应是'我们已经有了一个海湾项目，而且我们都参与其中。为何需要另外一个项目呢？'她认为这是一个机会。如果我们能展现各州强大的领导力，就可以获得墨西哥湾需要的一些资源"。

事实上，Davidson 也曾表示，墨西哥湾项目主管 Brian Griffiths 也认为各州带头的新倡议是为该地区引入资源的最佳途径："Brian Griffiths 看着其他项目得到大笔资金（切萨皮克湾、五大湖和普吉特湾），但墨西哥湾却没获得任何款项。他曾和佛罗里达 DEP 工作人员 Kacky Andrews 讨论作出一些改变，使其项目合法化，吸引更多资金"。

当时小布什政府取得的进展在某种程度上增加了成功制定各州牵头的倡议的可能性。2004 年 9 月，小布什总统任命的美国海洋委员会发布了《国家海洋政策制定建议报告》（最终版）。报告称，当前各州独立进行海洋管理的方法无效，亟须实施基于生态系统的方法，协调各管辖范围和各机构的目标设定、科学研究和行动管理。"自发成立地区海洋委员会……推动实现地区目标，完成地区优先事项，改进地区问题的解决措施。"[10] 报告中如此提到。

2004 年 12 月，小布什政府采纳了委员会的建议，发布了《美国海洋行动计划》。该计划更加明确突出了它对全国区域海洋治理的支持。其中规划的近期行动包括："支持墨西哥湾的区域伙伴关系"，并派遣行政官员与墨西哥湾各州代表会面，探讨"建立伙伴关系的机遇"[11]。

佛罗里达州州长 Jeb Bush 是小布什总统的兄弟，这一事实增加了其个人威信以及获得联邦资助的信心。不可否认，当时该地区获得联邦协助的前景十分美好。

## 获取各州控制权

Jeb Bush 及其工作人员的另一个重要动机是新墨西哥湾联盟将由各州全权指导。虽然现有的墨西哥湾项目旨在让所有五个墨西哥湾州的最高领导层参与进来，但从根本上说，它仍然是一个联邦项目。EPA 的高层管理者领导其日常工作，各州领导人和其他利益相关方从旁协助。

Phil Bass 承认墨西哥湾项目在说服各州领导人过程中遇到了挑战。较小的几个州——路易斯安那州、密西西比州和亚拉巴马州都同意全面参与，派遣环境、沿海、鱼类和野生动物机构领导参加重要会议。据其称，实现佛罗里达州和得克萨斯州同样程度的参与则相对困难；他们只是派遣初级工作人员而非机构领导。

独立于 EPA 墨西哥湾项目的新型区域合作关系将为各州带来众多优势。他们可以根据自己的利益安排联盟的各项工作；可以选择希望解决的问题，根据自己的意愿设计倡议的结构，作出重要决策。

## 共同关注和新机遇促使海湾五州参与

为劝说得克萨斯州、亚拉巴马州、密西西比州和路易斯安那州的主要环境和沿海机构的负责人和高级职员支持佛罗里达州的观点，对其开展了广泛的外联服务工作。最终四州决定支持佛罗里达州的提议，并在联盟成立时投入了大量的人力和时间，这主要得益于以下几个因素：第一，启动以各州为中心的项目将带来利益，佛罗里达的这一论据具有显著影响。第二，在 EPA 的墨西哥湾项目中，他们意识到了难以在墨西哥湾地区实现统一参与。Bass 认为"对较小的州来说，一个具有决定性意义的问题是——如果佛罗里达州和得克萨斯州都参与，我们就参与"。

关于获得国会拨款前景的论断也引起了各州共鸣。核心参与小组中墨西哥湾项目的 Brian Griffiths 和 NOAA 沿海服务中心的 Margaret Davidson 参与了了与联盟理念有关的早期会议。二人的出席代表着联邦政府愿意支持这项新伙伴关系，帮助其成长。

最后，媒体对墨西哥湾环境恶化日渐关注，各州市民和选民都希望采取相关行动，特别是对沿海城镇和城市影响最深的问题。如，日益扩大的死亡区导致捕虾量骤减，沿海水域的赤潮和高浓度病原微生物导致海滩和贝类床封闭，威胁着当地的沿海经济。记者开始追问上述问题对各州经济带来的影响，墨西哥湾五州州长对沿海和海洋资源的管理受到越来越多的关注。

2005 年夏季飓风让人确信墨西哥湾五州面临着重要的共同问题。他们极易受到暴风雨的摧残，著名期刊的发文表明，全球变暖可能会使沿海暴风雨更具破坏性。参议员 Mary

Landrieu 在其同事和国会面前提出先见性观点："我们讲述了路易斯安那州为国家带来的利益，并恳求参议院和国会承认这一点……如果路易斯安那州得不到帮助，湿地将会消失，未来该州人民将遭受洪水和暴风雨的肆虐。"[12] 海湾五州都很脆弱：Jeb Bush 政府的高级人员宣传各州主导联盟的观念时所持的主要论点之一，就是需要保护海湾生态系统提供暴风雨庇护所等服务的能力。

具体而言，上述问题的严重性、限制海湾沿海社群经济发展的可能性以及公众对上述问题的日益关注，这一切都表明，各州领导层采取积极行动拯救墨西哥湾的时机已经成熟。因此，墨西哥湾五州州长同意共同启动墨西哥湾联盟。重要的是，它得到了墨西哥湾项目的支持。后者提供了人员方面的支持，以协助联盟召开启动、运行必需的会议，提供了明确旨在推进其工作的拨款。

# 第一步：设立目标、确定优先问题

2005 年 2 月，墨西哥湾五州州长正式启动新的墨西哥湾联盟（GOMA）。GOMA 旨在增进佛罗里达州、亚拉巴马州、密西西比州、路易斯安那州和得克萨斯州五州的区域合作，以加强地区的生态和经济健康。虽然起初并未邀请墨西哥加入联盟，各州长认为新组织有可能成为就赤潮等共同问题加强墨西哥湾六州双边合作的论坛[13]。

联盟在多份材料中强调了实现海湾经济可持续发展的目标。2005 年史无前例的飓风季之后，人们强烈地意识到了海湾沿海城市和城镇的脆弱性，以及对湿地生态系统提供暴风雨庇护所等服务的迫切需要。联盟成立之初立下了庄重承诺，要通过保护海湾沿海的生态健康、确保旅游业和渔业不会因沙滩病菌污染或主要捕鱼场缺氧等问题受到永久性损坏和减损，保护海湾沿海地区的经济活力。

在 2005 年春季正式启动联盟的首脑峰会上，各州长宣布达成协议，通过区域合作解决五个优先问题，还要求各机构完成一项宏伟的任务：在一年的严格期限内编制完成解决优先问题的行动计划。通过该行动计划，可在五大问题范围内，确定从跨州边境合作中受益最多的科学研究和项目。2006 年发布首个行动计划后，联盟加入了第六个问题——沿海社群的恢复能力，这与其对适应和解决影响沿海社群的生态问题的深切关注保持一致。那时共有六项优先问题需要解决：

（1）对健康海滩和海产品至关重要的水质问题；

（2）环境教育；

（3）营养物质对沿海生态系统的影响；

（4）栖息地保护和恢复；

（5）生态系统整合和评估；

（6）沿海社群恢复能力。

值得注意的是，各州长初步选择的优先问题并未包括可能引发激烈争议的问题，如怎样管理渔业以应对鱼群种类减少[14]。

优先问题的领导权分布于各州。各州针对所选问题制定了白皮书，概述了所选问题、地区合作的必要性、为取得进展需要进行哪些科学调查或开展何种行动。白皮书成了就各州开展合作及所需资源等问题进行对话的平台。

优先问题为联盟制定策略提供了框架。第一个行动计划紧密围绕着初步确定的五大问题制定。针对每个问题，计划列出了"联盟伙伴关系长期目标"，以及采取的具体策略。针对每个策略，计划展示了三年（计划的持续时间）后的预期结果，和称为"行动蓝图和承诺"的声明。第二个行动计划结构略有不同，但也同样针对每个问题详细说明了目标、策略和结果。

# 建立维持合作的组织结构

从本质上看，墨西哥湾联盟是就墨西哥湾及影响其生态健康的问题交换信息、讨论和辩论问题解决方案、规划协调行动的自愿论坛。它无权变革管理层，相反，权力掌握在墨西哥湾各州手中。该联盟负责向州立和联邦机构提出建议，依赖各成员机构实施行动。既然它缺乏明确的权威，而且各州曾经行动不协调，GOMA又是如何在这种条件下获得牵引力的呢？

其中一个答案在于为使各州和联邦政府之间的合作正式化、推进其合作进程而建立的组织结构（图3-1）。该结构平衡了高级官员和低级官员、州立和联邦机构的参与度，重点关注六个优先问题。它成立了多个"行动小组"，各小组都包括所有五州代表和至少两名联邦机构代表。

## 联盟管理小组

联盟管理小组起着最重要的决策作用。该小组是海湾五州州长实时了解各种活动并为其提供高级别指导的媒介。每位州长任命了两名人员（常任代表和候补）代其参加联盟管理小组会议。州长代表都是主要环境机构领导人，如佛罗里达州环保部秘书、得克萨斯州环境质量专员和密西西比州海洋资源部主管。

## 六大优先问题小组

联盟管理小组为六大优先问题小组提供政策指导，后者作为倡议日常工作的执行者。每个优先问题小组负责处理六大优先问题中的一个。海湾各州各负责一个优先问题小组的

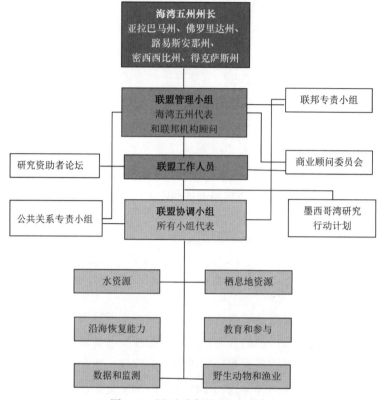

图 3-1  墨西哥湾联盟组织结构

(资料来源：墨西哥湾联盟，http：//www.gulfofmexicoalliance.org/about-us/organization/)

工作。实践过程中，各州会任命一名或多名州领导人（通常是各州环境、沿海、鱼类和野生动物机构的高级项目管理者）协助各小组工作。

州领导人负责指导各州优先问题小组制订年度工作计划，领导小组成员审议针对州长行动计划所建议的行动，统一意见和建议。最后，州领导人应负责推进计划实施，跟踪解决各自问题的具体行动进度。除州领导人外，各优先问题小组还有专职协调员，由各州任命，由美国国家海洋和大气管理局（NOAA）提供资助，为小组提供人员配备，并协助完成相关的工作。

州领导人经常召集小组成员会议，通常每两周一次。各会议的规模会有上下波动，但每次优先问题小组会议上，墨西哥湾五州至少会各派遣一名代表，通常是来自环境、沿海或鱼类和野生动物机构的管理者或科学家。除各政府机构代表以外，也有独立的研究组织、大学和非营利性组织代表出席。

## 联盟协调小组

最终，联盟发布其首个行动计划之后，这一详细的结构体系中加入了一个新的小组，称为联盟协调小组，旨在构建优先问题小组成员与联盟管理小组最高级决策者之间的沟通桥梁。小组成员包括所有优先问题小组的州领导人、联邦联合协调员以及四名指派协调员，其职责是出席联盟管理小组会议，并提出优先问题小组的问题和观点。联盟协调小组负责向联盟管理小组汇报优先问题小组的工作进度，当优先问题小组需要联盟管理小组介入时，提出问题和决定。

更重要的是，联盟协调小组能够在为优先问题小组提供充分指导的同时，限定对高级官员提出的要求。水质优先问题小组协调员 Steve Wolfe 曾对联盟协调小组成立之前存在的沟通困难作以下评论："当我们完成首个行动计划并开始制定第二个行动计划时，一直困扰我们的问题是，关于制定新计划的重要因素，难以获得联盟管理小组相关的明确指示——新计划应如何呈现，应具有何种结构……很难清楚地了解他们是否满意优先问题小组的工作方向，还是希望作出改变。尚未形成一个密切的沟通渠道。" Phil Bass 亲眼见证了联盟协调小组的成立提高了整体的工作表现。"管理小组的同事非常忙——他们是各个州立机构的秘书，"他说，"无法投入太多的时间。有一个这样的沟通小组对优先问题小组的工作提供了很大帮助。"

建立的结构整体上似乎恰到好处地平衡了自上而下的指示和自下而上的工作。联盟管理小组/联盟协调小组已详细说明了优先问题小组完成工作应遵守的日程表，以及对行动计划整体内容的明确期望。但同时，他们也允许各小组针对各自的具体问题领域自主提出建议，避免对其工作的实质内容进行泛泛评论。这一规定避免了与优先问题小组工作范围相关的无休止辩论——一个足以在短时间内使小组精疲力尽、削弱其士气的过程。优先问题小组由此得以立足。此外，也允许优先问题小组拥有其工作成果的真正所有权，这进一步加强了他们的合作导向。

## 联邦参与

联邦机构也加入了所有的联盟小组，包括作为联盟管理小组的联邦代表和参加联盟协调小组会议的联邦代表。此外，每个优先问题小组有两名联邦联合协调员——其一是来自 EPA 相关办公室（如，墨西哥湾项目）；其二是来自 NOAA 相关办公室。联合协调员的职责是协助州领导人。联邦参与优先问题小组会议有助于联邦机构了解联盟的日常工作，以决定如何投入支持和资源来协助实施。这也为其参与联邦机构存在既得利益的具体决策提供了一条途径，如联邦机构能对 404 或 303（d）水质影响监管程序产生影响进而产生利益。

参与的联邦机构也成立了独立的联邦专责小组协调对联盟的支持工作，这一举措为其他区域海洋伙伴关系树立了良好榜样。虽未被视为联盟管理结构的一部分，但其各名代表高度参与了不同的联盟小组。自 2005 年春季成立时起，联邦专责小组有了长足发展。参与机构达 13 个，包括 NOAA、EPA、美国航空航天局（NASA）和美国海军等部门。

## 注意小组成员构成

部分联盟领导人认为优先问题小组的成员构成对其成功至关重要。小组以富有成效的方式开展合作主要归功于 3 个因素。

第一，联邦和各州科学家共聚一堂，召开小组会议和研讨会的安排颇富成效。多数情况下，虽然科学家研究的很多问题是相同的，但他们未曾深入对比、讨论过与墨西哥湾相关的已知信息和需要了解的信息。他们对彼此的组织结构和科学工作抱有成见，这降低了合作的可能性。而通过合作完成各优先问题小组的任务和工作项目，改变了科学家之间的动态，也实现了技术和资源的高度整合。Larry McKinney 就此现象说过："联盟最积极的影响就是建立了合作伙伴关系，使得我们正在发展的科学取得了巨大进步，利用科学的能力有了显著提高。我们已经意识到了所有机构、联邦和州都具有相当实力……现在，我们的科学家互相欣赏彼此的观点，相信所有其他伙伴都是全力以赴。"

第二，邀请其他机构和研究组织（包括各大学院系和卢克利湾国家河口研究保留区、多芬岛海洋实验室等区域组织）参与的决定也很有收获。上述机构经常申请拨款以跟进小组建议的后续工作，有助于通过联盟的研究重点逐年推动研究进程。

第三，推进科学家与负责管理重大项目和计划的机构管理者之间的合作是一个非凡的决定，赋予了优先问题小组一些独特的能力。在众多通过合作进行生态系统管理的案例中，技术专家在各自的专责小组内组织会面，提出技术建议，转交独立的政策小组。联盟采取了一种不同的途径。虽然联盟管理小组只包括制定政策的相关人员，但优先问题小组（负责实施几乎所有工作和审议）要求机构管理者与科学家密切合作，共同制定研究议程，选择建议行动，以增强墨西哥湾生态系统健康。

优先问题小组的领导人认为多样化的参与也能提高参与人员的工作效率。有了科学家的参与，联盟在提议管理墨西哥湾生态系统的具体行动时，优先问题小组能清楚地了解应提出和应回答的问题。与此同时，作为优先问题小组收集信息的最终使用者，机构管理者的参与有助于限制开展对决策无用的科学研究。

Kim Caviness 曾介绍过其营养物质小组组织的一次特别会议，该会议聚集了在圣路易斯湾做营养物质调查的科学家与负责监管营养物质输入的机构工作人员，多样化的参与过程带来的兴奋和激动之情洋溢于其言辞之中："在了解了全部的工作动态之后，所有人都很震惊。他们都说：'我不知道有人正在进行那项研究'，或者'我不知道有人正在制作模型'……每个人都迫切地想知道其他人的见解，想了解得更深刻更透彻。"其他小组也经历了类似的突破时刻。

# 切实可行、目标明确的方案

GOMA 成功的一个重要因素在于倡议早期采取了目标明确的方案。如，联盟很多参与人员认为，启动倡议时应该就优先事项达成明确的战略协议，而不是先经过漫长过程确定优先事项，该决定为 GOMA 成功奠定了坚实的基础。GOMA 在参与的各州之间建立了政治意愿，在早期就创造了取得成功的可能性，为倡议实施稳定之后，拓展其范围、设定更高目标铺平了道路。

NOAA 的 Margaret Davidson 多次参与了早期对话，曾评论说，2005 年猛烈的暴风雨为开始实施切实可行的战略提供了契机。暴风雨来临之前，各州长刚同意成立新的区域伙伴关系，但尚未开展任何工作。Davidson 回忆道：

那个冬季，我们曾进行深度会谈。我们同时面临着很多问题，自问道，我们在这儿真正想做的是什么？在这之前，进行的都是较为传统的讨论……"我们会解决水质问题，清洁 HABs 等等，完成各种伟大的事情"。直到一月，我们转向了切实可行的方向。

联盟的策划者一致同意，为其区域合作建立强大且可见的支持，最佳方式是首先制定严谨且易于管理的目标。时任密西西比州环境质量部污染控制办公室主管的 Phil Bass 作如下解释：

我们进行了一系列的电话沟通，这时我们意识到，多年来各州一直在竞争资源，而事实证明那一举动并不成功……我们也讨论了五州就墨西哥湾的大多数问题看法基本一致的事实。我们希望能够以某种方式处理这件事，从而有针对性地解决有共性、达成一致的问题。对于有争议的问题，还可以采取其他的处理方法，因此，如果将有争议的问题排除在外，只处理达成共识的问题，这已经是取得了很大成就。正是这一原因将各州真正团结在了一起。

排除争议问题有助于尽早就优先事项达成一致。如，虽然墨西哥湾地区有多个物种受《濒危物种法》的保护，而且也有其他物种被国家海洋渔业局视为过度捕捞，但联盟并未将墨西哥湾渔业列为五大优先问题之一。联盟领导人认为，渔业管理应由其他机构负责，即墨西哥湾渔业管理委员会，一个由国家海洋渔业局指定、根据国家标准设定捕捞限制的机构。GOMA 希望通过在另一机构的正式管辖范围内参与问题，以避免混淆水域范围。为确保两个机构之间的沟通和协调，2011 年墨西哥湾渔业管理委员会正式加入了 GOMA，同时成为联盟生态系统整合和评估小组的一员。反过来，生态系统整合和评估小组成员也会定期参加渔业管理委员会会议。

## 截止日期紧迫，积跬步以至千里

州长规定了制订行动计划的时间：只有短短一年。截止日期如此紧迫，优先问题小组必须集中精力，将计划范围限制在一年内能达成一致的事项。结果，优先问题小组在相对较短的时间内，展示了他们努力的实际成果，这使联盟在其他基于生态系统的合作项目中脱颖而出，因为其他合作项目制订战略计划需耗费数年时间。

州长也指示联盟制订一个在短期（3年）内可取得进展的计划。结果，优先问题小组制订了一个切实可行的实践计划，为每个问题列明了开始阶段的一系列步骤。包括制作互动栖息地图、启动以网络为中心的环境教育者网络，以分享教育公众的已有材料和相关信息。也包括以有限资金即可完成的步骤，因为短短3年内可能无法获得补助金或国会拨款。佛罗里达州水质小组协调员 Steve Wolfe 回忆道："我们的基本思想是争取各方支持，维持联盟的持续发展，那么我们必须获得一定成就。当时认为，设定长期目标、制定长期计划根本无用，反而会拖垮相关人员。"

易于管理的待办事项列表为州长和其他州领导人宣布合作成功设定了较低的门槛。2008年1月，发布行动计划后不到两年的时间，联盟发布了一个中期成就报告。据报告显示，73项行动中，已完成16项，51项正在进行中。Phil Bass 对该策略作了如下总结：

我们坚信，通过成功建立成功是最好的方式。我们尝试制定了一个真实的计划，其中包括无论是否获得另一笔国会资助，我们都可以共同完成的一系列小步骤……我们可以通过成立拥有专业技术、精力充沛的小组，完成一个个小步骤，推动伙伴关系成长。

通过小步前行的开端，迅速取得小小的成功，联盟得以强化联邦和州立机构管理者寻求长期区域合作的决心。虽然小组领导人最初必须努力号召人们来参加会议，但是首个行动计划完成之后，参与人员开始蜂拥而入。McKinney 形容了他的生态系统整合和评估小组中的势头："上次召开优先问题小组会议，座无虚席；有50名参会人员。"

# 适应性的问责方案

随着联盟势头日盛，联邦和州领导人开始相信联盟的发展潜力，联盟领导人为其未来工作制定了一个更宏大的议程。2009年发布的第二个行动计划是一个五年计划，对未来20年应该完成的事情也有了更明确的长期愿景。行动计划的时间期限由3年延长至5年，部分是因为联盟希望获得更多的拨款，而拨款的发放周期常为5年。行动计划设定的目标也更高了；既然联邦和州立机构对联盟的资助和支持不断增加，联盟已经准备好做更多的工作。2005年发生暴风雨后，地区的灾难预防和恢复工作成为重中之重，为做好相应工作，联盟也将沿海社群恢复能力列为优先问题之一。

2016年发布的第三个行动计划，重新启动了五州的区域合作方式，重点强调了联盟历史上曾出现过的学习和适应："第三个行动计划反映了过去十年间，解决直接影响海湾生态系统和经济问题的经验。墨西哥湾联盟充分展示了它可以重组其优先事项和组织结构，以更好地满足该地区不断变化的需求。而小组通过跨组活动超越科学和技术边界进行合作的能力更证实了联盟的持续发展与进步（原文如此）。"[15]

## 不断发展的策略和组织结构

从第一个行动计划中易于管理的待办事项清单，到第二个行动计划中更广更高的目标和行动，再到第三个行动计划中修订后的优先事项和跨组活动，整个发展过程的目的性非常强烈。开端时略显谨慎的发展使得联盟各小组有时间组织起来，取得一些小的成功、建立士气、巩固深入参与的意愿。随着合作的不断发展，联盟领导者意识到，除了项目启动和管理相关的成功之外，必须不断展示成就，或采取简单措施以获取较易取得的成就。McKinney 这样说过：

我们在科学方面的行动愈发雄心勃勃，也愈加关注可量化的成果。第一阶段是成立阶段。现在，我们需要展现成果，否则人员就会离开……我们必须展示对改善生态系统健康的积极影响——向政治家证明，我们的活动是有效的，是值得投资的。如果做到这一点，我们就能获得认同，得到所需的资源。

联盟在组织结构方面也做了适应性的改变。联盟管理团队意识到，只有当联盟从一个松散的团队发展成一个拥有专门的人力资源和独立的年度预算的真正组织时，其区域伙伴关系才能实现长期的可持续性。相应地，他们组建了名为 501（c）（3）的非营利性组织。NOAA 改变了向区域海洋伙伴关系授予拨款的程序，因此单个墨西哥湾州无法代表其牵头的优先问题小组接收、管理拨款，这一变动更加速了实施上述决定的进程。

2010 年 8 月，在密西西比州比洛克西市召开的联盟小组会议通过了新章程，将联盟转化成了正式、集中化组织。16 页的章程中详细介绍了联盟的目的、结构、成员、相关人员的角色和责任。密西西比州同意为其新总部提供办公处所，EPA 借出了一名临时行政主管（Phil Bass）协助管理成立和初期事务。凭借 501（c）（3）的身份，GOMA 可以获得只授予非营利性组织的补助金。

2012 年，联盟又增加了商业顾问委员会，以增加并正式化联盟的产业投入，特别是旅游业、石油和天然气、渔业、能源、农业和制造业等依赖于墨西哥湾而发展的产业。该顾问委员会旨在协助与产业建立伙伴关系，加强与联盟管理小组的沟通，为其提供建议。成立商业顾问委员会的另一目的是"建立一个消息灵通的商业拥护区，增加人们对生态系统和经济相互依赖性的意识和认识"，以此加深对墨西哥湾的管理意识[16]。

## 问责制

联盟也郑重承诺将为行动计划的实施负责。除州长的两个倡议（大致规划）之外，联盟制定了 2 级行动计划，更详细地介绍了与行动相关的信息。联盟为每个优先问题小组制定的年度工作计划及其实施矩阵，都可具体追踪何人何时负责何事。通过使用实施矩阵，小组可根据目标，总览其工作进度情况。2014年11月第三个行动计划的战略规划开始时，联盟很骄傲地表示，已完成第二个行动计划Ⅱ中约95%的行动[17]。

联盟每隔几年均会召开"全员"会议，所有小组于会上总结已获得的成就以及尚待完成的工作。全员会议同时会发表中期成果报告，以及向利益相关方和公众大致介绍行动计划实施情况的正式文件。

# 前期重心——开发信息、工具和网络

GOMA优先问题小组的共同重心是更深入地了解墨西哥湾生态系统和威胁海湾沿海生态健康、经济活力的压力源。毫无疑问，改善管理在逻辑上的第一步就是填补理解上的空白以支持决策。不管怎样，选择投资科学和工具开发也被视为风险较低的方向，且与GOMA的自愿性、实现性相一致。

## 整合栖息地和水质相关的分散信息

第一个州长行动计划采用的主要策略之一是，制定"准确、全面的海湾沿海栖息地清单"。这绝非易事，因为有关沿海栖息地的数据分散于不同联邦、州立和地区机构的多个数据库中，无人知晓全部信息所在何处、如何找到。此外，由于数据收集和解析方法的不同，对比不同数据集的工作是非常复杂的。水质数据同样如此，联盟采用了一种总体策略，统筹并标准化各州立、联邦机构收集的水质数据。其中的一个目的是减少数据收集过程中的重复工作，提高效率，降低额外成本。第二个目的是提高NOAA所用数据的质量，以建立有效的墨西哥湾沿海海洋监测系统。

联盟管理小组和各个优先问题小组的成员有一种强烈的共识，即，联盟在致力于协调科学数据的跨境收集、储存和分析的过程中，完成了一些最为重要的突破性工作。许多小组负责人指出，各组对比各自的工作计划并进行调整，以确保数据收集工作相吻合并互为基础，这样安排节省了成本；反过来，节省的成本可用于完成更多的工作。McKinney列举了生态系统整合和评估小组的典型案例：

每次优先问题小组会议上，其中一个机构就一张最近拍摄的地区航拍照片做报告，另一机构会说，"我们刚刚做过这个"，这让我很震惊。我曾在同一天看到过同一架飞机飞过同一地点，却是为不同机构工作。这对拍照片的公司有利，但对机构而言却并非如此。我们现在所做的最有价值的一项工作就是推进科学家之间的合作，以节约成本、提高质量、分享已知成果。联起手来，我们可以做得更多……如果两个机构将资金投入一处，则可以收集更多照片或航拍新的地区，或增加图像的灵敏度等等，每个机构或者个人都能从中受益。

鉴于优先问题小组包括资源管理者和科学家，所以信息收集工作主要围绕为管理提供信息的科学展开。

## 建立设定营养物质标准的常用方法

墨西哥湾五州一致同意共同努力改善对流入海湾的营养物质的监管。从沿海赤潮暴发到海上缺氧的"死亡区"，五州经济均受到了营养物质大量流入导致的各种问题的影响。联盟启动时，EPA 要求各州通过设定州级营养物质标准，加大对营养物质的监管力度。各州希望以墨西哥湾独特的营养物质状况和动态相关的高质量科学信息为基础，设定营养物质标准。各州一致认为，新成立的区域伙伴关系为合作完成这一任务提供了一个机会。

开发工具和决策之间需要保持一个敏感的平衡。营养物质优先问题小组领导人兼密西西比州环境质量部水质处处长 Kim Caviness 表示，联盟并未试图对各州应向 EPA 提议的具体营养物质标准发表看法，反而希望协助各州建立设定标准的常用方法，如此各州所提建议对于监管机构将具有更高的可信度和重要意义。Caviness 提议，营养物质优先问题小组应充分利用跨州论坛，在各自活动中寻求协同作用的同时，对减少营养物质的最有效策略进行系统试点和评估：

根据我的经验，整日忙于琐事的机构到处都是。在缺少重心或规划方法的情况下实施 BMP（最佳管理实践）或采取行动，不如尝试退一步，例如说，"咱们规划一下拥有的有限资源，试着想想能够利用这些资源的办法"……5 万美元投入三个不同的小领域，可能不会有任何作用，不如将其全部投入一个问题领域，可能真的会看到一些不同。

营养物质优先问题小组的重心扩大后涵盖了减少营养物质的试点工作，所以密西西比州调整了小组的成员构成，不仅吸纳了负责设计营养物质调查或设定监管标准的机构工作人员，还纳入了非点源项目和美国农业部自然资源保护局的工作人员。密西西比州的着眼点很高，其设定的目标是首先更加系统地确定最有效的管理实践经验，其次利用这些新知识制定五州减少营养物质的全方位策略。

密西西比州处理营养物质优先问题领导权的演变表明，让墨西哥湾各州负责领导联盟不同问题领域工作的举措相当明智。大多数情况下，各州小组的领导人都欣然接受了这一举措。

## 建立网络，加强合作

除共享信息和开发工具以外，联盟也积极营建网络，促进更多合作。如，为就海湾地区所面临的问题对墨西哥湾各州人民进行教育，联盟采用的战略就是建立一个覆盖海湾五州的环境教育者网络，以取得工作进展。该网络名为墨西哥湾联盟环境教育网，是一个协调机构，能够分辨所有不同的教育项目和正在进行的教育活动，继而在整个地区范围内普及，特别是环境教育资源不足的各州。联盟的愿景是为该教育网雇用一名全职协调员，代表海湾五州工作。

同样，2005 年飓风季让各州前所未有地深刻意识到跨境协调工作对保护和恢复湿地及其他沿海栖息地的潜在价值，所以联盟也致力于成立一个墨西哥湾区域恢复协调小组。其前期策略重心依然是共享和整合信息，为未来海湾范围内的协调工作奠定基础。通过区域恢复协调小组组建的论坛，各州、联邦各机构和其他私营部门合作伙伴得以探讨墨西哥湾地区养护和恢复工作的首选区域和地点。

# 政治意志

虽然存在差异，但各机构及其领导一直效力于联盟，其中原因之一在于各州和联邦的政治意志水平较高。五州州长愿意与联盟密切联系。2005 年，各州长在联盟正式启动峰会上首聚，公开宣布了指导其工作的五大初步问题；州长亲临会议，表明其政治投资的意愿。自成立之后，联盟发布的两大成果是州长沿海健康和恢复行动计划以及第二个州长行动计划。州长是计划内容的最终决策者，所以他们是 GOMA 的终极权威和合法性来源。

在基于生态系统的海洋管理中，一个区域倡议能建立此等水平的政治意志实属罕见，只有联盟实现州长和其他高级机构官员的政治目标后，才可建立如此高水平的政治意志。该倡议由 Jeb Bush 州长倡议，他在共和党的声望和与其兄长小布什政府的关系，增加了联盟获得联邦资源的可能性，这一事实无疑更加激励了各州长。各州长也同意，联盟初期应以共同关心的有限问题范围为重心。该项目定义明确、结构严谨，可向媒体和各州选民进行详述。支持该项目并不会承担重大的政治风险，因为该项目重心井然有序，有希望快速获得成就。最后，该项目有可能吸引联邦资助的原因不仅在于总统的支持，还在于各州国会代表能够联合起来，赋予联盟迅速动员完成任务的能力。

联邦政治支持配合并强化了州级政治支持。小布什政府的最高层政治意志推动了联邦的高度参与。小布什政府当时发布了新的《美国海洋行动计划》，表明了对多州海洋合作伙伴关系的坚定支持。总统行政办公室、NOAA 沿海服务中心和 EPA 墨西哥湾项目的高层管理者认为，Jeb Bush 游说墨西哥湾其他州长，开展区域研究和海湾地区行动，具有历史意义，联邦机构应尽全力提供帮助。的确，Phil Bass 担任 EPA 墨西哥湾州政策协调员这一新职位时曾说过，2005 年冬季，当时的白宫环境质量委员会（CEQ）主席 James Connaughton 召集 NOAA、EPA 和其他主要机构代表，传达了政府帮助海湾五州建立新伙伴关系的承诺。"我并未参加这类会议，但我想 CEQ 已经告诉众位代表，希望他们能够全力投入，协助海湾五州获得成功。" Bass 解释道。

行政办公室如此自上而下的指示是罕见的，无疑也反映了小布什总统和 Bush 州长之间的关系。会议之后不久，即联盟正式启动后两个月，联邦机构成立了前文所述的联邦专责小组。组建专责小组时，实现联邦机构的广泛参与的指令直接来自 CEO 主席 James Connaughton。联邦专责小组成了投入联邦支持和人力资源、协助新兴联盟向前发展的主要媒介。"为协助联盟站稳脚跟、确定重心、做出选择，这些人员配备是必需的。" Davidson 说。

# 解决棘手的州-州和州-联邦水域问题

基于生态系统的海洋管理倡议面临的主要挑战之一在于海洋资源管理范围的复杂性。权力和职责分散于各级政府和各个机构；各自任务和利益经常发生冲突。GOMA 的一大成功在于工作时承认多级政府体系内组织机构、政治动机和能力的复杂性。要在墨西哥湾地区获得成功，GOMA 需要在承认联邦能力和监管职责的同时，在行动计划中建立强烈的州所有权意识。

2005 年毁灭性的暴风雨季和随之而来的财政压力已掏空各州仓库，各州环境机构在缩减预算和人员配备的情况下，难以履行其职责。在这种财政环境中，许多人对开展新项目持谨慎态度。墨西哥湾五州的部分人员也迟迟不认可与其他沿海各州密切合作的价值。NOAA 的 Margaret Davidson 解释如下，

墨西哥湾各个区域联盟经历了漫长、多变的失败过程……一些以特定问题为中心的进程起效了，而更广泛的州级活动却失败了，最后各州落得一个无法与他人高效合作的名声。其主要原因之一就是社会人口、制度、金融和文化方面存在显著差异，尤其是佛罗里达州、得克萨斯州和墨西哥湾北部各州之间的差异。我过去曾这样形容过：两端的书挡很大，但中间的书却很小……他们甚至发展捕虾业的方式都不一样。在佛罗里达州和得克萨斯州，医生和牙医拥有巨大的商业舰队，而在密西西比州、路易斯安那州和亚拉巴马州，船只、舰队则较小，以家族企业为主——这是一种生活方式，而非为减税有意为之。

上述差异，加上缺乏与其他海湾各州共同合作的历史，导致一些机构高级工作人员起初对派遣己方最得力人员参加区域会议的价值持怀疑态度。

各州政府和联邦政府之间的紧张形势也需克服。"联邦和各州机构之间存在极大的不信任，" McKinney 解释道，"我们基本上互不喜欢。个人单独行动，我们可以胜任，但以机构的身份却几乎没什么合作。"他表示，当墨西哥湾各州（包括除此之外的其他州）希望采用能够反映地方和区域独特状况的个性化环境管理方法时，全国各地产生了联邦机构推行统一监管方法的趋势，由此产生了驱动力。他也表示，过去联邦机构缺乏对州立机构科学成果的尊重，"两者类似主从关系"。

## 建立州所有权的组织结构

虽然在管辖范围上存在紧张形势，但通过满足各州长和各机构在控制权和所有权意识方面的需求，GOMA谨慎地促成了区域合作。开始时，在各自关心的问题上，各州完全明确并承担领导责任，这为联盟创造了获得成功的条件。联盟在产生、选择五大优先问题时就采用了这种方法。各州均能选择各自最感兴趣和最关心的问题，并对之负责。

以这种方式成立联盟专责小组，在五州制订的行动计划中建立了强烈的所有权意识。各州指派一名州立机构的高级管理者，领导成立一个由墨西哥湾各州、学术和其他非营利性组织的专家组成的优先问题小组。这些州领头人投入了大量时间、精力，使各小组成员就如何解决各自问题一事达成一致意见。

想必同行竞争的力量也具有重要意义。当其他州领头人因其工作进展受到嘉奖时，领导小组的机构管理者可不想被人认为在解决威胁海湾的重要生态问题上拖了后腿。当记者提问，"今年您的联盟小组取得了哪些成就呢？"州领头人希望能有令人满意的回答。毫无疑问，他们的顶头上司五位州长也同样希望避免因小组工作停滞不前而被问及任何与对联盟所作贡献相关的问题。

这一负面动力的另一面是显著的积极影响。各州可指出他们在特定优先问题上的领导带来了哪些实质性变化。他们从联邦机构、大学和其他组织引入了资金以资助实施小组推荐的行动。他们了解了与其他州的州立机构共同合作的方式，能够高效利用有限的资金和人力资源，解决问题的能力相较单打独斗大大提高。同时，他们的成就吸引了越来越多的正面关注，不仅限于联盟创造的社群，有时规模更扩展到吸引媒体报道，并取得了致力于基于生态系统的海洋管理的国家级从业者的关注。

Phil Bass强调了这种动态的重要性。"我们给予了各州担任区域和国家领头人的机会，"他指出，"好像所有人都喜欢这样。大部分科学家都很内向，不太擅长宣传自己的成果。但如果以州的身份进行合作，作为某一具体问题的区域或国家领头人并得到认同，是让人十分自豪的事情。"

## 联邦——高度参与，而非主导

许多联邦机构都加入了墨西哥湾联盟。比参与本身更重要的是参与的方式。从一开始，他们就接受并支持墨西哥湾各州主导联盟的意图。在确定联盟的工作方向和优先事项问题上，联邦机构为各州提供了广泛支持，同时也为完成工作任务提供了重要支持和帮助。他们发挥着领导作用，但不过多干涉。

2004年就成立新型伙伴关系进行初步对话时，首次表现出联邦机构将担任某种新角色的迹象。EPA墨西哥湾项目（GMP）已成立十多年，成立初衷正是推进实施Jeb Bush向其他州长提议的区域合作。联邦项目本可以重复和低效为由，轻易拒绝其提议，但 GMP 主管 Brian Griffiths 坚定支持开展各州领导权更为明确的项目，以将更多的联邦资源引入墨西哥湾。

《美国海洋行动计划》发布后，对区域海洋管理的高度关注理所当然地提高了联盟相关事项的优先级别，如同小布什政府与 Jeb Bush 的关系所起的作用一样。无论如何，联邦机构站了出来并提供了启动联盟所需的关键种子资金。机构没有得到新的拨款，但他们想方设法利用了已有预算。NOAA 起到了 Davidson 所谓的秘书作用，协助召开各种必要会议，包括分发议程、记录重要会谈以及提供草拟文件以供集体修订。Davidson 估计这一行政职能耗费 NOAA 沿海服务中心约 40 万美元。EPA 也提供了重要的行政支持，现今负责管理联盟协调小组。

同样重要的是，联盟制订和实施其行动计划后，联邦机构成为可靠的幕后合作伙伴。他们之所以能与各州建立密切的工作关系，其途径之一就是避免采用可能被视为试图控制倡议的参与方式。因此，关于联盟的目标和优先事项方面，联邦专责小组没有正式的决策职责。各州主导的联盟管理小组负责选定这类目标和优先事项，批准行动计划的内容。在专责小组任职的联邦机构官员也参加联盟管理小组会议，但仅以成员的身份参加，在重大决策问题上不具有投票权。类似地，每个优先问题小组都有一名联邦联合协调员，但这些人员主要是为相关工作提供支持而非主导其结果。

在联邦机构参与人员看来，其主要职责是分配联邦资源和技术，协助联盟完成其区域工作。每次联盟小组会议结束后，联邦专责小组会召开会议，确定专责小组以何种方式继续跟进联盟管理小组讨论的具体区域需要或行动事项。联盟不断召开会议的 10 年间，专责小组以多种方式支持联盟工作，包括资助优先问题小组协调员，为开展优先项目提供补助金。

据 Davidson 和 Bass 称，虽然联邦机构退入幕后，但他们并不认为其在"盲目"提供支持。他们能够对联盟的工作方向和工作成果产生少许影响，同时避免了州领导人对他们主导或接管进程的担忧。Davidson 曾作评论，"墨西哥湾五州的州长任命人员领导联盟管理小组，为联盟做管理决定。我们的部分职责是持续为其呈现问题，在一定时间框架内以温和的方式促使其就具体问题作出决策。"关于如何制定行动计划，Bass 解释如下：

各州并非在缺乏联邦机构参与的情况下，聚在封闭的房间内说，"我们要做这些"。行动计划是在联邦高度参与、各州主导的情况下，联合制定的……联邦机构是我们的真正伙伴，而且 EPA 和 NOAA 也意识到，各州与联邦的优先事项并无显著差异，相比在幕后主导道"你们的任务如下，方式如下"，通过共同合作，我们可以完成更多的任务。

Davidson 认为这种不过多干涉的处事方式——支持各州领导的同时也为其提供帮助，是墨西哥湾联盟中联邦政府参与联盟的典型特点。但这对某些联邦机构而言并非易事。作为监管者，许多机构都已经习惯了向各州相关工作人员发布指令，提供详尽指导，而不是询问如何为其提供帮助。首批加入联盟的联邦机构管理者中，Davidson 和 Bass 等人在指导其联邦同事了解幕后领导力重要性方面发挥了重要作用。Davidson 曾说："州级优先事项可能会造成联邦优先事项的改变，对部分联邦工作人员而言，这种观念本身就是一种调整适应。"

有时，各州参与者在试图赢得未加入联盟的联邦机构管理者对其行动的支持时，会面临一场硬仗。如，一个解决病原体问题的联盟小组，试图说服 EPA 考虑在不同的墨西哥湾生态系统中采用不同的病原体污染指标。这一方法偏离了整个墨西哥湾地区使用同一指标的现行监管体系。虽然部分区域工作人员（特别是参加墨西哥湾项目的人员）也支持联盟提议的方法，但来自 EPA 国家办公室的代表依然持怀疑态度。佛罗里达州水质小组领导 Ellen McCarron 针对该动态以及其为该小组带来的挑战，总结如下：

在当地的联邦监管层面（如 EPA 第Ⅳ和第Ⅵ区），这些办公室当然都参与其中，也包括墨西哥湾项目本身……然而，在国家层面上，各国家办公室处理的是国家范围的问题，影响他们的行为并非易事。尽管地方办事处和所有各州一致同意有必要建立更好的病原体指标，但说服国家总部级的工作人员，使其相信有必要在地方进行改革，仍需要花费更长时间。

# 建立信任、实现合作的进程

当联盟领导人被问及成功的主要因素时，他们总是提到参与者紧密合作的意愿和能力逐渐加强。联盟首次召开会议时，很多参与人员，特别是各州代表，对与其他机构和组织密切合作的价值心存怀疑。各州的谨慎态度在联盟的第一次会议上就已显而易见。据优先问题小组领导人报告，早期，75%参与人员是联邦机构代表，有时部分州并未派遣任何人员与会。各机构可能希望先看到联盟能够带来的价值，然后再投入本已极为短缺的人力资源。

到制定第二个行动计划时，上述怀疑主义正逐渐减弱。小组成员逐渐增多，因为人们认为加入小组是应该的。更重要的是，小组成员之间的互动作用开始发生变化。所有优先问题小组成员之间的理解和信任不断加深，为小组在短期内实现高生产力奠定了基础。各小组达成了共识，为解决生态系统评估、水质恶化、环境教育和栖息地丧失等问题提出了相应建议。各小组迅速落实了上述建议，实施每个行动计划仅用了短短两年时间。落实过程中，他们充分利用了加入小组的各州立机构、非营利性组织和大学的精力和资源。

是什么促成了这种信任和合作的加深？从最基础的层面而言，小组会议确实将互不相识的人们聚在一起。但联盟组织会议的事实本身不足以解释联盟成员为何开始高效合作。考虑到解决问题的挑战性和参与组织的多样性，会谈很容易陷入冲突和僵局。

启动和保持势头的关键在于一种逐渐形成的认识，即各州和联邦机构之间有着共同的目标，"相比四散分离，团结一处"使他们可取得更大成就。这种认知是联盟艰苦奋斗的结果，并非理所当然的。联邦机构提供的支持和财政激励发挥了特别重要的作用。EPA 和 NOAA 组织了前期的许多会议，自愿提供联盟完成首批重大项目必需的人力资源。

或是由于小组成员的共同利益、性格特点或文化特征，各小组产生了强烈的社群意识，设定了共同的目标，极大地提高了各小组的生产力。其中一个小组——水质小组，在决定将其不断壮大的小组一分为四时，意识到了这种社群意识的重要性。各小组的初衷是保持小组规模，确保小组成员之间持续性的伙伴关系。

# 小　结

2014 年 5 月，墨西哥湾联盟庆祝成立十周年纪念日。300 人出席了庆祝会，会上向协助成立联盟的人员颁发了创始人奖，为 5 年多来 45 余名联盟的活跃成员授予了荣誉。两周后，联盟执行董事 Laura Bowie 就庆祝会上的正能量作了如下评论：

我们社群内活跃着合作精神，在这种精神氛围中，联盟开始了下个十年的征程！

墨西哥湾本身将我们连在了一起，联盟成员的独特之处在于我们坚信合作会带来指数级的好处。我们已经找到建立关系、取得信任、为致力于建设美好墨西哥湾的人们构建包容性网络的方法。[18]

联盟取得了一些惊人的成就：它极大地增进了人们对缺氧、海产品含汞以及提供重要生态服务（如为重要鱼类提供躲避风暴的保护和支持）的沿海栖息地的丧失等多样化生态问题的认识。为增加人们对此类问题的认识，增强各州、联邦机构及其他团体就如何解决问题作出正确决策的能力，联盟建立了有效且充分协调的程序。尤为重要的是，联盟成功促成了相邻的沿海五州之间坚定不移、重点突出的区域合作，历经十年而不散，且各州具有多样化的政治动态、当地经济和各州确定的优先事项。对于很多科学家、管理者和决策者而言，联盟一直处于不断变革的状态。

如同所有基于生态系统的海洋管理行动计划，墨西哥湾联盟同样处于发展前行阶段，它能否继续获得成功，取决于能否在政治和机构领导人的转变过渡期间保持高水平的参与动机和政治意志。佛罗里达州水质小组协调员 Steve Wolfe 曾评论："联盟成立时，州长办公室人员充满着激情……可现在参加联盟的各州代表不断更换。如果更换了新州长，我们就难以和新加入的工作人员共同合作。如何使新成员全面投入呢？"

基于生态系统的大规模海洋管理倡议将州–州或州–联邦边界联系起来，其必须对每个司法管辖区的独特利益和关切保持高度敏锐；必须取得明显成就，为相关人员带来价值，并鼓励其持续参与和支持；还必须审慎考虑其组织和管理方式，以保持重心、取得进展。虽然挑战和间歇性错误是不可避免的，但迄今为止，墨西哥湾联盟已经找到了应对富有挑战性的管辖权水域问题的有效方法。

# 第四章  佛罗里达群岛和海峡群岛
## ——平衡"自上而下"权威机构和"自下而上"参与者之间的关系

许多人将正规的海洋保护区（MPA）视为海洋养护领域中人们竞相追逐的"圣杯"。类似的称呼还有"海上禁渔区"、"海洋保留区"、"禁采区"等，它们通常都是依法建立的，并设有特定的监管机构。许多机构拥有明确的授权，能够进行基于生态系统的管理，有权限制保护区的使用，其保护力度令大多数海洋保护倡议望尘莫及。

但是，有权指定或管理 MPA 的政府机构不一定有权随意行使该权力。MPA 并不是凭空设立的，其植根于复杂的制度环境中，需要面对久已存在的地方、州和联邦管辖权及各方利益。若没有决策影响者的同意和支持，可能会产生阻碍行动的冲突。因此，管理 MPA 需要在负责或关注海洋资源的政府机构、各类组织和个人之间精心搭建桥梁。

美国国家海上禁渔区（NMS）在这一方面提供了丰富的经验，人们可从中学习如何驾驭这一复杂领域。大多数禁渔区的管理历史表明，联邦当局的行动仅限于生态系统层面。大多数 NMS 都制定了机制，用于解决州和联邦机构之间复杂的司法管辖问题；所有 NMS 都成立了顾问委员会，令公民和利益相关方参与其中。他们采用了"自下而上"的进程，平衡了"自上而下"的各个权威机构之间的关系，并由此于感性社会中处理复杂的理性问题。

本章借鉴了 25 年来在海峡群岛和佛罗里达群岛国家海上禁渔区的经验。两者都制订了管理计划并形成了海洋保护区网络，从而改善了生态系统的健康状况。在佛罗里达群岛，敏感珊瑚栖息地内的船舶搁浅数量已有所下降，禁采区内曾遭高度开发的物种的数量有所回升。在海峡群岛，保护区的生物多样性和鱼类生物量明显增加，海藻林的面积也扩大了。

公众对这两个保护区的理解程度和支持程度都在不断提高。佛罗里达的调查数据显示，根据持续监测，公众对禁渔项目的认可度越来越高。事实上，佛罗里达州门罗县的居民表示支持将 20%~25% 的海洋区域划分为禁渔区[1]。在加利福尼亚州，后来根据《加利福尼亚海洋生命保护法》设计建立的全州 MPA 网络，对海峡群岛 NMS 监测和利益相关方参与机制进行了调整。

在这两个禁渔区取得进展并不意味着冲突和挑战已经消弭。这两个地区的某些渔民仍然对禁渔区持抵触态度。尽管如此，在这两个禁渔区和其他保护区实施的管理方法、结构和关系使其能够以推动资源管理发展的方式来管理冲突。该类保护区是如何通过与政府机构合作伙伴以及利益相关方合作，来利用其法定权力，对冲突进行管理并获得所需的知识和资源的呢？他们是如何实现"自上而下"管理和"自下而上"管理间的有效平衡的呢？

# 面临多重压力和威胁的生物多样化地区

1972 年，国会通过了《海洋保护、研究和禁渔区法》［后更名为《国家海上禁渔区法》（NMSA）］，依其设立了国家海洋和大气管理局（NOAA）的国家海上禁渔项目。该法授权商务部长"出于区域的保护、娱乐、生态、历史、科学、文化、考古、教育或美学性质，指定具有特殊国家意义的海洋环境区域为国家海上禁渔区并进行管理"。NMSA 将禁渔区的资源划分为多种用途，有别于人们经常与之相比较的国家公园。如今，该系统包括 15 个海洋保护区，覆盖面积超过 60 万平方英里，包括北美五大湖和美属萨摩亚保护区。加利福尼亚的海峡群岛和佛罗里达群岛是最早根据 NMSA 建立的两个禁渔区。

## 海峡群岛

海峡群岛国家海上禁渔区位于美国最大的海洋保护区网络内，其多样化的生态环境在保护区项目中首屈一指。海峡群岛中的两个岛屿早在 1938 年就被列为受联邦政府保护的国家纪念区，而经 NMSA 授权，NOAA 于 1980 年建立了海上禁渔区，包括 1 252 平方海里的近岸和离岸水域，其环绕着北部海峡群岛（圣米格尔岛、圣罗莎岛、圣克鲁斯岛和阿纳帕岛）和圣巴巴拉岛。

该禁渔区拥有全球独有、极为多样的栖息地和生物物种，于 1986 年被联合国教科文组织（UNESCO）指定为生物保护区。茂密的海藻林为大约 5 000 种无脊椎动物和 480 多种鱼类提供食物、附着点和避风港，其中包括具有商业价值的物种，如长鳍金枪鱼、鲈鱼、鲭鱼、鲑鱼和箭鱼[2]。禁渔区内有 4 种不同类别的海龟。每年都有超过 27 种鲸鱼和海豚经过或栖息在禁渔区内，其中包括稀有的蓝鲸、座头鲸和鳁鲸。这也是一个具有重要文化意义的地区，尤其是对丘马什印第安人来说，其在此居住的历史已长达上万年。

如今，给生态系统带来压力的主要因素是过度捕捞、海藻采伐、船只运输造成的水质下降、人为噪音对海洋哺乳动物的影响以及生物多样性的减少。风暴和气候变化所带来的其他影响也对生态系统产生了威胁，海洋酸化问题也引起了禁渔区管理者的关注。航运给濒危蓝鲸所带来的不利影响促使航线发生改变[3]。南加州的人口不断增长，从而导致对娱乐和商业捕鱼、旅游和能源的需求不断增长，这其中的每一项都可能对海峡群岛的海洋资源造成破坏。

为了处理这类问题及其他一些问题，禁渔区给出了一个框架，众多社群利益相关方和政府机构可以借助这个框架参与管理讨论，并为制订管理计划出谋划策。超过 20% 的禁渔区水域已被设为保护级别更高的海洋保护区，其中大部分为禁采保留区。这些保护区内的重要研究和监测有助于增加对生态系统和指定 MPA 的初步成效的了解。

海峡群岛 NMS 运用基于生态系统的管理方法来完成其 NMSA 保护、管理和恢复海洋资源的任务[4]。禁渔区的资源保护协调员 Sean Hastings 说："我们试图从全局的观念出发来审视问题、挑战，审视资源管理所面临的威胁，确定在此领域发挥作用的当事方，并调查自然历史、生态和生物状况。掌握了这些信息后，我们借助顾问委员会以基于社群的方式开展工作。"[5]

## 佛罗里达群岛

佛罗里达群岛 NMS 是由国会于 1990 年建立的，和海峡群岛一样，同样面临着复杂的管辖权问题。禁渔区从佛罗里达南端向西南延伸 220 英里至干龟群岛，覆盖了 2 900 平方海里的沿海水域，与 4 个国家野生动物保护区、6 个国家公园和 3 个州水生保护区相交错，并将两个先前指定的海上禁渔区纳入其范围内。

佛罗里达群岛支持着一个具有生物多样性的生态系统——水下热带雨林。在高度连通和相互依存的栖息地沿岸和水面下，6 000 多种植物、鱼类和无脊椎动物共生共存；一个生物群落的变化会对另一个生物群落产生深远的影响[6]。这里的珊瑚礁是世界上第三大珊瑚礁系统，也是北美现存最大的活珊瑚礁。位于其禁渔区水下、占地数千英亩的海草床，是世界上最大的海草床之一。作为最富饶、生产力最强和最重要的水下沿海栖息地之一，这里的海草为具有重要商业和娱乐意义的鱼类和无脊椎动物提供了食物和保育栖息地。

佛罗里达门罗县周围的水域中存有巨大的渔场，环绕佛罗里达群岛。1990 年，近 2 000 万磅的鳍鱼、贝类和其他生物在该县上岸，使其码头价值达到了 4 840 万美元[7]。其中，价值最高的渔获是刺龙虾。1995 年，在州管辖水域（而非联邦管辖水域）的渔场内，门罗县刺龙虾的收获量占到了刺龙虾总收获量的 91%[8]。

丰富而独特的生态系统推动了该群岛两个最重要经济体的发展：旅游业和商业性捕鱼。2007 年，旅游业是佛罗里达群岛的首要产业，年接待游客量逾 300 万人次，消费额超过 12 亿美元[9]，但同时也给生态系统的健康带来了压力。珊瑚礁上的鱼类和其他动物种群产生巨大的改变[10]。商业性和娱乐性往来船只数量的不断增加也带来了不利影响。例如，在 1965 年至 1995 年期间，私人注册的娱乐船只数量增加了 6 倍。气候变化使生态系统面临进一步的压力；海洋温度的升高导致珊瑚病害和白化事件发生的频率越来越高。

佛罗里达群岛 NMS 致力于通过科学研究、协调众多公共和私人实体以及外联和教育手段来从源头缓解生态系统压力。佛罗里达群岛是美国第一个采用海洋分区并建立禁采区的地方，目前这些地区占禁渔区水域的 6% 左右。其开展了一项广泛的水质保护计划，涵盖了监测、教育功能，并提供合规性建议。佛罗里达群岛使用 700 多个浮标来保护敏感的栖息地，这是在禁渔区采用的最简单有效的策略之一。

# 触发行动的转折点

要达到建立海洋保护区的高标准并非易事。大多数 MPA 提案缺乏公众和政府支持，很快就被否决。即便是满足了高标准的提案，在经历了联邦-州、州-地方、商业-环境和科学-政治的争议性分歧之后，也是伤痕累累。虽然怀疑和抵触会限制 MPA 提案的进展，但是当受到普遍关注、得到政府和利益相关方承认，可能就会出现一个触发行动的转折点。

要想超越现状，受益于基于生态系统的海洋管理方法，就必须采取联动。更多大规模，参与者更多的行动，需要为其注入活力，并有领导人站出来激励变革。采取行动的导火索往往来源于典型地点迫在眉睫的一种危机感，这种感觉促使个人"冠军"和政府向各方施加压力以采取行动。随着时间推移，人们渐渐意识到各种问题正在扩大化、复杂化，问题间联系性愈发紧密，因此基于生态系统的海洋管理方法就可能应运而生。一旦人们意识到想要采取有效行动需要一套相互协调的应对措施——因为单一实体无法解决那么多亟待关注的生态和社会问题——转折就会发生。

## 船舶搁浅和石油泄漏所引发的关注与担忧

重要区域的危机总是会触发某种反应。虽然佛罗里达群岛和海峡群岛差异巨大，但其都是具有代表性的陆地-海洋系统，受到地区和全国的高度重视。政府官员、利益相关方和社群开始意识到自身受到威胁。在海峡群岛，因石油和天然气开发而带来的压力引起了人们的关注。在佛罗里达群岛，危机在于人们担忧珊瑚礁健康会遭到损害，1989 年秋季搁浅的几艘船只加剧了这一危机。1963 年世界上第一个水下公园约翰·彭尼坎普珊瑚礁州立公园建成，这要归功于人们此前对危机的担忧。两个小型联邦禁渔区得以设立[11]，但生态系统所面临的压力并没有因此而缓解。一项研究发现，1984 年至 1991 年，迈阿密和基韦斯特岛之间的 6 个珊瑚区中有 5 个珊瑚覆盖面积减少了 7.3% 至 43.9%[12]。另有一次海草的重大绝种被记录下来[13]。职业潜水员注意到了这种退化。职业渔民则注意到岩礁鱼类的数量有所减少。

不过，3 艘船只撞上礁石后，一系列的随机事件最终引发了大规模的保护行动。1989 年 10 月下旬，一艘 155 英尺（约为 47.24 米）长的货船在佛罗里达群岛搁浅，割裂了基拉戈国家海上禁渔区 200 英尺的浅海珊瑚礁。5 天后，一艘 475 英尺长的货船也在此搁浅，严重损坏了珊瑚礁的另一部分。随后，在 11 月，第三艘船搁浅，这次搁浅的是一艘 470 英尺长的货船[14]。在 18 天的时间里，脆弱的珊瑚礁因三起互不相关的船只搁浅事件而遭到损坏。虽然船只在佛罗里达群岛的浅海中搁浅并不罕见，但媒体对这一连串的事件进行了大力报道，引发了公众的兴趣。举国上下家家户户都看到了直升机在头顶盘旋的电视新闻画面。正如海上禁渔区代理监察员 Sean Morton 所说，"同类事件接二连三发生后，人们会问，'为什么会发生这种情况，又该怎样防止呢？'"

## 政治领袖将危机作为落实行动的契机

佛罗里达群岛需要政治领导层来带领国会通过保护性立法。船只搁浅引发的媒体关注和危机感为那些希望加大佛罗里达群岛保护力度的人士提供了政治契机。船只搁浅一个月后，长期支持南佛罗里达环境保护的美国众议员 Dante Fascell（民主党，迈阿密）提出了一项立法以待讨论，该立法旨在通过在佛罗里达群岛水域建立海上禁渔区并管理人类活动来保护珊瑚。美国参议员 Bob Graham（民主党，佛罗里达州）在参议院发起了立法。之后，一项议案在两党的支持下获得通过，在发生船只搁浅事件一年后的 1990 年 11 月 16 日，老布什总统签署了《佛罗里达群岛国家海上禁渔区和保护法》，将其纳入法律体系[15]。

在海峡群岛，1969 年圣巴巴拉的漏油事件，同样是促成建立国家海上禁渔区的一个因素。最终，人们将这种高度危机感作为寻求政治援助的契机，以推进划定禁渔区的进程。在加利福尼亚陆上多个市镇均可清楚观察到海峡群岛，其因兼有冷水和温水海洋生物，被许多人视为"北美的加拉帕戈斯群岛"。总的来说，加州人非常关心加州的海岸线，乐于了解并支持旨在保护海岸线的积极倡议。但是，石油和天然气集团以及一些渔业组织和州立机构将大范围的联邦保护行动视为对其自身利益的威胁。

1969 年 1 月 28 日，联合石油公司发生钻井平台爆裂事件，导致 320 多万加仑原油泄漏，引发了一场全国性的环境保护运动。该事件发生后的 4 年里，国会通过了众多环境保护法，包括 1972 年的《国家海上禁渔区法》，利益相关方联合起来，利用这项法律来推动和加强对海峡群岛周围水域的保护。1978 年，由市长、市议会和县监督员组成的联盟将海峡群岛提名为禁渔区[16]。

环保团体对允许在保护区钻探持谨慎态度，他们担心可能会开创不好的先例，因此，在该提名禁渔区内活跃的石油和天然气租赁经营者几乎令这一进程脱轨。一个地方政府海洋问题联盟的负责人 Richard Charter 驳斥道："我记得会议上曾说过，'只管去做！设立禁渔区吧！'没想到真的成为了事实，对此我真的感到很惊讶。"[17] 1980 年 9 月 22 日，在创建海峡群岛国家公园以保护群岛的 6 个月后，吉米·卡特总统批准在海峡群岛设立 NMS。Charter 最后说道，1969 年漏油事件给社会造成的"创伤后压力"足以推动设定禁渔区的进程[18]。

## 承认仅凭单个司法管辖区难以解决问题

对重要资源迫在眉睫的危机感扣响了行动的扳机，但是谁负责采取行动呢？重叠的司法管辖区既不明晰又十分复杂。在佛罗里达和加利福尼亚，人们都逐渐认识到海洋资源面临着更大、更复杂的问题，需要出台更有力的解决方案，这引起了人们的关注。很明显，问题的规模已经跨越了司法管辖区的边界，每个人都是相互依存的。只有采取统一的行动，才能看见成效。正如迈阿密的民主党国会议员 Dante Fascell 所说的一样，"如果我们要拯救这片珊瑚礁，要实现生态效益和经济效益并重，就需要各级政府机构的共同努力，包括广大人民群众。没有人民群众的支持，任何事情都难以成功"[19]。

在佛罗里达，数十年来人们愈发关心佛罗里达群岛的珊瑚状况。事实上，当搁浅事件发生时，国会已经被要求下令就佛罗里达群岛中扩大海上禁渔区的问题进行可行性研究。很明显，现有的小型保护区是不够的，人们需要一种能够解决复杂问题的新方法。除了处理渔民、潜水经营者和其他海洋使用者的利益纷争等各种问题之外，最重要的是整个生态系统所面临的潜在威胁也在不断变化；在此基础上又增加了复杂的司法管辖和监管等佛罗里达群岛久已有之的问题。有许多机构在管理佛罗里达群岛水域和海岸方面发挥作用，包括现行的渔业管理机构、现有的小型海上禁渔区，以及现有与其毗邻的大沼泽地国家公园和比斯坎国家公园。

正如佛罗里达群岛 NMS 代理监察员 Sean Morton 所说的一样，新方法必须要从全局出发：

所有这些因素结合在一起，让人们意识到，要解决生态系统面临的所有压力，确实需加大管理力度并加强联系，需要以更加全面的观点来看待问题。不能只顾渔业管理，而忽略了破坏珊瑚礁和栖息地的因素……如果仅仅是封锁珊瑚区，只开展修复工作，那问题来了，我们是不缺新珊瑚了，但几年后这些珊瑚都会死亡，因为忽略了水质以及输入水源的问题。

# 通过合作和共同管理来解决复杂的司法管辖权问题

在联邦和州政府的共同努力下，海峡群岛和佛罗里达群岛都建立了伙伴关系并实现共同管理。事实上，联邦和州之间的关系已经从一种障碍转变为一种资源，各州官员开展执法并进行外联，各州权力机构与联邦禁渔区的官员一起共事。例如，与佛罗里达州的共同管理有助于赋予海上禁渔区合法性，同时证明了州政府对海洋保护区的成功起到重要的作用，也符合自身的利益。

这种伙伴关系之所以有效，是因为海上禁渔区和州有着共同的目标，正如在水质这一关键方面所反映的一样。尽管海上禁渔区的管辖权仅限于海岸线，但改善水质等目标需要门罗县提供大量的政治和资金支持。州的参与使海上禁渔区多了一个合作伙伴，并拥有了更多的权力。早在 1974 年，该州就认识到佛罗里达群岛是一个"值得重点关注的地区"，对建筑许可证发放进行了限制，并要求门罗县起草一份全面的总体发展规划，但该县的规划没有通过州的审查。由于该县面临完善总体规划的压力，所以指定了海上禁渔区。通过其水质保护计划，海上禁渔区向该县提供了技术援助，并确定了更多废水渗入生态系统的地点。然后，该州在佛罗里达群岛为废水处理系统制定了排放标准，这是实现该县总体规划的关键[20]。

## 明确海峡群岛的管辖权并征集合作伙伴

海峡群岛国家海上禁渔区处于一个复杂的管辖环境中。在这个环境中，多个州立和联邦机构的责任和利益相互冲突。关于州和联邦管辖权的争论可以追溯到多年前，需要多个最高法院案例来确定谁对生物资源和海底石油拥有权力。作为国家海上禁渔项目的一部分，该禁渔区由 NOAA 管理，同时它还与 4 个在禁渔区边界内拥有管辖权的实体密切合作，这 4 个实体是：国家公园管理局、加州渔猎委员会、加州渔猎部（现为鱼类和野生动物部），以及国家海洋渔业局，该局批准并实施太平洋渔业管理委员会制订的渔业管理计划[21]。此外，美国鱼类和野生动物管理局与国家海洋渔业局共同执行《海洋哺乳动物保护法》和《濒危物种法》的管辖权[22]。美国环保署负责管理禁渔区的水质。美国海岸警卫队负责在禁渔区执行所有联邦法律和法规[23]。多个其他州立和联邦单位也对禁渔区的管理颇感兴趣，例如文图拉市和圣巴巴拉县以及其他许多城市。

面对这种复杂的司法管辖权，要想弄清谁对什么拥有权力并不是一件易事。区分不同的任务和优先事项是协调管理所面临的一大难题。正如前禁渔区监察员 Matt Pickett 所解释的那样：

理论上来说，我们的任务是实施基于生态系统的管理，但问题是我们是否有这个权力。姐妹机构 NMFS（国家海洋渔业局）是主要的渔业管理机构，因此我们在这一领域的工作经常被打断。此外，环保署拥有水质管辖权。从理论上来说，我们有权进行基于生态系统的管理，但要真正实现这一点还是有点困难的。

由于难以清晰界定哪些机构有权关闭捕鱼区，在禁渔区内指定海洋保留网的过程变得缓慢且复杂。一旦确定渔猎部在州水域拥有权力，太平洋渔业管理委员会和国家海洋渔业局在联邦水域拥有权力，禁渔区就必须与这些机构合作，让它们明白国家海上禁渔项目是根据保护和管理整个生态系统的立法授权运作的。与禁渔区不同，渔猎部和国家海洋渔业局被授权负责渔业管理，而不是生态系统管理。然而，如果不与这些机构进行协调，禁渔区就无法完全实施基于生态系统的管理。根据海峡群岛禁渔区咨询委员会成员 Dianne Black 的说法，"与所有相关机构一起真正处理生态系统保护问题是一项漫长而复杂的工作。偶尔出现一些鸡毛蒜皮的问题，就能妨碍我们做出最好或最理性的决定"。

促进司法管辖区间协调的一种方式是建立正式的禁渔区咨询委员会（SAC），为机构间沟通与合作以及对此感兴趣的公民和利益相关方的参与提供了平台。重要的地方、州和联邦联系人有权在海峡群岛 NMS 顾问委员会中进行投票表决，这使其能够直接影响禁渔区的管理。

此外，各方已就机构间的正式执行协议进行了协商，以便国家公园管理局能够执行大部分法规，另外一些法规由美国海岸警卫队以及渔猎部执行。尽管加州有责任监管在国家公园海洋区域内开展的活动，但国家公园管理局巡视员被委派为州狩猎监督官并开展执法活动[24]。国家公园管理局还在公园的近岸部分开展监测活动。

为了表达对这些组织的支持以及对其工作的理解，禁渔区明白其需要激励它的伙伴，这意味着其必须向其潜在伙伴展示它的帮助作用。正如禁渔区资源保护协调员 Sean Hastings 所说的那样：

我们习惯了做一些投入不多的小型项目，现在我们参与到重大问题的解决之中，将大家汇聚在一起，从而向人们证明了我们也能有所作为。对于那些只关注某个物种、某个成分抑或是某个栖息地的其他机构，我们可以说，"嘿，我们某种意义上负责管理这整片地区。你可能对某个单一资源拥有主要管辖权，但是我们需要团结起来，以这种方式行事"。我认为同事们喜欢这样。我想他们希望有一个号召者……根据我们的预算和员工人数，我们只是协调员。我们并没有在做实际的工作，而是将它们归拢在一起。由于我们涉及的领域较广，肩负的责任较多，我们不可能深入了解所有方面，所以要与专业人士进行合作。我们召集研究团体并收集需要解决的问题，然后把它们整理出来。他们把数据打包，然后我们找到一种通过志愿者和其他人将其分发的方式。

## 与佛罗里达州的正式共同管理安排

在佛罗里达群岛，一系列同样复杂的机构管辖和关注促成了具有创新性质的共同管理机制。由于 65% 的海上禁渔区位于该州水域内，国会认识到需要与佛罗里达州进行协调合作。海上禁渔区的规模要求各级政府充分利用资源。由于海上禁渔区的反对者担心失去对佛罗里达群岛资源的控制权，所以有必要建立伙伴关系来缓解政治担忧。

因此，NOAA 和佛罗里达州环保部（DEP）开展了伙伴关系。该伙伴关系在 1997 年签署的《合作管理共同受托人协议》框架下运行。共同管理使该州在确保珊瑚礁的健康方面与 NOAA 处于同等地位，该珊瑚礁是佛罗里达最知名、最重要的资源之一。海上禁渔区的政策和管理委员会还包括联邦、州立和地方机构。

《合作管理共同受托人协议》规定，未经佛罗里达州审查或批准，NOAA 和海上禁渔区监察员均不得单方面修改管理计划或对禁渔区条例进行实质性修改。佛罗里达州州长有权对管理计划进行修改，并可驳回和废除部分计划。该协议还明确并汇编了早期的条约，规定管理计划将适用于州和联邦水域，并出台了关于渔业、水下文化资源和禁渔区边界内执法共同合作条例[25]。

禁渔区管理小组负责做出日常运作决策，该小组成员包括佛罗里达州通过其 DEP 参与其中的代表。其他成员包括禁渔区监察员、项目管理者和政策协调员，以及禁渔区上区和下区的区域管理者[26]。从历史来看，下区的区域管理者也兼任 DEP 官员。制定资源管理政策的资源管理团队包括禁渔区监察员、美国环保署、佛罗里达州环保部、鱼类和野生动物保护委员会（FWCC）和门罗县海洋资源部。

通过与佛罗里达州进行合作，海上禁渔区的监管得以落实。NOAA 人手不够，因此无法在如此大的范围内落实监管的执行。其他机构（如美国海岸警卫队）拥有该项权力，但他们需要去执行更加紧迫的任务，如拦截走私人员。鱼类和野生动物保护委员会的 17 名官员既负责国家海上禁渔区的工作，又负责州鱼类和野生动物监管的落实。为确保他们将国家海上禁渔区的责任放在首要位置，NOAA 向佛罗里达州支付鱼类和野生动物保护委员会副职工资。

在规划过程初期，就阐明了这种合作执行的条款。正如代理监察员 Morton 所说，"他们知道 NOAA 的目的是保证他们能做好水域上的工作。有钱能使鬼推磨，如果我们不向他们支付报酬，他们就不会去做这项工作，在这个金钱至上的时代更是如此"。但是，让州级官员在水域落实执法还有另一个好处，他们与海洋使用者的交流更加频繁，经常进行水上巡逻并例行登船检查[27]。据受访者称，相比 NOAA 的人员来说，他们更加熟悉和信任佩戴国家鱼类和野生动物保护委员会徽章的官员[28]。

# 通过利益相关方的参与来解决冲突并给出管理决策

当最初的一系列活动尘埃落定后，许多基于生态系统的海洋管理倡议陷入冲突并缺乏继续前进的动力。海峡群岛和佛罗里达群岛保护区的管理者们并没有对此放任不管，而是意识到反对意见往往源于不信任、恐惧和缺乏控制。他们通过为热心公民和利益相关方提供重要职位，使他们能够贡献自己的知识、观点和想法，从而在管理过程中直面这些问题。这种工作关系是借助结构良好的禁渔区咨询委员会（SAC）建立的，它减少了不信任和恐惧，并为影响管理决策提供了真正的机会。

## 反对意见源于对联邦监管的恐惧

佛罗里达群岛 NMS 的一个严重阻碍是公众的反对。门罗县居民对联邦监管的恐惧由来已久，要想成功管理海上禁渔区，NOAA 必须解决这一问题。虽然群岛的居民支持禁止石油开发和大型船只运输，但是当他们得知国会打算建立一个采取限制措施的海上禁渔区时，他们对此强烈抗议，因为这些限制也会影响他们对水域的使用。门罗县专员 Doug Jones 在国会关于珊瑚礁的听证会上说道："这些珊瑚礁是我们仅有的了。让联邦来保护它实属无稽之谈……我们又不会破坏珊瑚礁。"[29]

在辩论期间，门罗县的收入一直在增长，因为每年有越来越多的游客参观群岛。但是对许多群岛的原住民而言，一种更加古老贫瘠的生活方式仍十分重要。许多人通过开采他们认为完全属于自己的自然资源来谋生。Jones 表示这种主人翁感已持续了数十年。例如，在 20 世纪 60 年代末，居民将利益的发展放在首要位置，反对比斯坎国家纪念地的建立。反对者使用推土机在海湾岛上的森林中犁出一条 7 英里长、6 车道宽的"报复性公路"，希望造成大规模的环境破坏，从而让联邦政府认为其已丧失保护价值[30]。

1982 年，再次爆发了对联邦政府的愤怒，这一次则更加戏剧化。基韦斯特的居民由于对联邦政府不满，举行了一场模拟分离主义仪式，宣布成立"海螺共和国"。渔民、寻宝者、房地产利益集团和其他反对联邦监管的人士组成了一个海螺联盟（长期居民自称为海螺），并悬挂了谴责 NOAA 的标志和横幅。海上禁渔区的第一任监察员 Billy Causey 的肖像在同一天被"绞死"了两次。

海上禁渔区的建立触发了某些居民的恐惧，担心他们的生活方式会受到外来者的非难，这更坚定了他们"任何监管都是多余的"信念。NOAA 努力树立自己的可信度，它在一份初期管理计划草案中增加了一些条款，暗示海上禁渔区将接管从飞机领空到地方土地使用决策等等的一切事务，但这一切对于安抚居民都是徒劳无功的[31]。靠捕捞热带鱼为生的 John Knudsen 说道："大难临头了！他们想让这儿成为富人的游乐场，把这里变成水上的迪士尼乐园，要赶走我们这些在这里生活多年、又怪又臭的渔民了。"[32]

## 禁渔区咨询委员会为解决问题和管理冲突搭建了一个平台

在佛罗里达群岛和海峡群岛，有效利用 SAC 是转移公众反对的关键。SAC 成员拥有讨论问题和提出建议的机会，以一定程度的控制权和所有权取代了恐惧。事实上，这作为一种在佛罗里达群岛和海峡群岛促进团体间分享信息和对话的有效机制，助使禁渔区项目在所有国家海上禁渔区建立了 SAC。

在佛罗里达，SAC 由《1990 年佛罗里达群岛国家海上禁渔区和保护法》授权，于 1992 年正式成立。SAC 有 20 名有表决权的成员，包括非政府利益集团的代表，如养护、渔业和旅游业代表，以及门罗县的代表。SAC 另有 10 名无表决权的成员，包括 NOAA 禁渔区负责人以及大多数联邦和州立机构代表（这些机构在佛罗里达群岛有利益关系并对其具有管辖权）。有 200 多名社群成员为 SAC 服务。

成立海峡群岛 SAC 的部分原因是来自当地商业捕鱼利益集团的压力，他们将顾问委员会看成是在计划修订过程中向禁渔区管理提供意见的机制。虽然一些渔民认为禁渔区可能会对他们的生计构成威胁，但他们认为，若变革势在必行，他们希望能够在早期阶段而不是规划过程结束时发表自己的意见。SAC 成立于 1998 年，社群利益代表拥有 10 个表决席位，如娱乐性捕鱼和教育代表，联邦、州和县政府代表拥有 9 个表决席位。海峡群岛监察员和该地区另外两个国家海上禁渔区的代表作为无表决权的成员参加。

### 精心构建的流程

这些 SAC 均具有清晰的组织结构和明确的流程，并不是非正式或不定期的聊天会话。两者均每两个月举行一次公开会议，各有章程，列出其职责、目标和决策规则。例如，海峡群岛决策规则中比较著名的内容包括倾向于采用协商一致的决策方式。在这种方式下，"应听取所有人的意见，并寻求以创新性办法来解决问题，还要给出包含不同观点的建议"[33]。协议规定所有的观点都很重要，SAC 上的少数派观点应该得到认可并传达给禁渔区监察员。

每个 SAC 都成立了工作组，以解决适于由小型团队处理的特定问题或主题。例如，海峡群岛 SAC 得到 7 个工作组的支持：研究活动小组、海运工作组、养护工作组、禁渔区教育团队、商业性捕鱼工作组、娱乐性捕鱼工作组和丘马什社群工作组。每个工作组由 SAC 成员和非委员会人士组成，由一名 SAC 成员担任主席[34]。工作组主席通常负责邀请在某一问题上具有专业知识的非委员会成员加入工作组。每个工作组都有一名联络员，负责与禁渔区人员联络。

SAC 是一个提供双向信息流动的渠道：向所有利益相关方传播关于禁渔区问题的信息，向政府资源管理者提供社群所关心的信息。它们也成为对外联系更多社群的纽带。例如，佛罗里达群岛 SAC 在 1997 年管理规划进程中举行了 30 多次公开会议。它还成立了 10 个工作组，重点关注拟议计划的具体方面，如分区问题。它所发挥的作用是 NOAA 在规划过程中收到如此多公众评价（共计收到 6 400 条评价）的原因之一[35]。

### 不依靠权威，而依靠真正的影响力

众所周知，SAC 在支持禁渔区方面取得了成功，并且帮助他们应对艰难的决策。当使用者群体间出现分歧时，在这些分歧给管理者带来困扰之前，SAC 通过协调座谈的方式解决分歧。在佛罗里达群岛，几名 SAC 成员在县公投投票前发起了支持成立禁渔区的运动，并游说州长和其他州级官员批准管理计划。正如国家海上禁渔项目的独立评论员所做出的结论一样，"可以毫不夸张地说，NOAA 差一点就失去了设立禁渔区的机会，如果失去了，就再也没有机会了。顾问委员会发挥团体的作用并通过个人的努力拯救了 NOAA"[36]。

佛罗里达群岛的居民注意到管理者开始认真对待 SAC 的建议，这使其作为共同决策者的地位具备了合法性和可信度。佛罗里达群岛 NMS 代理监察员 Sean Morton 说，他在 SAC 发展初期就向其提出了新的倡议。"如果没有与顾问委员会将近一年的合作，我们绝对不会开始任何进程，甚至不会确定我们将如何处理任何新的活动。"

同样，在描述海峡群岛 SAC 时，成员 Dick McKenna 解释说：

它极具代表性。我对这种审慎、稳定的进程非常满意，并且我自己也受益匪浅。虽然它试图解决所有问题，但不会独裁专制，基本上每个人都有发言权。包括对岛屿和水域的利用，对生态和物种的保护；包含所有的问题。海洋保护区仅是其中一个需要解决的基本问题，但是当地渔民、喜欢运动的人士和所有其他当地民众也有发言权。并不是每个人对每件事都会表示赞同，但是这个过程是相当公平的。这要归功于 NOAA。国家公园也在那里，但是管理 SAC 的 NOAA 工作人员做得非常好，他们让每个人都参与其中，各自发挥其所长，这一点非常好。

像所有的 SAC 一样，海峡群岛 SAC 仅提供咨询意见，并没有实权。但它对禁渔区的管理产生了深远的影响。通常情况下，禁渔区的管理方式与 SAC 的建议相一致。即使 SAC 内部没有达成共识，也会采纳多数 SAC 成员的意见。正如禁渔区资源保护协调员 Sean Hastings 所说的那样：

我们支持的顾问委员会是让利益相关方和相关社群参与进来的一种非常有效的方式。当我们缺乏相关领域的专业人员时，就会引进科研人员和经济学家，让他们帮助我们获取相关问题的数据和信息，比如有关海洋保留区、船舶罢工的问题，并将这些信息反馈给社群。我可以诚实地说，我们所做的一切工作都有顾问们的一份功劳。

## 平衡"自上而下"的权威机构和"自下而上"的有效进程

法律授权对 NMS 管理层来说也很重要。特别是，创建和实施禁渔区管理计划的明确授权似乎让禁渔区的领导层处于主导地位。然而，虽然法律赋予了其权力，但如何行使这种权力却让人颇费脑筋。对于各个禁渔区来说，SAC 是一个重要的工具，可以引导有争议的问题并协调自下而上的意见，使其达成一致。尽管有些人可能认为 SAC 只是一种公共参与机制，旨在让管理者沟通问题、获取反馈、平息公众的反对意见，但这是对佛罗里达群岛和海峡群岛情况的误解。如果没有真实可见的效果，参与者将失去兴趣或斗志，这对保护区的管理决策来说将是一种损失。

有机会提供管理决策，并使其得以落实，以及害怕被孤立，这些都促使利益相关方参与到各个 SAC 中。SAC 提供了一个现成的平台，在这个平台上可以最大程度地参与规划活动。在海峡群岛和佛罗里达群岛，SAC 成立的工作组处理了有争议的海洋保留区规划问题，从而为指定禁采区贡献了一定的力量，令参与者产生了一定的主人翁精神。其精心的设计将"自下而上"的流程与"自上而下"的要求融为一体，从而使禁渔区能够更好地履行权力。

### 通过以利益相关方为基础的进程在海峡群岛建立海洋保护区

许多观察家认为，若没有 SAC，海峡群岛的海洋保护区网络就不会建立。一个有组织、有代表性的利益相关方机构为解决这一问题提供了一个现成的平台。就在 SAC 成立之前，一个由休闲渔民和海峡群岛国家公园的代表构成的小型组织与加州渔猎委员会进行了接洽。渔民和国家公园官员意识到该地区海洋物种正在衰退，但也注意到州禁采保留区内更具适应性、恢复力的物种种群。该组织提议将海峡群岛 1 海里内 20% 的近岸水域作为禁采海洋保留区。正如前海峡群岛 NMS 监察员 Matt Picket 解释的那样，"他们（与加州渔猎委员会接洽的休闲渔民）想研究恢复娱乐性渔业的可能性，但不一定是为了保护生态系统，更像是'我们必须为日益减少的垂钓运动采取一些措施'"。

加州渔猎部与禁渔区建立了伙伴关系来探索这个问题。禁渔区监察员 Ed Cassano 认为这对新成立的 SAC 来说是一项艰巨的任务。海岸海洋跨学科研究伙伴关系（"一个旨在了解加利福尼亚洋流大型海洋生态系统的长期监测和研究项目"[37]）的前政策协调员 Satie Airamé 回忆道："主要刺激因素是，当地人民看到了海洋生态系统的变化和特定鱼类物种的减少。他们将这个问题提交给管理者，管理者就此积极做出响应，并设立了一个实施变革的进程，以帮助解决问题。最初这是一个非常基层的进程，没有受到立法要求。"

SAC 提供了一个机制，不同的利益团体可通过这个机制来解决这一问题。SAC 成立了一个海洋保留区工作组，以整合科学和社会经济因素，并就海洋保护区（MPA）网络提出建议。工作组包括 5 名 SAC 成员、学术和政府代表，以及由 SAC 选出的另外 10 名代表，其代表了不同社群的利益[38]。SAC 试图在工作组的资源消耗性利益和非消耗性利益之间实现相对平衡。禁渔区工作人员和加州政府官员均没有参与工作组成员的选拔[39]。

SAC 还同时任命了另外两个小组的成员，即科学顾问小组和社会经济小组，他们为海洋保留区工作组提供指导。科学顾问小组由 16 名掌握 MPA 专业知识的科研人员组成，他们以志愿者的身份参与服务。SAC 成员的选拔标准包括：掌握一定地域知识、就保留区不存在公开的"工作计划"等[40]。科学顾问小组为海洋保留区网络制定了生态框架和设计标准[41]。社会经济小组由 NOAA 的经济学者组成，就纳入考虑范围的 MPA 选项进行社会和经济影响分析[42]。

禁渔区与渔猎部联合赞助了这项进程，主持召开会议、提供人力、投入资金。两年来，海洋保留区工作组成员们每月召开一次例会，并接收来自两个专业小组的建议，听取小组关于适当的保留区的个数、规模、形状和间隔方面的意见。工作组处理和分析了 40 多项提案[43]。科学顾问小组的成员 Robert Warner 解释说，建立 MPA 网络时，"我们与利益相关方往来频繁，进行大量的信息交换，在整个进程期间都保持互动，我认为它相当成功"。海洋保留区工作组的渔民代表 Bruce Steele 说："我们得到很多 GIS 和经济方面的建模支持，他们在我们身上花费了大量时间，我们聚在一起查看地图，探讨封闭区域可选的不同位置，在模型里跑一跑，看看它能带来什么样的经济效益。我认为这是该进程中一种很有价值的工具。"

虽然海洋保留区工作组全体成员最终都认可了建立海洋保护区的价值和必要性，但 MPA 的实际规模却成了最大的争论点之一。出于对生态系统层面的考虑，科学顾问小组建议保留区应对每种栖息地的 30% 到 50% 进行保护[44]。然而这条建议促使工作组成员将进程的重点转移到保留区的规模上面。正如工作组进程协调员在总结报告中所述："虽尽力避免将保留区规模作为对 SAC 建议的主要依据，但是科学顾问小组却认为保护区是否能够取得成功，重点取决于其规模"。就单一方案达成共识是不可能的，协调员指出，"因为有人受益就意味着有人要遭受损失，同时也由于抛开利益相关者对于各方来说都比在这一问题上妥协要好。"[45]

一些人指出，娱乐性捕鱼代表是该小组中唯一由赞助者支付薪水的工作组成员。因为已经决定只有在协商一致后才会向 SAC 提交保留区设计的建议，所以哪怕只是一小部分成员也能够阻止该小组达成一致。海洋保留区科学顾问小组的成员 Robert Warner 解释道："进程放缓的最主要因素在于利益相关方群体中的说客，他们是拿钱办事。想要改变他们的想法是非常困难的，因为只要不妥协，他们就有钱可拿。"

2001 年 5 月，海洋保留区工作组无法取得进展，向 SAC 提交了其开发的信息和一份综合地图，给出了两个海洋保留区方案，其中有部分区域重叠。资源消耗性利益代表者反对海洋保留区占禁渔区 12% 以上。另一方面，非资源消耗性利益代表者建议将保留区的 29% 设立为禁采区[46]。

SAC 建议禁渔区监察员和加州渔猎部与社群合作，为海洋保留区网络制定一个优选方案，以便"与 MRWG（海洋保留区工作组）的共识达成一致"[47]。由于他们要在 SAC 规定的截止日期（即 8 月）完工，禁渔区监察员和渔猎部官员调整了拟议 MPA 的边界，以满足渔民和生态环保人士的首要要求[48]。最后，他们向渔猎委员会提交了一份最终建议书以及通过工作组流程制定的其他几个备选方案。委员会在最终决策前举行了听证会。

2002 年 10 月，加州渔猎委员会确定了优选方案，并在州属水域建立了 MPA 网络。NOAA 继续就将 MPA 扩展到联邦水域进行讨论。NOAA 于 2007 年完成了保留区的指定，整个 MPA 网络一跃成为美国陆地体系最大的海洋保护区[49]。

虽然某些人将未能就海洋保留区最终达成共识看成是该进程中的一大败笔，但大多数人将这段进程视为一个典范，其向人们展示了"自上而下"地行使权力、解决问题的过程中是如何有效地将"自下而上"的群众参与融入进去的。大家都在努力争取达成一致意见，虽然最终未能实现这一目标，但是促进了交流，减少了利益相关方之间的分歧。进程明确了主要共识点、摸清了存在分歧之处，并为渔猎委员会和 NMS 监察员的最终决策奠定了严格的审查基础。用一位工作人员的话来说，委员会的意愿是尝试做一些在西海岸从未被做过的事情，并且"敞开心扉，提出中肯意见，解决分歧"，这表明了顾问委员会的存在价值[50]。最后，根据三项不同的立法，最终决定在海洋保留区内禁止捕鱼：根据州法律，加州渔猎委员会封闭了州保留区；根据《马格努森 - 史蒂文斯渔业保护和管理法案》，太平洋渔业管理委员会对联邦水域海底实行禁入政策；海峡群岛国家海上禁渔区根据《国家海上禁渔区法》对水体进行封闭。

## 针对冲突，调整佛罗里达群岛的海洋区划

在佛罗里达群岛指定 MPA 的工作也表明了"自下而上"进程对联邦禁渔区行使权力

的重要性。最初制订管理计划（包括禁采区）的工作被视为由政府科研人员和管理者制定的"自上而下"的决策。从某种程度上来说，可将这种反应看成是一种"后遗症"，这与国会不顾群岛多数居民反对而建立禁渔区后导致居民与其疏远有关。

最初只有政府机构参与管理规划，这使公民感觉其被剥夺了公民权。1991年，跨机构核心小组成立，对海上禁渔区拥有直接管辖责任的联邦、州和地方机构参与其中。该小组制定政策并指导管理计划的发展进程。接下来，禁渔区规划员在1991年到1992年间举办了一系列的研讨会，重点讨论将何等问题列为该计划的核心，例如科研教学用海、系泊浮标用海以及区划的问题。一个由49名当地科研人员和管理专家组成的战略辨识工作组为实施管理计划制定了最初的一套策略和细节注意事项[51]。

1992年2月，当SAC成立并首次召开会议时，许多当地居民对政府工作人员实施的规划方案细节持批评态度[52]。商业渔民是被规划排除在外的利益相关方。一项关于渔民的调查发现："他们认为自己没有参与规划区域位置、确定面积和制定管理条例的过程。四分之三（接受调查的）渔民认为，一旦分区完成，他们就无法表达自己的观点"[53]。

在跨机构核心小组的协助下，禁渔区的规划者初步拟定了禁采区的位置，然后将这些计划提交给了SAC[54]。这些规划中已经降低了禁采区的数量，不到海上禁渔区的20%，而20%本是一些环保主义者所寻求并被纳入规划者考虑范围的。然而，社群居民仍对此感到愤愤不平，SAC发现这些理念缺乏详细解释，随即成立了一个区划工作组，负责审查栖息地地图、该地区的航空影像以及水域使用数据。SAC重新划定了边界，其提案说服了NOAA从其最终管理计划中去掉三个生态保留区中的两个，使禁采区的范围低于禁渔区水域的1%。

通过这一事件，NOAA意识到其需要改变社群的参与方式；当重新审视干龟群岛附近生态区时，他们采取了一种更加看重合作、"自下而上"的方法。NOAA在1998年发起关于生态区的讨论后，SAC任命了一个由25人组成的利益相关方工作组，其成员包括渔民、潜水员、环保人士以及联邦和州级官员。由于社群居民的愤愤不平，最初管理计划中所列的一个110平方英里的禁采区不得不被删除。约有100名渔民在该地区作业。NOAA只有等社群居民的愤怒情绪有所缓和后才重新开始讨论在该地区建立生态区的事宜。然而，在了解了无论开展何种区划，都需要社群居民的大力支持后，这一次，公众在规划的初期就参与进来，也就是在拟议的边界线落在纸面之前，公众就已参与其中了。

为设计一个处理潜在冲突的进程，进行了审慎的考虑。建立了一套广泛的基本规则指导社群讨论，以促进就生态区达成共识。成员之间的所有分歧都必须按规则"解决"。那些持反对意见的成员被告知，他们必须要解释提案会对他们产生怎样的负面影响，并提出替代方案[55]。一个广泛听取意见的阶段就此展开。SAC任命的工作组成员利用他们的个人关系网络寻找渔民，甚至沿着码头走访，从一艘船到另一艘船，从渔民那里获取关于他们如何利用干龟群岛资源的信息[56]。工作组利用GIS测绘技术绘制了重度使用地区与栖息地的对比图。在划定禁采区的边界之前，成员们按照重要程度对标准进行评级，对持续捕鱼或渔民的经济生活方面产生的影响，这将有助于他们决定如何划定边界。

1999 年 5 月，工作组成员一致投票通过将 151 平方英里的区域分成两部分。由于该区域将有效地扩展海上禁渔区的边界，NOAA 必须与邻近管辖区的其他机构合作，包括国家公园管理局、佛罗里达鱼类和野生动物保护委员会以及墨西哥湾渔业管理委员会。在开发该区域时，工作组考虑的是生态系统，而不是管辖区。这个区域将保护佛罗里达群岛上最健康的珊瑚以及各种各样的鱼类栖息地。到 2001 年 7 月，禁采区已经全面运行。如工作组会议记录所述：

这一选择和这一进程代表了一种新的决策方式。我们尽了很大努力建立信任并达成协议。过去，最高的职位通常受到监视，然后不得不为了最终的结果而妥协。这一次，我们努力解决各方的所有需求，看看这个团队是否能做出一个他们都能接受和支持的决定。目标是避免选择比较极端的战略地点。[57]

Tony Iarocci，一位在工作组就职的渔民，表达了他对禁采区的支持：

当我们第一次听说海洋保留区时，感到非常害怕。但是当参与到干龟群岛项目后，这种恐惧感开始消退。我现在相信，干龟保留区将有助于应对过度捕捞，并保护鱼类的重要繁殖地。这就是为什么我今天来这里（出席签字仪式），而不是出去钓鱼。[58]

# 小　结

没有任何一个国家能够单凭政府的力量去实施海洋保护区计划。虽然政府的力量无可争辩，但在实践中，如果划定保护区要成为有效的基于生态系统的海洋管理策略，就必须认清所有政府机构都必须在社会和政治背景下运作的现实。必须尊重重叠的政府管辖区，并明确每个管辖区的具体作用和责任。无论是指定大型保护区（如国家海上禁渔区），还是禁渔区内的小规模保留区或禁采区，"自上而下"式的权威机构必须平衡与"自下而上"的参与者之间的关系。

海峡群岛和佛罗里达群岛相通的经验之一是建立一个精心组织、有效管理的可信进程（如禁渔区咨询委员会），可以持续地纳入不同的观点，这具有巨大的价值。这一平台为禁渔区官员和与禁渔区管理有利害关系的更广泛的利益团体之间的交流搭建了桥梁。虽然不同利益相关方之间可能难以达成共识，但至少为争取共识而构建的流程可以减轻分歧，并通过引入新的知识、关注点和想法为决策提供信息。

佛罗里达群岛和海峡群岛国家海上禁渔区均能够促进人们以生态系统规模的观点看待事物，实现工作程序上和生态上的改善。他们通过广泛的政府和非政府利益集团的参与来实现这一目标，这些利益集团要么拥有权威，要么与生态系统的管理有利害关系。在这样做的过程中，他们一点一滴地培养了对禁渔区及其资源的主人翁感和共同责任。

# 第五章 激励人们参与纳拉干海湾和
# 阿尔伯马尔-帕姆利科河口志愿项目

第四章描述了具有监管权的"自上而下"式海洋保护区倡议的独特属性和挑战。本章转到了另一条相反的道路，研究了没有监管权的"自上而下"的倡议。这些倡议通过规划和能力培养来鼓励并实现了生态系统规模的保护。虽然这些倡议的概念很简单，但在实践中它们具有相当的挑战性。"自上而下"的倡议中，那些自愿发起，但不"发源于此"的，当面对冷漠、冲突的优先事项和公开的反对时，往往会变得失去活力。虽然有些地方对由"联邦政府"召集讨论共同关心的问题所带来的机会表示欢迎，但对其他地方来说，这不过是又一件忙不过来的事。因此，这些倡议需要找到能够激励参与、培育地方主人翁意识和促成行动的方法。

本章从国家河口项目 25 年多的经验中吸取教训，以实现这些目标。国家河口项目（NEP）是由美国环保署（EPA）创建的，旨在培养一种从区域尺度看待大型沿海河口水质管理问题的观点。虽然《清洁水法案》解决了点污染源问题，在改善水质方面取得了巨大成功，但是非点源污染是一个更难解决的问题。国家河口项目旨在促进大流域层面基于科学的协作规划，减少导致大型沿海河口水质退化的多种营养物和污染物排放源。

《清洁水法案》在改善水质问题上授予了各州和联邦政府很大的监管权力，然而尽管各个地区 NEP 项目是"自上而下"的，但并不受监管。NEP 项目与大多数其他 EPA 项目不同，它的作用是促进行动，而不是强迫行动。NEP 的四个"基石"是关注流域、科学融入决策、协作方法和公众参与[1]。NEP 采用基于共识、包含利益相关方的流程来制订流域规模的计划。这些计划的人员相对较少，通过协调联邦、州和地方的活动，建立合作关系，创造信息等手段来促进计划的实施，并通过小额拨款方案来激励行动。NEP 是协调关系和对话的召集者。没有 NEP，这些关系和对话就不大可能落实。

作为旨在跨州推广流域尺度观点的协作结构，NEP 计划是推广基于生态系统的管理方法的最为持久的方法之一。美国在 20 世纪 70 年代曾经尝试过建立流域委员会，现在仍然存在一些残余，但都面临着管辖权冲突和缺乏政治意愿的困难[2]。NEP 会如何应对这些挑战呢？联邦、州和地方三者在 NEP 计划中是如何发挥作用的？NEP 是如何在缺乏监管力的进程中激励和维持参与的？他们尝试过哪些手段，得以在州和地区层面培养所有权并开展行动？

# 阿尔伯马尔-帕姆利科和纳拉干海湾国家河口项目

在迄今为止创建的 28 个 NEP 项目中，首批项目的关注重点是北卡罗来纳州和弗吉尼亚州的阿尔伯马尔-帕姆利科流域及罗得岛州和马萨诸塞州的纳拉干海湾流域。他们超过 25 年的历史提供了关于联邦资助的、生态系统规模的、非监管的执行结构如何运作的重要经验教训。每个项目都面临着重大挑战，但他们都在自己的流域中发挥着重要作用。

## 阿尔伯马尔-帕姆利科河口

阿尔伯马尔-帕姆利科河口涵盖的地理区域是所有 NEP 项目中最大的。以北卡罗来纳州为界，部分流域向北延伸至弗吉尼亚州，阿尔伯马尔湾和帕姆利科湾构成了美国第二大河口系统（不包括阿拉斯加，仅次于切萨皮克湾河口）。北卡罗来纳州内大西洋沿岸的潮间带仅次于缅因州，最初有近 800 万英亩的高价值湿地，主要集中在阿尔伯马尔-帕姆利科地区。由于土地使用的变化，这些地区的土地已经减少了 25%~50%，主要用于住宅开发和农业发展[3]。阿尔伯马尔-帕姆利科河口在社会和生态方面至关重要，其所提供的栖息地、自然群落和生态系统过程等共同构成了河口网络。

31 478 平方英里（81 527 平方千米）的阿尔伯马尔-帕姆利科流域包括近 9 300 英里（14 967 千米）的淡水河流和溪流。洛亚诺克河的河漫滩下部拥有北美东部最大、人迹罕至的滩地森林生态系统。目前已经记录到包括濒危的红狼（学名：*Canis lupus rufus*）在内的 200 多种动物和 300 多种植物。奥杜邦协会已经将阿尔伯马尔-帕姆利科系统中大约 100 万英亩的土地划为重要鸟类栖息地[4]。河口系统的小溪和内湾为 75 种以上的鱼类和贝类等重要水生物种提供了保育区。作为育幼场，从缅因州海域到佛罗里达州海域，阿尔伯马尔-帕姆利科河口所提供的空间占到了一半[5]。

栖息地发生的显著变化，影响了许多经济和其他方面的问题。水下水生植被为许多水生物种提供了重要的栖息地。20 世纪 90 年代以前，水生草类长得十分茂密，必须切断水草才能在开阔河流和海岸之间来往[6]。现在许多地方的水草已经不见了，原本常见的幼鱼和贝壳类动物也不见了。湿地区域被清理、排水后，变成了种植大豆、小麦和玉米的广阔土地。虽然现在大部分沼泽地都受到保护，但是据估计，已有 25%~50% 的湿地要么因开发而丧失，要么被显著改造，以致其功能严重受损。

海湾的水质受到来自城市污水处理厂的营养物质以及农业和城市径流的明显影响。营养水平过高导致大规模水华，造成了缺氧条件，从而致使鱼类和贝类大量死亡。水质下降、疾病和溯河产卵障碍严重影响了渔业。鲶鱼、条纹鲈鱼、河鲱鱼、美国鲥鱼、黄花鱼、蓝鱼、比目鱼、弱鱼、白鲈鱼、海湾扇贝和牡蛎的上岸量都有所下降。更糟糕的是，由于地势低洼，该地区特别容易受到海平面上升的影响。北卡罗来纳州环境和自然资源部（NCDENR）在 2010 年发表的一项研究预测，北卡罗来纳州沿岸海平面将从 2010 年平均海平面起上升 1.3~4.6 英尺（0.4~1.4 米）。2015 年的最新分析将这些估值降低到在 30 年内为 0.05~0.26 米，但仍然认为，海平面上升将导致"低洼地区更频繁的洪水泛滥"[7]。

为了解决这些问题并利用 EPA 国家河口项目提供的机会，1987 年美国环保署和北卡罗来纳州建立了阿尔伯马尔-帕姆利科国家河口项目（APNEP，后更名为阿尔伯马尔-帕姆利科国家河口合作组织），其目的是"甄别、恢复和保护阿尔伯马尔-帕姆利科河口系统的重要资源"[8]。主要的区域目标包括改善水质、栖息地、渔场和自然资源的管理。

## 纳拉干海湾流域

纳拉干海湾及其流域比阿尔伯马尔-帕姆利科河口区域小得多，但仍然包含了跨越两个州的高价值生态系统。河口本身面积为 192 平方英里，其中 95% 在罗得岛州水域，其余部分在马萨诸塞州水域。纳拉干海湾的水域面积为 1 707 平方英里，其中 60% 在马萨诸塞州，40% 在罗得岛州[9]。

海湾内部和周围有许多类型的栖息地，包括了开阔水域、盐沼、潮下带底部栖息地和微咸水等种类。这是一个由沙滩、泥沙地和岩石区组成的复杂的潮间带，包含大面积水下水生植被，整个区域遍布大型藻类和鳗草床。河口栖息地培育了丰富多样的野生动物，包括岸禽、鱼类、蟹类和龙虾、海洋哺乳动物、蛤蜊和其他贝类、海洋蠕虫、海鸟和爬行动物[10]。尽管贝类仍然是当地一种重要的商业渔种，但是气候变化造成的水温升高正在显著改变该海湾的商业物种[11]。

流域为河口提供了营养物质、沉积物和其他物质，但也带来了上游的污染物，影响了河口和周围海湾的生态。目前，营养过剩是影响纳拉干海湾最严重的污染形式。农业和城市发展造成大量雨水地表径流，从土地中带走养分。在过去，人类排泄、重金属和其他有毒化合物都是重点污染源，现在经过改善的废水预处理和东北部地区制造业的衰退都有助于减少这些污染源。然而，这些污染物仍然存在于河流和海湾上游的沉积物或泥浆中，给鱼类带来了麻烦。目前，雨水和径流很可能是纳拉干海湾最大的细菌和有毒物质来源[12]。支持工业和人口所需的基础设施增长导致不透水层、疏浚水道、铁路和污水系统的增加，从而影响了该地区的生态[13]。

建立 EPA 国家河口项目之前，纳拉干海湾水质和渔业问题就早已引起了关注。事实上，纳拉干海湾项目成立于 1985 年，是 EPA 和罗得岛州环境管理部共同资助的调查大型重要河口健康状况的四个初步试点项目之一。该项目负责根据对海湾及其资源的研究结果制定管理方案。

1987 年的《清洁水法案》修正案授权 EPA 甄别哪些重要河口受污染、土地开发或过度利用威胁严重[14]，而纳拉干海湾是首批被认定的海湾之一，因此诞生了纳拉干海湾河口项目（NBEP）。该项目的宗旨是"通过维护和恢复自然资源、提高水质和促进社群参与的合作关系，保护和维持纳拉干海湾及其流域"[15]。

# 制订管理计划以促进行动：金发姑娘困境

为了推进行动，非监管的"自上而下"的倡议不仅仅是一个简单的政策声明。倡议需要一项任务，该任务能够提供执行任务的焦点、资源，以及机构和组织的参与动机。NEP必须谨慎地应对这些问题。为此，他们创建了一个合作规划进程，在这个进程中，参与是自愿的，但却能产生新的资源和能力，并提高政府机构的管理效率。尽管有时会遇到困难，但其经历和成果为类似的倡议提供了宝贵的经验。

每个NEP都要制订一个全面保护和管理计划（CCMP），为活动、研究和资助确定优先事项。该计划是指导未来决策，并解决一系列的环境保护问题的蓝图。CCMP计划是基于河口的科学特征，由寻求实现经济和生态目标平衡的大量利益相关方联合发展和批准的[16]。

NEP规划本身就具有挑战性。在没有强制执行权的情况下，为了能够提供指导和促进问责，CCMP计划必须在非常宽泛的目标描述和非常详细的工作计划说明中间寻找自己的定位。过于宽泛，就会缺少明确的方向或责任；而过于详细，则可能会导致支持不足和负担过重。必须拿捏得恰到好处，就像粥一样不能过热也不能过冷。APNEP和NBEP都面临着寻找这种"恰到好处"平衡点的挑战。

## 1994年阿尔伯马尔-帕姆利科管理计划：太过宽泛？

阿尔伯马尔-帕姆利科计划是通过大量的科学评估，基于利益相关者的草案和决议发展起来的。阿尔伯马尔-帕姆利科河口研究试图确定河口环境问题的严重程度，并确定如何保护和管理子河口，以保持环境完整性，并最大化人类从河口利用获得的红利[17]。环保署的初步投资期间已发布了100多份报告。

规划过程由95名成员组成的管理会议监督，该会议由一个政策委员会、一个技术委员会以及两个分别来自阿尔伯马尔湾和帕姆利科湾的公民顾问委员会组成。这些最初的委员会成员包括来自政府机构、大学研究人员和公众的代表。这些成员代表着多个利益集团，包括农业、林业、开发、工业、渔业和环保团体，以及包括弗吉尼亚的代表在内的地方民选官员[18]。

该计划于1994年公布，确定了5个总体管理目标，每个目标都包含一个或多个目的以及相关的战略和管理行动。此外，"关键步骤"确定了实施管理行动的措施。可能产生的经济支出、评估方法和筹资策略（如果是已知的）也包含在内[19]。

然而，一些参与者认为，协作过程中的冲突导致了"最小公分母"计划的出现。例如，农业社群抗议该计划的建议，即该地区所有溪流和水体都需要 20 英尺宽的植物缓冲带。随后，这项建议被从计划中删除。由于最后一刻的抵制，CCMP 计划删除了冒犯性的语言，该计划变得愈加的宽泛和笼统。一直参与了整个过程的草案支持者对计划在最后一刻的削弱感到沮丧。最后的结果就是，利益相关方没有强烈反对 CCMP 计划，而在整个制订过程中对该计划充满热情的参与者也没有热情拥护该计划[20]。

APNEP 科学和技术顾问委员会（STAC）的联合主席 Wilson Laney 回忆起 1994 年的 CCMP 计划，认为它是一份"最终经所有人签署同意的关于目的和目标达成的协议"，但是它缺乏详细的策略：

依我看来，可惜的是，该文件的早期草案已经提出了很多具体和明确的行动建议。但是在审批过程中，它往往会被淡化，因此审批结束时，公布的 CCMP 计划内容就会变得非常宽泛和笼统，也不会引起太多争议。最后，该计划之所以顺利得到了所有人的同意仅仅是因为没有人因此而吃亏。[21]

计划主任 Bill Crowell 认为："1994 年 CCMP 计划的某些方面非常模糊。它要求我们的项目提供支持，但是这个'支持'非常宽泛，它并没有明确说明'支持'意味着什么，可能是财务方面，也可能是帮助申请经费或者是其他方面。"此外，由于 CCMP 计划最初是一系列广泛的协议，并且修订间隔已超过 15 年，随着时间的推移，它也变得跟团体合作不太相关了。

## 1994 年纳拉干海湾河口项目计划：太过详细？

纳拉干海湾 CCMP 计划的进展过程与阿尔伯马尔-帕姆利科国家河口项目的过程几乎相同。连续 7 年的制订过程包括了科学研究和评估，以及利益相关方达成共识的过程。规划过程由一系列顾问委员会主导，其中包括一个执行委员会，由区域环境保护局局长和罗德岛环境管理部主任组成，他们行使最终的决策权。NBEP 管理委员会成立于 1985 年，作为一个主要决策机构，由纳拉干海湾不同管理者和广泛的用户群体代表组成。其中包括了来自罗得岛州和马萨诸塞州的联邦、州和地方官员，海洋、土地开发和金属工业贸易组织的代表，环保组织和商业捕捞组织，以及学术界人士。附属委员会帮助完成了 NBEP 管理委员会的工作。

通过开放的规划过程将研究与就纳拉干海湾的目标达成一致的努力相结合。公众参与规划过程的机会包括会议、公开听证会和就 CCMP 计划草案征求意见[22]。执行委员会负责最终计划的批准，实施工作由联邦、州和地方各机构负责。目的是让这些机构将计划要素纳入它们各自的管理流程。

CCMP 初步计划于 1994 年获得批准，主要侧重于减少由研究项目确定的对海湾有害的排放。例如，CCMP 计划将有毒物质、营养物、混合污水溢流、现场污水储存、非点污染源和船舶污染确定为主要的损害源，这些都是 NBEP 需要努力解决的问题。CCMP 计划还强调了保护重要栖息地和区域的重要性[23]。该计划旨在通过规划各种行动的工作方案来解决这些问题。事实上，最终的 CCMP 计划包含了 500 条针对每个参与其中的环境机构的具体实施建议以实现这些目标。

一些参与者认为这个计划的效果很有限，原因之一是该文件过于详细，无法提供可以让合作机构在自己的环境中采用的指导建议。因此，NBEP 管理委员会的 Margherita Pryor 评论道，CCMP 计划发布后，"它几乎是马上就被废弃了。没人想担这个责任"。在 CCMP 计划开发接近尾声的时候，参与者都非常失望，他们只想快点完成它。这阻碍了参与者的积极参与，导致最终文件及其规划的行动得不到广泛的支持。Richard Ribb 主任回忆说：

该计划的反响不太好。没有多少人支持，因为它太具规范性了。那时候我们没有现在用的手段来处理这样的过程。我们没有协调人，也没有电子邮件……我们没有成熟的能力像现在这样将利益相关方的参与过程处理好。

## 2012 年计划修订版：恰到好处？

近年来，两个 NEP 计划都致力于更新它们的管理方案。APNEP 政策委员会于 2012 年 3 月批准了 CCMP[24]，北卡罗来纳州州长 Beverly Perdue 于 2012 年 11 月发布了行政命令[25]。该行政命令将 APNEP 更名为阿尔伯马尔-帕姆利科国家河口合作组织，并建立了 CCMP 的执行机构，其中包括一个政策委员会、一个实施委员会和一个学术委员会。

新计划定义了 3 个总体管理目标，每个目标都设有生态系统成果和指标。它将 16 个目的和 58 项行动集中在 5 个标题之下：甄别、保护、恢复、参与和监控。该计划采用了适应性管理，并强调了基于生态系统（EBM）的管理方法的重要性："在旧版 CCMP（1994 年）向 EBM 转化的过程中，注重 EBM 管理实践的整体性，是最为显著的证明。基于生态系统的管理包括对人类和自然系统的考虑、适应性管理框架，以及与该地区居民进行有意义的接触，以找到环境管理和政策解决方案。"[26]

当问及如何处理新计划的广度和深度的问题时，APNEP 项目主任 Bill Crowell 表示，2012 年的计划更加"面向行动"，但是缺少具体的指令。他认为，该计划旨在成为"一份更具活力的文件，以便在我们的计划中设置基本框架，并根据年度工作计划确定如何实施其中规划的各种行动。我们每年的工作重点都与上层的 CCMP 计划相关联。希望这计划更加开放地采取适应性管理方法。如果这不起作用，我们会尝试其他方法。如果起作用了，我们会提供反馈来证明它的有效性"。

最新的 NBEP 计划于 2012 年 12 月定稿。这一战略性计划是以原有的政府和非政府组织均采纳的在罗得岛州和马萨诸塞州实施的计划和活动为基础。更新后的 CCMP 定义了"一个以共识为基础，以优先事项为动力，旨在实现纳拉干海湾地区可持续未来的现实计划……描绘了将基于生态系统的管理原则应用于规划和行动的协作框架"。[27]它确定了 4 个总体目标：保护和恢复清洁水，管理保育区和社群的土地，保护和恢复鱼类、野生动物和栖息地，管理气候变化对人类和自然系统的影响。在每一个目标下，该计划都确定了一系列行动和优先行动。在总共 119 项行动中，总共确定了 27 项优先行动。

相比非常详细的 1994 年版计划，新版的 CCMP 计划旨在创建一个更广泛的行动框架。正如 Ribb 主任所解释的那样：

更新后的 CCMP 并没有深入到繁琐的具体实施步骤中，因为其中很多问题应该在各个组织中解决。只要他们关注目标、次级目标、目的和行动建议就行……这就是我们想要的。我们并不需要深入到"这个部门，这个机构将在明年 5 月利用这个资源来做这件事"……我们 1992 年的 CCMP 看起来像是《圣经》一样，而新版计划看起来像《今日美国》。

NBEP 准备监测新计划下的实施活动，并定期提供进度报告。正如该计划所申明的："通过确定关键目标和行动，并建立跟踪目标完成情况的系统，可加强计划实施的问责制，并在计划实施过程中持续评估共同目标的实现进展。"[28]

## 将计划落实到行动是一个持续的过程

CCMP 计划的主要教训之一是，规划过程需要的不仅仅是制订"计划"。没有实施计划条款的动机和机会，这些文件就变成了无人问津的废纸。CCMP 进程提供了一种发展联系、理解问题和发现潜在解决方案的机制，但是这种机制只有持续下去才能促进计划实施。在 NEP 的最初构想中，联邦资助的项目可以担保 CCMP 计划的发展，然后由各州来实施该计划。《清洁水法案》授权了 NEP 制订计划，但它们缺少监管力，无法要求机构对计划实施负责。APNEP 项目主任 Bill Crowell 评论说："我们通过州长的行政命令获得了一些权力，但这只是咨询性建议，并无实权。"

在许多地方，这种方法缺少一个有凝聚力的组织来促进计划实施。就纳拉干海湾而言，CCMP 发布之后，缺乏一个能立即到位的执行机构，导致失去了取得进展的机会。州政府机构没有进行投入，等到联邦政府提供资金来推动实施时，许多建议已经过时了。Ribb 主任解释说：

最重要的经验是需要有这样一个团体，致力于持续地维护这种合作关系……以及资金的连续性和能取得进展的人才……资助一项流域工作后就退出是错误的，而这正是 NEP 进程的初衷……需要借助国家的大局政策，而不是仅仅寄希望于各州的继续努力。

NEP 最初是作为制订计划的机制，相应地，联邦对 NEP 的财政支持只限于计划制订，而没有专门为计划执行提供资金。人们期望各州自己能够承担并支持该计划的实施，但正如 Margherita Pryor 解释的那样，它们"阻碍了核心团队实施计划的进程"。在计划实施前期（1993—2000 年），NBEP 的工作人员通过其与国家机构和其他金融合作伙伴的联系获得资金。当 2001 年《清洁水法案》修正案允许 EPA 管理用于实施 CCMP 计划的资金之后，计划又重新得到了联邦政府的支持。然而，这些资金仅够资助 NBEP 的工作人员和行政管理，几乎没有多少剩余可以投资在独立项目上。

# 获得向心力

如果计划没有权力，NEP 也没有权威，他们应该如何获得实实在在的向心力？这些项目的大部分影响力来自以下几点：通过小额赠款和试点项目激励行动；合作争取赠款，以便合作伙伴能够获得更多资金；通过开发利用地区内其他组织的信息、关系和能力来推动行动。

## 通过试点项目和示范项目激励行动

试点项目和示范项目可以催化出的行动规模要远远超出这些项目所代表的金额。他们塑造成功范例，推动合作团队从事有形的项目，并使 NEP 能够完成合作伙伴想要做的工作。例如，APNEP 公民顾问委员会为沿海地区的示范项目分配资金。2009 年，委员会向致力于雨水收集、减少雨水径流和可再生能源等领域采取更可持续的实践方式的项目提供了 50 000 美元赠款。APNEP 网站在交互式地图上重点强调了这些项目，该地图可以显示项目所在地并提供简要描述和照片。

资金到位之后，NBEP 实施了一个小型的流域行动赠款计划，向学校、非政府组织和大学等团体提供资金，以实施可以推进 CCMP 目标的小项目。许多合作团体的使命与 NEP 是一致的，但缺乏组织和财政能力，小额赠款有助于它们发展能力，并创造可以向成员和捐助者展示的切实成果。这些小小的成就让人们意识到了 NBEP 的优势所在，而这些优势会随着时间的推移而越来越显著。正如 Ribb 主任解释的那样，"这有助于让人们参与进来，一旦他们开始看到在合作关系中工作的优势，就会认为该计划更重要了"。

## 资金吸引参与；参与带来资金

这两个国家河口项目（NEP）都受到可用资金的限制，随着政府项目资金的削减，这种状况可能会恶化。APNEP 主任 Crowell 指出："我们整个项目区域的资金已经减少到每年 50 万美元至 60 万美元的运营预算。也就是说，如果为了恢复环境，真的在水面上买一英亩土地，光靠我们的运营资金是负担不起的。"作为最大的 NEP 计划，他们项目区域的规模使得资金有限的影响更加复杂。Crowell 想了想说道："如果我们是小一点的 NEP，我们可能会开展更多的示范项目。但是我们分散在两个州，眼光要放长远一些。如果我们把所有的项目工作放在一个县做，我想我们会在那个县具有更大的影响力。这是一个规模问题。"

NEP 自身的项目融资能力很有限，解决方法之一是利用他们的能力将跨流域的合作伙伴联系起来，以通过各自优势吸引外部资金。例如，APNEP 将合作伙伴与联邦基金联系起来。Bill Crowell 指出："我们在 DENR 的合作伙伴会说，'我们没有资金来做这件事，但是我们知道这是应该要做的'，或者说，'我们可以为一小部分项目提供资金，但这只是其中一部分，还有很多其他项目需要资金'。他们可以来找我们，我们可以帮忙找到其他合作伙伴，或是商讨解决办法，又或是团结拥有不同资金数目的团体共同支持实施大项目。"

NBEP 也扮演着类似的角色。该计划的大部分战略旨在通过为项目申请赠款来吸引外部资源，这些项目的任务是实现 NBEP 的目标和优先事项。2009 年 EPA 的一项方案审查发现，"NBEP 主要利用从第 320 条款基金中收到的每 1 美元获得近 6 美元的杠杆收益"[29]。这笔资金主要用来调动该地区其他组织和政府机构的参与和协作。NBEP 能够提供的联邦资源越多，州政府机构和当地非政府组织就越有动力参与这个计划。正如 Ribb 主任解释的那样：

针对某一个问题，我们会把专家集中起来，然后我们会问，"我们应当如何建立联系和合作关系来实施行动呢？我们在这方面的战略伙伴是谁？作为一个项目我们如何发挥自身价值？我们能吸引什么样的联邦资源并将其融入这个一揽子计划当中？"合作关系的发展既依赖于与当地利益相关方社群的紧密联系，也依赖于与联邦资源的联系。

NBEP 吸引联邦资金的能力使得它在海湾内外的规划工作中具有更大的影响力。此外，由于该项目是由联邦政府资助的，它看待问题的地理视角比其他项目更长远和更广泛，并有助于推广区域规模海洋生态管理的观点。来自"拯救海湾"的 Jane Austin 说："虽然他们不是这个地区最引人注目的，但是他们发挥了自己的独特优势。"Rib 主任解释说："我认为 NEP 做的工作之一，也是我们试图去做的，就是在考虑到 CCMP 总体原则的同时，看看我们能在哪些方面产生最大的影响。"

## 通过合作关系和外联建立联系

除了将合作伙伴联系起来以争取更多资金外，NEP 计划产生影响的主要方式之一是在召集和扶持合作关系方面发挥更广泛的作用[30]。工作人员指出，NEP 可以让不同的机构和非政府组织参与进来，这是 NEP 能够发挥其影响的关键因素。在一个党派林立、思想狭隘的世界里，NEP 占据了一个战略性的中间位置，如此得以把拥有共同利益或不同利益的机构和团体联系起来，这些利益是相互依存的，需要通过合作来解决。鼓励合作组织超越自身有限的视角和世界观是 NEP 最为擅长的。正如 APNEP 主任 Bill Crowell 解释的那样，"NEP 必须与各种机构合作，以帮助他们从更广的角度来看问题"。

每一个 NEP 计划都在其流域参与了多种合作。例如，NBEP 在罗得岛基金会的支持下发展了水资源安全联盟。该联盟由 16 个环境组织组成，旨在解决罗德岛州的水供应和使用问题，并为未来合作解决环境问题奠定基础。该联盟与罗德岛水资源委员会合作，起草、提议和支持了关于供水政策的立法。2009 年 11 月，两个州都通过了《水资源利用和效率法案》，这主要归功于围绕这个问题形成的合作关系。

NBEP 高效合作的另一个例子是围绕监测海湾缺氧状况而开展的工作。鉴于纳拉干海湾的复杂性质，该地区的大多数科学家和管理者并不认为当前该地区存在缺氧问题。罗得岛州没有监测过溶解氧，因此 NBEP 的首席科学家 Chris Deacutis 决定评估缺氧状况是否存在。1999 年春天，Deacutis 组织了一次会议，组织志愿者监测纳拉干海湾。虽然没有资金，但是出席会议的 15 名科学家都对这项工作很感兴趣。最终，这次监测合作伙伴关系由若干个提供设备和志愿者的组织组成。调查结果证明，与长期以来的科学观点相反，海湾中确实存在缺氧状况。这些数据被用来倡导立法，要求在 2012 年之前将废水处理厂的营养物质减少 50%。最后他们实现了目标，海湾的水"明显更清澈"了[31]。

APNEP 也参与了一系列合作，其中包括一个水下水生植被合作组织，该组织成员涉及北卡罗来纳州环境和自然资源部、州运输部和野生动物资源委员会、多所大学、北卡罗来纳州海岸联合会、大自然保护协会和一系列联邦机构[32]。APNEP 于 2004 年夏天成为该合作关系的协调牵头机构，并在水下水生植被基线测绘和数字航空摄影方面投入了大量资金。APNEP 启动了该测绘项目，并成立了一个工作组来进行一系列航空摄影以绘制植被地图，在这之前北卡罗来纳州还没有对海岸带的水下水生植被进行过广泛的测绘。正如 Crowell 主任解释的那样，

我们聚集了足够多的合作伙伴，我们的政策委员会投入了大量资金吸引了其他合作伙伴参与进来。因此，我们才能够对整个海岸进行拍摄。APNEP 自己并不需要这些影像，但是我们的许多合作伙伴都需要它。通过把这些合作伙伴聚集在一起，让他们一起合作，再引入一点资金，我们就可以一起把项目做大。

另一个 APNEP 合作关系是 2007 年启动的阿尔伯马尔-帕姆利科保护和社群合作组织（AP3C），其关注重点包括了气候变化对本地物种的影响，因为阿尔伯马尔-帕姆利科湾地区是公认的美国受海平面上升威胁最大的三个地区之一[33]。该组织成员包括 APNEP、奥杜邦协会、大自然保护协会和环境保护基金会。在 AP3C 合作关系中，APNEP 联合主办了 7 场关于北卡罗来纳州海平面上升和人口增长的"意见会"。会议于 2008 年夏天举行，有超过 100 名居民参加。这些会议让公民有机会了解海平面上升威胁环境、旅游、渔业和农业经济的情况，并为此做好准备[34]。

APNEP 在这些合作关系中的作用各不相同，但通常都包括提供了一定的核心资源，以使合作关系能够运作起来。例如，Jimmy Johnson 的一部分薪水是由 APNEP 提供的，Jimmy Johnson 是北卡罗来纳州环境和自然资源部的东部地区外勤官员，他主要负责制订和实施北卡罗来纳州沿海栖息地保护计划。该计划是 1997 年北卡罗来纳州渔业改革法案的执行机制，此法案规定了保护和改善海洋渔业的栖息地，并防止过度捕捞。该法案要求下

列 3 个立法委员会进行合作：环境管理、沿海资源、海洋渔业和野生动物资源。Johnson 负责协调沿海栖息地保护计划指导委员会的季度会议，该委员会由 4 个委员会的各两名委员组成。Johnson 的立场代表着"两种不同立场的融合，随着各州正在削减预算，这种融合变得越来越普遍"。可以说，沿海栖息地保护计划是一项通过 APNEP 实施的州级倡议。

多方合作关系建立了促进协调和协作决策的机制，这在一定程度上要归功于通过合作关系建立起来的联系。APNEP 的一名参与者在 1998 年分析这一进程时评论道："这是朋友之间的业务。现在我打电话给州政府办公室获取信息容易多了。"[35]在水下水生植被的例子中，APNEP 动员合作伙伴为了共同目标而努力，而不是采取零敲碎打的方式，一个部门负责项目中的一个小方面，另一个部门负责另一个方面。APNEP 促成了利益相关方之间的合作以减少重复和冗余工作，并使人们在项目中朝着同一个方向努力。实际上，这种对话可以让各机构基于一组通用信息明确表达需求和开展工作。

# 发展确定优先级的管理科学

从一开始，NEP 的主要策略之一就是让科学家和研究人员能够加深对海湾和流域环境问题和趋势的理解。NEP 进程的第一步是进行评估。从 1985 年到 1991 年，NBEP 在纳拉干海湾资助了 110 多个与科学和政策相关的研究项目。每项研究都要接受广泛的同行审查。此外，调查人员需要提交所有原始数据，以便永久保存在纳拉干海湾数据系统中。直到现在，NEP 也仍然十分重视科学评估。NBEP 现任主任 Tom Borden 解释道："我们正在尝试创造一个框架，让科学融入良好的政策制定过程中。"[36]"我们希望建立一个汇编这些科学信息的项目，从而让 NBEP 成为流域方面的科学知识交流中心，"Borden 评论道，"这反过来可以使得各方能在保护和恢复的事宜上做出更明智的决策。"[37]

这两个 NEP 计划都做了大量工作，收集了可以向管理层传达的现状和趋势信息。例如，NBEP 发表了《变化趋势》报告，这是一份关于纳拉干海湾地区现状和趋势的技术报告，汇集了通过多种渠道获得的数据[38]。数据来源包括海湾及其流域周围的州、联邦、地方和非政府组织的监测项目。技术委员会审查了这些数据，并尽可能地对现状和趋势的评估达成共识。

这份《变化趋势》报告有若干个目标。首先，在这份报告的编写过程中，海湾地区不同的数据源都汇集到了一个单一的评估框架中。其次，报告指出了当前环境报告和分析中的不足。这项分析旨在为环境监测和数据管理的后续决策提供信息。再次，这份报告是为了帮助 NBEP 修订其全面保护和管理计划（CCMP），以反映当前关注的领域和行动重点。最后，该报告通过提供对状态和趋势的准确评估，指导联邦、州和地方各级的管理决策和规划工作[39]。NBEP 致力于将这些信息传达给利益相关方和社群成员，并且为非科学家专门提供了一个版本。

74

同样的，APNEP 在 1991 年的现状和趋势研究方面做了大量的早期工作，为其 1994 年的 CCMP 提供信息[40]。目前，APNEP 科学和技术顾问委员会（STAC）在向 APNEP 提供实施 CCMP 所需的科学和技术支持方面发挥着关键作用[41]。该委员会还制订研究计划，并审查政策建议的科学性。监测是其作用的一个关键方面，其中涉及制定和跟踪指标，以监测进展情况并促进适应性管理。科学协调员 Dean Carpenter 说："所有的 NEP 都要求有一套指标来进行跟踪，以支持适应性管理。除了 CCMP——它会为你指明目标——之外，你还需要一个指标来帮助你跟踪是否确实达到了这些目标，如果没有的话，它会帮助你修正方向。"

STAC 建立了一系列指标，用于制订监测计划，进而用于评估阿尔伯马尔-帕姆利科生态系统的状况。2012 年的清单中共有 150 项拟议指标，每个专题组约有 35 项。STAC 为每个拟议指标起草了两页概述，并且用了一个模板来总结拟议指标的相关信息，确定：①测量的重要性；②与之相关的管理目标；③提供数据的监控项目；④推荐改进及其成本；⑤当前的数据源和参考信息。这份两页长的文件的真正目的是提供一份概览，以权衡这些指标的成本效益，而不是让个别专家为每个指标编写一份宽泛的监测计划。

APNEP 不但完善了一套用于未来监测活动的指标，还为持续监测活动提供了资金，并且为帮助其他人在该地区进行有效的监测提供了资源。例如，该项目提供了一个"监测信息源目录"，推荐了一份两册的国家海洋和大气管理局的指导文件，以用于沿海栖息地的科学修复监测，并提供了实验室协议的网站链接[42]。项目工作人员也为监测做出了贡献，例如 FerryMon（渡轮监测的简写），当地大学和联邦机构利用州渡轮系统监测水质[43]。

NBEP 同样对监测进行了投资，其中包括一个长期氧气监测项目，目的是了解海湾中的缺氧情况。为此，首席科学家花费了大量时间申请赠款，为管理委员会或海湾监测工作中的其他合作伙伴确定的项目引入联邦资金。

过去几年公共部门的财政危机增加了寻求科学资助的必要性和挑战性。州里财政空虚，监测工作并不被视为工作的重中之重。事实上，管理者和政策制定者通常认为监测工作是一个黑洞，它吸收了大量金钱和精力，却没有产出多少与管理相关的信息。"监测活动往往一直在继续，但却没有进行任何汇总或评估。监测数据就被晾在一旁。需要有人对其进行汇总。让建模者研究这些数据，确定是否存在趋势。"Deacutis 解释道。他指出，资助优先级往往是由短期需求决定的：

如果哪里发生了漏油事故，那么未来三年每个人都会谈论石油。对问题的关注时间太短了，作为一名科学家，我有一种挫败感。很难让高层承诺进行长期监控，因为他们意识不到事情总是在变化的。

这两个项目都受到过多次批评，因为它们都是强调发展基础科学而不是和管理相关的信息。举例来说，虽然在阿尔伯马尔-帕姆利科河口研究（APES）上投资了数百万美元，但是几乎没有报告涉及对管理影响的解释。该项目并没有特别要求研究人员提供解释，许多人也都认为这不是他们作为研究者需要负担的工作[44]。

然而，这两个 NEP 计划都敏感地意识到需要将监测和评估信息与利益相关方和决策者联系起来。在 APNEP，将科学与管理决策联系起来的一个工具是 STAC 技术问题文件。这些一两页厚的"白皮书"旨在向 APNEP 利益相关方介绍 STAC 以其顾问身份建议需要改变现状的课题。文件包括了立场、支持声明和参考资料。

为在管理到位的前提下，实现科学发展，科学家和管理者之间需要更强的联系，这一方面是为了管理者能够更好地让科学家了解重点需求。例如，STAC 开展了监测指标项目，但是它需要管理顾问委员会（MAC）的大量投资才能成功。APNEP 项目科学家 Dean Carpenter 解释道："我一直担心科学与管理层脱节太多。我们希望管理顾问委员会能够帮助我们确定能与监测指标相互联系的管理目标，以确定生态系统的好坏。管理成分的整合至关重要。到目前为止，对我们来说这仍然是一个艰难的问题。"

# 应对冷漠、反对和"小圈子"现象

作为一项推动地区流域方法的自愿项目，NEP 面临的一个主要挑战是为成员团体和机构提供足够的利益来激发他们的兴趣和参与度，从而克服个人参与者追求自身利益的倾向。有时，为了集体利益需要，个别机构或团体需要做出一些牺牲或改变方向。虽然从长期来看，水质和气候变化等问题明显会让每个参与者付出很大代价，但短期考虑往往比长期考虑更为重要[45]。在一个协作团队中，让各方放弃参与和诱使成员参与的力量之间存在着持续的紧张关系[46]。对于阿尔伯马尔–帕姆利科和纳拉干海湾的国家河口项目来说，这种紧张关系表现在利益相关方的冷漠和反对态度，以及各级政府之间的管辖权之争。

## 纳拉干海湾：一州管辖的两州流域

尽管纳拉干海湾流域有 60% 位于马萨诸塞州，但在马萨诸塞州很少有社群或州政府机构意识到自己与海湾的密切联系。由于 NBEP 的行政办公室位于罗得岛州，而海湾又在该州内具有非常显著的特征，所以两州的居民和官员几乎没有意识到彼此与该海湾生态系统是一个共同体。NBEP 主任 Richard Ribb 正在努力改善这种局面，评论了试图提高边境马萨诸塞州一侧对该海湾的意识和关注时遇到的挑战。

NBEP 管理委员会的会员身份认定是与马萨诸塞州建立联系的一种方法，但是直到最近，马萨诸塞州的官员只占了一个席位。这样并不足以将马萨诸塞州的环境机构、非政府组织和利益相关方纳入 NBEP 全面保护和管理计划中。然而，随着人们逐渐认识到马萨诸塞州在营养物流入纳拉干河口过程中的关键作用，促使马萨诸塞州政府机构和利益相关方更多地参与到 NBEP 项目中来变得愈发重要。为了增加他们的参与，NBEP 增加了对河流修复项目的关注，吸引了马萨诸塞州的一些代表参与到计划中来。

NBEP 还致力于通过外联和教育活动，提高公众对流域问题的意识、理解和关注，从而促进政府机构的参与。把科学信息和合作活动传达给社群和团体，有助于提高知名度，并获得对旨在改善生态系统健康的活动和政策的支持。NBEP 实施的另一项策略是出版了季刊《纳拉干海湾期刊》，重点介绍了 NBEP 及其合作伙伴的成功活动，并指出了当前海湾及其流域面临的问题[47]。该期刊的主要目的之一是努力培养与海湾相关的更广泛的参与联系和利益相关者身份认同。

## 阿尔伯马尔-帕姆利科国家河口项目中的利益集团反对该计划

APNEP 很快就遇到了挑战，地方政府和部分关键团体成员不能有效地支持 NEP 行动[48]。虽然早期的公民委员会包含来自不同利益集团的代表，但有几个团体很快就退出了这一进程。地方政府、农业、工业和渔业利益集团的代表显然不想参与进来。例如，直到 1989 年，一名地方政府代表才被分配到政策委员会。然而，有些人认为持环保观点的成员所占比例太大，这种情况因非环保代表的变更率过高而恶化。结果就是，委员会的领导职务多由任期更长的环保志愿者担任，这进一步导致了话语权被环保团体所主导。

总的来说，这些看法可能降低了公民委员会在 APNEP 发展初期所提建议的可信度[49]。事实上，农业和林业代表在 APES 的研究和规划阶段缺乏持续参与，导致北卡罗来纳州的县委员会在最后一刻反对 CCMP[50]。虽然这些团体在公民顾问委员会中有正式代表席位，但这些人要么一直缺席会议，要么在起草阶段没有成功表达出他们的关注点。有些人认为 APNEP 不会充分了解他们的利益。对其他人来说，他们的行为可能是出于一种战略考虑，即反对该提案比参与规划过程更有效率。不管怎样，最终结果是他们在公众意见征询期间反对了 CCMP 的最终草案。

公平地说，人们对于公民所处的位置及其对计划的影响还是有些困惑。在 APES 阶段，技术委员会认为"虽然公民对公共价值观的平衡投入很重要，但公众没有资格参与技术决策"[51]。委员会认为，公民的参与会使 APES 成为一项政治活动，而不是科学活动。相反，那些希望在这一进程中成为平等伙伴的公民指责技术和政策委员会是"科学裙带关系"，过于注重研究而非行动[52]。这些对该进程的疑虑使许多人产生了负面印象。

近年来，保持有效参与仍然是一项挑战。APNEP 的东部地区外勤官员 Jimmy Johnson 指出，"你会发现有一小部分人对正在发生的事情十分在意，但是也有很多人漠不关心。有几次会议几乎没人出席。我猜，是眼不见心不烦吧"。Johnson 介绍了 APNEP 和杜克大学尼克拉斯环境政策研究所最近形成的伙伴关系，他们与东北部湾区各县的民选官员举行了一系列会议，讨论他们的想法、优先事项以及对气候变化导致的海平面上升和未来挑战的思考。值得注意的是，Johnson 评论道，"一些市政府和县委员甚至都不想承认海平面上升。他们称之为侵蚀和其他类似的名字"。

## 处理相互冲突的州政府机构议程和授权

像 NEP 这样的"自上而下"的政策倡议并非从零开始。已有的州政府机构规范、优先事项、个性、政治和历史都是这一进程需要面对的挑战。如何处理联邦项目与州政府机构之间的关系，是 NEP 项目面临的挑战。APNEP 主任 Bill Crowell 认为，他们的本土机构——北卡罗来纳州环境和自然资源部，专注于与各自使命和管理权限相一致的问题和地点，但是这些权限通常要比 NEP 的目标范围更狭窄："虽然这两个项目试图通过合作确保二者的规章不会冲突，而且还共享资源和信息，但是在州政府内部并没有一个基于生态系统的管理机构能全面审视这两个项目，并促成其协作"。政府部门内部各司的任务，与法定和历史授权相关联。例如，水质部门执行《清洁水法案》，但他们并没有"考虑过需要什么样的土地覆盖来保护水质，以及需要什么类型的森林才能拥有支撑生态系统正常运转的多样化野生动物"，Crowell 说。

Crowell 进一步说明了机构授权是如何影响 APNEP 的：

在基于生态系统管理（EBM）的框架中，各个机构的工作重点是有法定限制的。他们都有自己的任务，也正在执行这些任务。虽然知道还有别的事情需要做，但是他们没有资金或者其他相关的资源，因为他们的任务是受到法规限制的。

因此，我们告诉项目的政策小组——所有员工也都明白——我们永远不会成为一个完整的 EBM 项目，因为我们的合作伙伴都在某些方面受到了限制。

纳拉干海湾河口项目还必须处理罗得岛州的管辖权冲突。州政府机构认为 NBEP 的工作与他们的管辖范围和角色重叠了，所以有时会拒绝采取行动。正如 Ribb 主任指出的，"这有点算是地盘问题。他们说，'这个得我们来干。我们就是干这个的'……你会感觉有点受挫。州政府机构必须要认识到生态系统管理并不仅仅是政府的责任。但这对于一些老派的机构人员来说，是很难想象的。你必须克服这种阻力"。政府主导的、自上而下的、指挥/控制风格的监管行动的遗留问题往往会阻碍参与基于利益相关方的协作规划和恢复行动。

该项目是自上而下制定的，这种深入人心的看法使得 NBEP 很难获取外来投入。被 EPA 选中后，罗得岛州州长之所以同意采纳该计划，主要是为了获得联邦资金支持。因此，州政府机构被要求参与该计划，无论他们是否认为该计划对他们的机构有利。EPA 工作人员 Margherita Pryor 解释道：

我们必须认识到，这些项目能不能启动要取决于各种地方上的影响。如果你有一个坚定的支持者，发展轨迹就会完全不同。一个项目必须得到州长的提名才能成为 NEP 的一部分。早期的计划却未得到州长的提名。那些受到州长和基层支持的项目都非常成功，因为它们开始就受到了重视。当一个项目差不多就位了，那它就需要彰显自己的影响力。

有人认为，NBEP 在某种程度上和"拯救海湾"有些冲突。公众认为"拯救海湾"是倡导组织，这导致了这种误解始终存在。所以，NBEP 一直在努力寻找自己的定位。"我们不打算进行宣传，而是要做其他的工作：促进、发现科学、想办法将科学应用于管理决策"……这完全是另一回事。

管辖权冲突的一个例证就是 NBEP 和州政府制订的管理计划相互重叠。2003 年一次严重的缺氧事件导致了大量鱼类死亡，紧接着成立了罗德岛海湾、河流和流域协调小组（BRWCT），以更好地协调州政府机构的行动。

2008 年，罗得岛州议会授权 BRWCT 为州立环境机构制订系统级计划（SLP）。SLP 的目标是"确定管理、保护和恢复州内海湾、河流和流域的总体目标和优先事项，并促进各水域经济的可持续发展"。SLP 包括了实现目标、界定各机构具体责任、确定资金来源的一系列战略，并制定了实现目标的时间表[53]。

罗得岛州的 SLP 与 NBEP 的全面保护和管理计划有很多重叠部分，而后者在此之前一直是州政府机构的指导文件。然而，BRWCT 在制订 SLP 过程中并未涵盖 NEP，导致虽存在两项协调政府机构行动的法定授权，却缺少整合两个计划的法律框架。SLP 也没有将马萨诸塞州纳入合作关系，这导致了罗得岛州没有完全放弃 NBEP 的 CCMP 计划。

尚不清楚到底是 NBEP 被有意排除在 SLP 计划的制订过程之外，还是说罗得岛州不确定如何将联邦和州的授权融合在一起。总之，结果就是产生了一系列有时会相互冲突的并行计划。来自"拯救海湾"的 Jane Austin 回忆道：

这两个法律框架多有重叠，却又没有明确的协调。如果一开始就考虑过这个问题，那么 NBEP 可能会被包含在 BRWCT 或其他任何内容中……NBEP 被排除，我不知道这是不是明确的决定，或者他们只是不确定如何将联邦项目融入州级项目当中。曾经有人提出，应该让 NBEP 的负责人担任协调小组的负责人……但是这个想法没有得到州立法机构的支持……两个组织之间的关系因此受到了负面影响。这并不是无法解决的，然而在这个小小的州里，它确实发生了。

NBEP 尝试过与 BWRCT 合作制订一项综合计划。但是，Ribb 惋惜地说道："我们没有足够好的计划来制订计划。"如果进程的基本规则更加明确，协调人更早参与其中，也许会有所帮助。经过两年的努力，NBEP 还是决定退出这一进程，并通过更新 CCMP 计划来走自己的路。两个组织的计划规模和范围不同，再加上缺少政治支持，使得它们无法合并成为一项综合计划。Richard Ribb 主任解释说："我觉得如果州长认为这是他的优先事项，并参与进来说：'让我们想办法办成这件事'，我认为这会有非常大的帮助。"

## 组织困境：身份、地点和能力

为进程找到一个可行的地点是像 NEP 这样"自上而下"的倡议需要面对的又一个独特挑战。如果它们"不是起源于此"，那它们应该放在哪里？这些管辖权问题已经成为

NEP 在组织身份和地点上的困境。资金和人员的限制使这些困境更加复杂化。如果这些项目有助于推动多州、地区性工作，那么将它们放在州政府内部是没有意义的。但是，如果不以州政府为基地，没有强制执行权，那么它们就不可能动员州政府机构实现期望目标。如果 NEP 位于州政府，局限在单一机构会限制项目产生的影响。但是由多个机构负责又会带来协调方面的挑战，而局限在州长办公室会让这个项目受到政治操纵。这些组织困境不是那么轻易能解决的。

## 上演舞台剧的 APNEP 办公室

虽然一些人认为 APNEP 应该位于州政府之外的大学或非政府组织中，但是该项目一直位于州政府内部，只是分散在不同的部门中。早些时候 Crowell 描述说，这个项目是"被埋在水质部门里面了……回想 20 世纪 80 年代中期，人们担心这将是一个新的监管计划，或者是没有资金支持的授权。或者人们只是单纯地因为这是一个新计划而有点害怕"。2001 年之前，该计划被安置在水质部门的规划评估小组。在 21 世纪初的一次 EPA 审查之后，该计划被很快提升到北卡罗来纳州环境和自然资源部负责保护和社群事务的部长的办公室中。截至 2012 年年底，APNEP 由自然资源规划和保护司管理，作为北卡罗来纳州和 EPA 之间的合作计划。

特定政府的政治影响也许是其管理混乱的原因之一。早先对 APNEP 的一项研究指出，前几任政府并没有完全支持该项目：Marin 州长的政府（1985—1993 年）担心无法控制该项目的环保要素，Hunt 州长的政府（1977—1985 年和 1993—2001 年）修改了 CCMP 计划，使其更容易被选民接受，例如农业利益集团[54]。一些工作人员认为，把该项目放在北卡罗来纳州环境和自然资源部下的一个部门削弱了一些先前在部长办公室时的灵活性和影响力。正如 Crowell 主任所说："我们觉得如果我们都在一个部门里，这会在某种程度上限制我们——无论是在现实中还是在观念上。有时候，观念要强于现实。"

Crowell 指出，该项目位于北卡罗来纳州环境和自然资源部下的一个部门里，而不是部长办公室，这是实现跨部门协调的一个挑战。对于有些部门和机构，APNEP 的任务不是优先事项，当与它们的工作人员一起工作时，"我们经常被搁置一边。这多少和我们所处的位置有关系。如果我们在部长办公室，你会——但并非总是——得到快速的回应"。

在通过 2012 年的 CCMP 计划后，APNEP 领导层迫切需要寻找更具战略性的位置，以确保该项目更好地发挥影响。在州长于 2012 年 12 月发布的建立阿尔伯马尔–帕姆利科国家河口合作组织的行政命令中，此项目被重新安置到北卡罗来纳州环境和自然资源部部长办公室，由该部长负责 APNEP 办公室的行政和财政管理。

## NBEP 地点转移和复杂的融资机制

NBEP 由于自身的体制和组织结构也面临着许多挑战，使得该组织的资金、人员配备和保持身份连贯性变得困难。1993 年项目实施初期，NBEP 隶属于罗得岛州环境管理部。对于一个本应是基于利益相关方的团体来说，这个位置很难发展，而且这个计划花了很长时间才脱离开那个监管环境。后来 NBEP 加入了罗德岛大学的海岸研究所和罗德岛自然历史调查组织。

NBEP 工作人员和活动的年度基本资金是通过环保署和各州合作伙伴之间的三项单独合作协议筹集的。第一笔赠款分配给了罗德岛环境管理部，用于聘请首席科学家。第二笔赠款给了罗德岛大学海岸研究所。第三笔赠款给了罗德岛自然历史调查组织。此外，NBEP 利用与"拯救海湾"的财政合作关系，为特定项目和活动雇佣员工。这种安排使得 NBEP 能够避免州招聘冻结和工会对员工选择的限制。

事实证明，这种由三个主办机构组成的体制安排对 NBEP 来说是有问题的。正如"拯救海湾"的 Jane Austin 评论的那样，"鉴于人事环境的不同，将其定义为一个连贯统一的实体是一种挑战"。尽管大部分员工都在罗德岛大学海岸研究所办公室工作，其中却不包括首席科学家这样的关键人物。Austin 指出，"决定 NEP 走向的一个主要因素是它的体制结构。如果它是一个单一的组织，跨多个领域组织工作时会有更大的灵活性"。然而，Austin 也确实看到了这种制度环境的一些好处：

> 虽说最好不要有三方体制框架，但是另一方面，它为项目带来了投资［来自州政府部门，如环境管理部（DEM），罗德岛大学（URI）等］，这是不能低估的。如果没有 DEM 和 URI 投入的大量时间和资源，NEP 的影响将会大大削弱，这些都是 NEP 真正需要的资源。

跨州项目在获取资金方面还存在着其他挑战。因为 NBEP 的资金是通过罗德岛州政府机构获得的，所以在马萨诸塞州的筹资活动就很困难。通过财政合作关系获取所需的资金，由于项目跨州的关系，使得行政上更加复杂。

作为监督所有 28 个 NEP 计划的总括机构，环境保护局对每个 NEP 的五年计划进行评估，以确保在实施其 CCMP 计划方面取得足够的进展。NBEP 最新项目评估指出，由于员工分散，他们面临巨大的挑战，该评估称之为"独特的机构和管辖情况"。项目评估特别评论了"工作人员分散在三个机构实体下导致的重复工作"，以及"由主办机构的政策和惯例导致的组织政策不一致，如薪级表、休假要求和管理失察"[55]。

EPA 聘请的一名外部顾问审查了 NBEP 的体制困境，提出了"加强其财政和体制稳定性"的建议，他发现一个过于复杂的组织会"导致效率低下，包括多层失察，以及项目管理决策权人不明确"[56]。这次正式项目评估导致了 2013 年 NBEP 的重大重组。NBEP 雇用了一名新的主任和其他工作人员，并将项目转到一个新的主办机构——新英格兰州际水污染控制委员会，该委员会位于马萨诸塞州的洛厄尔。随着组织结构的转变，为了吸引流域马萨诸塞州一侧的兴趣和参与，解决这个持久的挑战，NBEP 管理委员会从 12 名成员扩大到 26 名成员，将更多的马萨诸塞州的观点带到了计划当中。

根据 NBEP 新主任 Tom Borden 的说法，"重点在于，我们有了更多来自马萨诸塞州的代表。以前只有 1 名来自马萨诸塞州的成员，现在有 3 名了"[57]。管理委员会的成员范围也扩大到了公用事业和纳拉干海湾委员会，该委员会是罗德岛最大的污水管理机构。主任 Borden 解释说，这些变化的目的是"将这些人聚集在一起，真正迫使对流域至关重要的各方参与者共同努力"[58]。

## EPA 监管体系下的挑战

鉴于 NEP 项目的自愿性质，EPA 可能不是安置 NEP 的最佳机构。EPA 的大部分任务是监管；然而，NEP 负责协调州、地方和联邦合作伙伴参与合作规划和决策。这种不匹配导致了非联邦伙伴的困惑，而且 NEP 也会被 EPA 官员的看法所影响。从 EPA 的角度来看，证明 NEP 项目的有效性是有挑战性的，主要是因为很难从物理和生物的角度来跟踪 NEP 活动的成果。NBEP 首席科学家 Chris Deacutis 评论道：

我认为在 EPA 监管部门的工作人员会觉得不舒服。他们总是问，"我们做的事情能够控制最大日负荷总量（TMDL）吗？"我们理解他们的观点，也确实参与了一些 TMDL 统计，但是从严格的工程方法来看，数字统计是毫无意义的。这种紧张关系往往是一直存在的，因为就像所有官僚机构一样，EPA 需要这种易于计算的统计，从而可以在短时间内展示出成果。NEP 的价值在于它们没有这种无聊的统计方式。因此，当新信息或流域内的变化导致新的状况出现时，你可以更快地转移注意力和关注点……你可以重新聚焦并说，"等一下，这是一个大问题"。

## 资金和人员配置限制

两个 NEP 计划的核心员工都非常少。例如，APNEP 的 4 名全职员工要负责 23 000 平方英里的地区。APNEP 地区外勤官员 Jimmy Johnson 评论道："我们是迄今为止最大的 NEP 项目。与大多数只覆盖了一个县的 NEP 相比，我们覆盖了一个巨大的区域，其中包括 5 条主要的河流和流域、两个州和 30 多个县。由于这个项目只有 4 个人，用这么少的人很难在这么大的区域里完成所有必做工作。"事实上，由于 APNEP 涉及的空间跨度较大，许多 NEP 项目在各自地区为积累社会资本和声势而开展的活动在 APNEP 受到了限制。出差参加会议、培养社群层面的使命感以及围绕当地环境冲突开展行动的能力，都会受到项目规模的限制。

小团队的另一个负担就是员工离职造成的影响。有时，APNEP 员工的更替和休假会产生问题。例如，修订 CCMP 计划的工作开始后由于员工离职而被推迟，这样就会失去项目实施的动力。同样，在动员管理顾问委员会发挥实施者作用的活动中，项目协调员离开了该组织。重新聘用的滞后导致动员委员会的工作进展缓慢。

讽刺的是，小团队和 NEP 项目的独特性使得他们能够逃脱大型政府项目中官僚主义的束缚。他们可以受益于不同专业人员之间的密切互动。他们也能在确定项目的具体方向时享有高度的自主性和灵活性。NBEP 工作人员根据 CCMP 计划的总体目标制订的年度工作计划需要提交给管理委员会批准。这些年度工作计划使工作人员有足够的空间来确定需要集中注意力和资源的新问题。它们并不局限于最初 1993 年制定的规划方向，而是可以适应整个海湾生态系统的动态条件。首席科学家 Chris Deacoutis 形容 NEP "就像一个小公司。比大公司启动快。精干高效，能够快速行动以适应问题"。

NBEP 意识到了这些问题的规模及其自身作为一个小规模项目的局限性，并且很早就认识到他们需要培养其他组织的能力来推进行动。NBEP 的工作包括了举办面向纳拉干海湾地区现有和新兴的土地信托、流域理事会、志愿团体和其他环境非政府组织的教育研讨班和培训计划。罗德岛土地和水事合作组织（RILWP），是一个由 NBEP 和罗德岛土地信托理事会建立的合作关系，极大地推动了组织能力培养工作。这项工作汇集了 40 多个土地信托、十几个流域组织和许多保护委员会。RILWP 每年为社群保护组织和地方政府的领导人举办一次土地和水资源保护峰会，培训与会者提高技术和组织效率。峰会涵盖流域管理、土地保护和组织发展等重要议题。

解决员工数量和任期有限的一个方法是通过志愿者来满足组织需求，但是使用志愿者也会遇到相应的挑战。APNEP 主任 Crowell 解释说："我们和公民志愿者一起工作，有时反倒会让事情进展缓慢。整个项目区域内很多人都很忙。他们正在做很多其他的事情，需要等待他们腾出时间。"科学和技术顾问委员会联合主席 Wilson Laney 评论了留住志愿者的挑战："我们一直面临着一个真正的挑战，就是让 STAC 成员不会在任期内提前离职。我们的辞职率很高，但这并不仅限于本项目。"

# 小　结

罗纳德·里根（Ronald Reagan）有句名言："我来自联邦政府，我是来帮忙的"，这是英语里最可怕的一句话。从那以后，这句话就成了大家常说的段子。从 APNEP 和 NBEP 案例中可以看出，在 "自上而下" 发起的善意自愿进程推进中充满了许多挑战。由于预算有限、人员不足以及州级本土机构的支持力度不同，NEP 需要找到激励河口流域各组织机构参与其中的方法，并培养他们在活动中的主人翁意识。他们需要进行能力建设、强化激励措施，以开展有益于生态系统的行动，这些行动通常超出了州或地方管理者的直接管辖或关注范围。NEP 并不是唯一面临这些迫切需求的项目。根据美国国家海洋政策建立的区域海洋委员会和根据《沿海区管理法》建立的国家河口研究保护区等都面临着相同的处境。

NEP 项目所采用的主要战略是合作制订一项全面计划，以便确定关键问题和潜在的战略性应对措施。NEP 寻求让重要参与者加入无风险的规划过程中，以此为他们自己的州和地方管理活动提供附加值。这一规划过程完美地建立了联系和对更广泛生态系统的共同责任感。建立合作关系、利用资金、鼓励有针对性的应用研究，以及提供信息、教育和培训，这些都是重要的战略，有助于 NEP 计划在河口生态系统中获取更加协调和可靠的决策。

APNEP 和 NBEP 都面临着与他们作为跨区域活动的召集人、协调人和推动者的角色相关的挑战。让合作组织在系统层面采取行动需要他们能够超越自我，这在本质上和组织上都是困难的。在不同利益集团和政府部门之间进行调解需要具备管理冲突的技能。在公共部门财政困难的时候，用有限的人手和资源来做这件事就更具挑战性了。

我们很难将特定的生态系统变化归因于阿尔伯马尔-帕姆利科湾和纳拉干海湾 NEP 项目的努力。然而，一些关键的生态系统指标（如鱼类死亡数量和营养负荷水平）正朝着正确的方向变化，并且项目的许多活动都为生态系统变化提供了重要基础：更新或更好的协调信息、更有效的数据系统、对恢复项目提供的更多资助或便利、提高了对河口状况和挑战的认识、扩大了政府和非政府团体的参与、形成了更强大的组织网络并能以更协调的方式行动。这些项目往往在幕后发挥作用，成功地推动了它们所在地区的发展，从而获得合作机构和组织的信任。这种幕后角色很重要但也具有挑战性，当个别 NEP 受到审查时会被问道，"你们都取得了哪些成果呢？"

然而，这个颇有难度的角色并非不重要。事实上，随着营养负荷、物种入侵和气候变化等问题成为万众瞩目的焦点，基于生态系统的思考和行动变得至关重要，需要有人来促进能够维持有效行动的连接和联系。NEP 项目提出的非监管、合作的方法对于在高度分散的机构环境中鼓励生态系统观点很重要。正如 NBEP 管理委员会中的美国环保署代表 Margherita Pryor 解释的那样，

我认为这个项目是一个想开展当地计划的团体与巨大的生态系统蓝图之间的调解组织。它拥有具备科学和分析能力的团体，去为地方行动指引目标，从而为改善整个系统提供助力。我认为这是非常重要的。

APNEP 主任 Bill Crowell 对他的项目所发挥的作用持类似的看法："这就是 NEP 在政府组织或环境保护方面真正的优势所在。他们可以从外部，以更宏观的角度来观察，把人们聚集在一起，促成讨论。签订合同或完成任何必要的事情。在其他人无法做到的地方开展行动。"

个别机构和市政当局没有足够的资源或动机来采取这种"更宏观的视角"。要做到这一点，往往需要一项以更广泛的生态系统为关注点，能够带来组织和资源的"自上而下"式倡议。当然，最重要的是它能改善生态系统的健康状况。而且，至少 NEP 项目创造了一个进程，人们可以在实施进程中召集会议、确定优先事项、监测进展，并确保生态系统问题不会被忽视。

# 第六章　"自下而上"影响俄勒冈州奥福德港和华盛顿州圣胡安县的管理

世界各地的社群，包括渔民、社群领袖、科学家和机构管理人员都正在共同努力推进海洋保护工作。这些努力往往只是昙花一现，并未得到高级别的官方认可、立法支持或行政框架支撑，或者在资源方面得到支持。因此，基于社群的流程面临着一系列独特的挑战。他们需要积极上进的人才来加强并发挥领导作用，需要找到适当的方法来实现自身的合法性和可信度，以便得到他人的认真对待。重要的是，他们还必须具有吸引资金和建设能力的企业家精神。

较小规模且以社群为基础的工作可以减少跨辖区复杂性及由其引发的挑战。然而鉴于其缺乏权威支撑，他们不得不以战略性方法影响其他具备权威的组织，才能对海洋保护活动产生有意义的影响。与以政府当局和政府资源为基础、基于生态系统的海洋管理（MEBM）倡议不同，基于社群的流程必须通过其他手段建立其信誉度和影响力。

## 奥福德港和圣胡安县的社群倡议

本章介绍了两个"自下而上"开发成效斐然的海洋养护倡议的社群经验。沿着不同的路径，俄勒冈州奥福德港和华盛顿州圣胡安县的公民建立了正式的组织，利用当地渔民、居民、企业和政府的能量和关注度，使他们组织的活动产生一定影响，进而弥补其缺乏监管或管理权限的缺陷。他们以合法且可信的方式进行组织和运作，从而将自己定位为地方和州政府的合作伙伴，以确保自身的影响力。

### 奥福德港海洋资源团队

奥福德港是俄勒冈州南部海岸的一个小镇。粗略估计，当地1 135名居民中约有1/4一直从事渔业工作。与州内其他港口和河口不同，奥福德港港口位于海滨，其船只易受强风暴的伤害。因此，每次渔业捕捞活动之后，奥福德港的所有渔船都必须从水中吊起；也正因如此，奥福德港的所有商业渔船都不足40英尺长。沿俄勒冈州海岸的大多数港口都有捕捞船队，船只尺寸和渔具范围广泛，包含拖网渔船、延绳钓船和拖钓船，而奥福德港的捕捞船队的船只尺寸范围则大多相同，且不使用张网类渔具。奥福德港的渔民会专门使用延绳钓或钓线装备和捕蟹罐进行捕捞。他们会在全年捕捞各种高价值物种，其中70%以上为底栖鱼类，主要是黑鳕鱼和几种石斑鱼。奥福德港的许多石斑鱼都是现捕现卖，其收入至少比邻近港口出售死鱼所获收益高出1/3[1]。

20世纪90年代末，人们对西海岸渔业资源衰退的担忧不断升级，联邦渔业管理人员实施了新的捕捞限制措施。到2003年，许多底栖鱼类渔业被勒令关闭，以使过度捕捞的物种得到恢复。根据奥福德港渔民Aaron Longton的说法，"拖网渔业资金过剩和鱼类资源被捕捞至匮乏，以至于出现了危机。捕鱼的机会已经大大减少了"[2]。

奥福德港渔民对联邦渔业管理流程感到越来越沮丧，他们认为这些流程未能考虑他们的"小船+活鱼"渔业的独特属性。与该州大多数其他捕鱼船队不同，奥福德港渔业主要集中在港口附近的独立珊瑚礁系统而非开阔海域上。然而，俄勒冈州渔业的评估和管理主要在全海岸范围内进行，空间尺度过于粗糙，无法纳入并有效管理这些当地珊瑚礁系统的鱼类资源。例如，在底栖鱼类禁渔前后，鳕鱼均受到了严格的限制，但当地渔民报告说，奥福德港的鳕鱼资源比俄勒冈州和联邦渔业管理人员所估计的更为丰富。渔民认为，需要采取某些措施，以便将当地有关目标种群的生命周期和状况等科学信息纳入区域的渔业管理决策。奥福德港渔业社群的可持续性及其所依赖的资源处境岌岌可危。

认识到需要不断增加对当地科学数据的支持，以便更好地为该地区的渔业管理提供信息的重要性后，奥福德港海洋资源团队（POORT）于2001年由当地渔民和社群成员组建成立。POORT的使命是"通过联合科学、教育、当地专业知识和保护来确保奥福德港海洋资源和自身社群的长期可持续性"。POORT"致力于对有选择性进行捕鱼的人员获取自然资源的途径进行保护，同时促进可持续渔业并保护海洋生物多样性"[3]。据其联合创始人Leesa Cobb表示："我们开始创建组织的时候，渔民们正面临着很多改变。当时在整个沿岸范围内发生了鲑鱼灾害，海胆渔业在当地处于崩溃状态，我们正陷入严重的底栖鱼类灾难中。鉴于现行的各种渔业管理办法确实并未为我们提供任何帮助，人们已做好了做出改变的准备。"

在承认奥福德港的鱼类、社群和经济的健康是相互依存的同时，还有一点十分重要，而这也正是POORT的首要目标，用当地渔民Aaron Longton的话来说，就是要保持"健康的环境和健康的渔业社群，从而建立一个更加健康的奥福德港社群"。他们积极地在当地社群建立社群管理区并制定当地雨水条例。POORT描述了Longton在评估和监测海洋生态系统指标时的指示："与科学界、渔业管理者以及海岸渔民上下通力合作，实现保护的目的"。他们努力的目标是建立俄勒冈州的第一个海洋保留区。值得注意的是，POORT荣获了国家海洋和大气管理局2010年度"年度非政府组织卓越奖"，用于表彰其创新性地基于社群开展可持续渔业管理。其还获得了2012年"州长金奖"，以表彰"俄勒冈人的伟大"。

## 圣胡安县海洋资源委员会

圣胡安县位于华盛顿州普吉特湾西北海峡地区,是由 170 个得到命名的岛屿组成的群岛。根据潮汐的变化,岛链还会包括另外 250~530 个岛屿、珊瑚礁和岩石。该县的海岸线长达 408 英里,是全国各县中海岸线最长的一个。来自太平洋的寒冷且营养丰富的海水和错综复杂的潮流提高了该地区的海洋生物多样性。正如圣胡安县海洋资源委员会所详述的:

这里的海水和海岸线是 6 种鲑鱼、逆戟鲸、白腰鼠海豚、斯特勒海狮、河獭和海獭、鳕鱼、几种石斑鱼和 100 多种海鸟的家园。22 种濒临灭绝的奇努克鲑鱼在不同的生命周期阶段都会在圣胡安县生活。圣胡安县有两个贯穿全县且可为一些海洋生物提供食物和住所的宝贵栖息地。鳗草沿着长达 140 英里的海岸线生长,普吉特湾 1/3 的巨藻都生长在这里。[4]

大约有 16 000 名居民全年或季节性居住在这些岛屿上。鉴于岛上的自然美景会吸引人们前来参观,所以旅游业是当地经济的重要组成部分。

在 20 世纪 80 年代,环境组织、部落和机构对海洋物种的减少表示出极大的担忧,应其要求国家海洋和大气管理局考虑在该地区建立一个国家海上禁渔区。该项提议受到了西北海峡地区所有 7 个县(包括圣胡安县)的强烈反对[5]。大多数反对者担心联邦政府会夺去当地水域的控制权。还有人担心联邦管理的计划无法真正地吸引当地社群或满足当地需求。

1994 年,所有 7 个县议会都正式表达了对禁渔区提案的强烈反对[6]。正如圣胡安县海洋资源委员会成员 Terrie Klinger 所回忆的那样,"当 NOAA 第一次来到圣胡安群岛进行可行性研究时,得到了很多支持,因为……很多人关心环境问题,特别是海洋环境……但也有一些非常强烈的反对意见,它们来自一些十分强势的当地人,这些居民非常反对建立国家海上禁渔区"。由于华盛顿州州长 Mike Lowry 不愿冒着引起政治反对的风险,支持一个不受欢迎的国家海上禁渔区提议,而他又有能力对此进行否决,NOAA 于 1996 年正式撤回该禁渔区提议[7]。

尽管建立国家海上禁渔区的努力失败了,但该地区还是认识到,的确需要采取措施来解决西北海峡海洋生态系统的健康问题。该地区已经存在一些区域规模的计划,包括由该州普吉特湾行动团队管理的国家河口计划和旨在保护普吉特湾的保护组织所开展的相关工作,但在许多人看来,在保护和恢复海洋资源方面,他们尚没有有效利用当地公民的力量和专业知识。

圣胡安县委员会于 1996 年成立了公民海洋资源委员会(MRC),作为旨在促进当地海洋资源管理的基层组织。"能够走上美丽的海滩,观赏丰富多样的野生动植物和壮丽的景色是人们前来参观圣胡安县的一个重要原因,"MRC 指出,"为了我们的经济健康和娱乐享受，我们需要对这些资源进行管理，而为了我们的孩子，我们更要对这些资源进行保护。"[8] MRC 的使命是"保护和恢复海洋水域、栖息地和物种，以实现生态系统健康和可持续的资源利用"。

该倡议牵涉了大量资源，且正式代表了该县在多个政策论坛中的利益。正如该委员会主席 Steve Revella 在圣胡安 MRC 的 2010 年度报告中所述：

与县级公共工程部门合作，MRC 帮助该县从 EPA（环保署）获得了 70 万美元的资助，在伊斯特桑建立了人工湿地，为土地所有者提供技术援助，帮助实现对海洋环境的保护。我们正与西雅图市合作开展另一项环保署项目，试行一项认证计划，以鼓励发展海岸沿线的可持续建筑。废弃船只拆除计划将重新启动，以防止严重污染。

为了履行对当地和区域海洋保护工作的承诺，我们为华盛顿州鱼类和野生动物部的 5 年战略计划提供了资助，并加入了他们的石斑鱼咨询小组。我们的两名成员还加入了普吉特湾伙伴关系的执行委员会。

为了解决这些问题，MRC 被要求就该县雨水盆地的规划优先顺序提出建议，并与公共工程部门合作制订雨水监测计划。我们就县议会关于石油泄漏的白皮书进行了评论，这是该县确定的头号优先事项。

通过广泛的志愿者活动和杰出人才对 MRC 的个人承诺，这些计划都有可能变成现实。[9]

# 根植于地方和创业者的非正式起源

随着时间的推移，虽然这些以社群为基础的倡议在建立之初十分简单，但还是取得了一定的地位和影响。没有其他人能为这些倡议提供任何授权或框架，它们都仅是由社群中认为有必要并开始尝试寻找解决方法的个人所发起的。虽然在一个共同关注的领域中找出紧迫的问题往往是促进海洋保护倡议的极佳动力，但事实上仍然需要人们努力向前迈进才能推动这项活动顺利实施。

奥福德港和圣胡安县都对社群成员予以关注和尊重，尤其是那些积极尝试做些事情来帮助社群的个人。在奥福德港就有一位这样的居民，她的名字叫 Leesa Cobb，是一名奥福德港渔民的妻子。如她所言，在忙碌的捕鱼过程中，她自愿帮助当地渔民"解决他们的许可证和处理文书工作"。如同奥福德港的大多数居民一样，Cobb 对她的社群和社群赖以生存的海洋生态系统十分关心。Cobb 与俄勒冈州立大学研究渔业管理的研究生 Laura Anderson 一起，利用环境保护基金提供的 10 000 美元赠款，开始以兼职的薪水专职征求该区域内渔民对渔业管理的意见。大多数渔民对渔业管理状况表示并不满意，并认为应该根据当地科学资料进行更精细的管理从而改善整体管理。鉴于广泛的关注和渔民变革的意愿，以及志同道合的其他人士的支持，Cobb 和 Anderson 于 2001 年建立了奥福德港海洋资源团队（POORT）。

基于社区的流程优点之一是它们是基于位置的，即该进程可以建立在已有的本地关系之上。虽然 POORT 的成就在今天看来令人印象深刻，而且其治理模式似乎是一个教科书级别的组织结构，但事实是该倡议的开端也是十分简陋的。正如奥福德港市管理员 Mike Murphy 所回忆的那样，"奥福德港是一个小地方，这里的每个人都十分了解彼此。我本不认为他们会成功，但是一切就这样发生了。Leesa 提出了一些建议，人们说，'哎呀，这是个好主意，我没想到'，而且一切都很有效"。

在圣胡安县也是如此，当地的港口专员和县委委员就建立一个由多元化公民组成的委员会的提议进行了讨论，其认为该委员会的使命是解决地方一级的海洋保护问题。作为县委委员，他们了解到许多人反对国家海上禁渔区提案，但这些人也关注着圣胡安县的海洋环境。

虽然 MRC 是由圣胡安县委员会所建立的，但从一开始它便不是一个官方组织。最初，它只是一群愿意讨论紧急海洋保护问题的有关公民试图规划前进的道路的组织。正如 MRC 的资深成员 Jim Slocomb 所回忆的那样："更准确地说它是大家的愿景，而非一个组织。个人认为它更多的是立足于在当时看来很有发展前途的领域，然后让当地一些有着海洋环境知识的杰出人物加入，并接手继续开展以后的工作。在我刚来到 MRC 的时候……它没有预算、没有工作计划，也没有指导原则，只是一群人围着说话的地方。"

# 建立合法性：两条对比路径

一个关注海洋保护问题的特别公民群体，不太可能会产生太大的影响力。他们是谁，为什么管理者、民选官员或其他社群成员会关注到他们？为了在地方、州或国家论坛中得到合法性的认可，他们需要得到官方的批准，我们审查的基于社群的倡议获得认可的方式通常不外乎以下两种：成为非营利组织，或经批准在其地方或州政府下成立一个委员会。

## POORT 的 501（c）（3）非营利组织

POORT 于 2003 年正式成为 501（c）（3）规定的非营利组织。就其自身而论，它有一个由 5 名商业渔民组成的董事会且每月召开一次会议。社群咨询小组每季度都在公共论坛召开会议，"为奥福德港社群领导人、利益相关方代表、科学家和机构工作人员提供正式的方案，在海港管理、科学和营销等方面为 POORT 及其项目合作伙伴提供'自下而上'的建议"[10]。其中，奥福德港市市长、奥福德港计划委员会主席、当地报纸编辑以及冲浪者基金海洋生态系统项目管理者都是社群咨询小组的成员。POORT 还有一位执行董事 Leesa Cobb 和一些普通员工，有时还包括 AmeriCorps 志愿者。

建立了所需的领导力和管理结构之后，POORT 的 501（c）（3）地位提升了其声望，并为该团体争取到了官方的认可。奥福德港市议会注意到超过 70% 的当地船主参与了 POORT 流程，因此于 2006 年 6 月通过了一项正式承认并认可 POORT 的决议，并承诺全市会参与到该流程当中。该决议指出，"奥福德港市议会凭借《城市宪章》和俄勒冈州赋予本机构的权力，特此认可奥福德港海洋资源团队的愿景、原则和基于社群的流程"[11]。

POORT 的 501（c）（3）地位使该组织得以在合法的基础上，在地方、区域、州级和国家层面的官方论坛上发表自己的意见。此外，也促使 POORT 能够与其他公共和私人实体建立伙伴关系并获得捐赠。例如，2009 年俄勒冈州州长 Ted Kulongoski 批准了奥福德港的海洋经济复苏计划，使得奥福德港得以有资格与其他申请人共同竞争联邦经济激励资金。随着时间的推移，POORT 通过获得的资金建立了一个科学实验室、在奥福德港的活鱼渔业港口建造了新设施，以及一个海洋解说中心，其特色是对在奥福德港海洋保留区发现的独特而重要的栖息地和鱼类物种进行解说介绍。

同样，其 501（c）（3）地位使得 POORT 得以与俄勒冈州鱼类和野生动物部签署了一份谅解备忘录，根据该谅解备忘录双方于 2008 年 9 月建立了科学与管理合作关系。该谅解备忘录使得 POORT 能够在其管理领域获得基于生态系统的管理科学项目的州级优先资助，并帮助确保奥福德港渔民得以在鱼类和野生动物管理部门的管理决策中发挥更大的作用。正如冲浪者基金会的 Charlie Plybon 所解释的那样，通过 POORT，渔民现在可以在州级和联邦级层面表达自己的担忧。他们的疑问和数据需求变成了"真正的科学问题"，鱼类和野生动物部可能会资助在奥福德港研究该问题，然后纳入该部门的管理决策。

根据 POORT 董事会主席 Aaron Longton 的说法，沟通现在是"双向进行……我们能够向他们提供我们的信息，并分享我们的需求以及我们在实践中获得的经验知识"。对于奥福德港的渔民来讲，Longton 评论说，有机会影响针对"大型固定目标"的惯常管理模式，"点燃了我们的希望，让我们得以不断发展进步"。

作为官方认可的正式组织，POORT 还可以作为召集人，负责集合参与或负责海洋保护活动的公民、企业、组织和机构。POORT 会定期举办陆海连通研讨会，其目的是"汇集奥福德港社群管理区内的自然资源专业人士和土地所有者。参与者可提供有关其项目的信息，并有机会探索如何共同努力实现共同目标"[12]。

## 县委员会咨询委员会在圣胡安群岛的地位

POORT 是被正式确立为一个非营利组织，而圣胡安县倡议是作为圣胡安县委员会（2006 年更名为郡议会）的正式咨询委员会而确立的。郡议会在审议委员会的建议后，批准 MRC 活动以及任何要求郡议会采取行动的决定——例如批准新法令或采用新政策。郡议会资深成员 Terrie Klinger 对 MRC 的正式成立是这样描述的：

圣胡安县召集了一个公民咨询小组，他们将其命名为海洋资源委员会，县委员会认可其作为自身的咨询机构。圣胡安县 MRC 的最初目的是让一群多元的公民利益相关方……就与海洋环境有关的事宜向县委员会委员提供建议。

作为正式郡议会咨询委员会，MRC 没有管辖权或权力，也无权规范他人的活动。它的作用是向郡议会提供政策建议和意见，并落实郡议会支持的项目。具体而言，MRC 成立后负责向圣胡安县委员会提供有关海洋资源问题的建议；参与影响海洋资源管理的地方和区域流程；为当地海洋科学、生态系统保护和恢复项目开发资源；让公民提高认识并参与海洋相关问题的解决；管理海洋保护和恢复项目。其使命是"保护和恢复萨利什海的海域、栖息地和物种，以实现生态系统健康和资源可持续利用"[13]。

由于其受到了广泛的尊重并取得了一定成就，最终圣胡安 MRC 成为泛西北海峡地区实施以社群为基础的海洋保护活动的典范。国会在 1998 年建立西北海峡海洋保护计划以创造机会使该地区海洋保护知识、建议和优先事项发挥更大作用时，便是采用了圣胡安县的 MRC 模型，并在其他 6 个县进行复制。反过来，他们参与西北海峡计划，也为圣胡安 MRC 提供了更多的资金和支持。

# 确保可信度：科学管理和广泛外联

奥福德港和圣胡安县社群倡议的领导者都认为，为了真正发挥作用并得到尊重，他们的倡议和建议必须具备极高的可信度。他们必须与科学家密切合作，让资源管理者和用户参与其中，并让社群成员了解情况并加以参与。

## 奥福德港的科学管理

POORT 早就认识到需要在坚实的科学基础上构建战略。正如城市行政管理者 Mike Murphy 所说，管理决策必须以科学为基础，"否则你就会失败"。奥福德港的渔民与大学和政府科学家之间的合作研究是 POORT 活动的核心。POORT 与俄勒冈州鱼类和野生动物部以及俄勒冈州立大学合作，完成了红鲑鱼岩区的多波束探深测量，并据此提出海洋保留区提议，且开发了基线生态数据。俄勒冈州立大学还根据探深测量中获得的多波束图像开发了栖息地地图。同样，鱼类和野生动物部正在红鲑鱼岩区进行遥控车辆视频调查，以更好地了解鱼类的行为和生命周期。2008 年，POORT 在其拟议的海洋保留区内实施了大自然保护协会的一项关于藻类群落、海草及其相关动物的研究，研究过程中，他们确定了 60 种物种，其中 12 种从未在俄勒冈州记录过，还有一种可能是科学界的新物种。2013 年 6 月，POORT 与俄勒冈州立大学签署了一份谅解备忘录，以便在俄勒冈州立大学新的奥福德港野外研究站建立科学和教育工作的长期合作关系。

与科学家的合作促进了奥福德港渔民与科学家之间的信息共享和理解。渔民对珊瑚礁的了解有助于科学家对研究项目的设计和实施。渔民还可协助收集数据并向科学家提供船只租赁服务。POORT在现在指定的红鲑鱼岩海洋保留区内和附近，有几个正在进行的合作研究项目。其中一个项目涉及标记活鱼渔业中的关键物种，以检查捕获后放生的鱼类的存活率和活动，进而为妊娠雌鱼的放生提供科学支持。POORT、当地渔民以及鱼类和野生动物部也正在合作进行港口抽样项目，以增加近岸物种的生物数据，目标是在更精细的空间尺度上进行种群评估[14]。

改善科学家与社群的关系有助于将研究转化为管理和政策决策。举例而言，根据新的科学信息、合作伙伴关系以及奥福德港捕捞船队的指导，2006年奥福德港市指定了超过1 000平方英里的陆地和海洋栖息地作为奥福德港社群管理区。奥福德港的社群管理区域，明确建立在基于生态系统的管理原则之上：

它是一种综合的管理方法，可以将包括人类的整个生态系统纳入考虑。其由各种知识、信息和人员的整体作用驱动，以求最大限度地减少冲突，对自然区域实现全面管理，从而克服过去的管理问题。其总体目标是支持自然生态系统的健康、恢复和多样性，同时还须考虑到人类对该系统的可持续利用。在大多数情况下，其会使用基于科学的方法在较小且基于地点的范围内对自然资源进行管理[15]。

在管理区域规划早期，POORT寻求非政府组织、基金会和顾问的帮助，以协助其确保该规划流程以合理的技术和充分的科学知识为基础。冲浪者基金会是一个非营利性的基层组织，其"致力于实现对世界海洋、海浪和海滩的保护和享受"[16]，提供了相应的财政和技术支持，以参与对潜在的保护领域的测绘工作。冲浪者基金会进行的外联活动和水质监测工作可帮助奥福德港社群概念化并尊重"陆海联系"，其为一种基于生态系统的管理方法的标志性特点。生态信托是一家拥有地理信息系统和经济分析专业知识的地名非营利组织，其领导的商业和重要生态渔业区域的测绘，帮助确定了能够实现POORT维护生态和经济可持续性目标的海洋研究保护区和管理区的潜在地点。现已解散的太平洋海洋保护委员会也曾与POORT密切合作，起草其管理计划。

奥福德港社群管理区域包含POORT工作的地理范围。正如其所描述的那样，"管理区域是我们的船队的传统渔场，以及汇入其内的高地流域。覆盖区域总面积为1 320平方英里——其中385平方英里为陆地栖息地，935平方英里为海洋栖息地"[17]。渔民最初提出的保护区域比在管理区域最终确定的区域更大，这令测绘项目的协调人感到十分惊讶，这与之前对于渔民行为以及其对于渔业保护倡议的可能反应的常规刻板观念形成了巨大反差。

正如冲浪者基金会的Charlie Plybon回忆的那样，在奥福德港"我们开始需要管理，需要更好的管理，需要可持续性管理"，这是渔民和当地社群已经完全确定的。POORT的包容性组织结构以及奥福德港共同的目的、地点和问题意识，促使渔民识别出海洋和陆地上需要保护且具有生态和经济意义的区域。渔民对陆海交界的关注，给外部协调人留下了深刻的印象。正如Plybon所描述的那样，"我们正在地图上划分管理区域，说'好吧，我们要保护这个区域'。当这些渔民画出这些范围时，这对我来说已经是一个突破。但是当他们把范围扩大到陆地系统上时说'我们也需要保护陆海交界的区域',这让我感到震惊;当时我只觉得,我的天啊!他们竟然也明白要如何做!"

管理区计划确定了 5 项管理原则:"科学应该推动管理;规则必须为社群提供安全的未来;管理决策应反映当地需求;管理决策必须保持经济和生态可持续性;以及认可来源于亲身参与"[18]。虽然明确鼓励社群与州和联邦机构之间进行合作,但其不会影响既定的司法管辖区或官方的权威机构。根据 Plybon 的说法,"其他尝试实施 EBM(基于生态系统的管理)的努力通常带有强烈的限制观念,例如由外部实体设计和实施的海洋保留区"。这导致某些公众认为"你从我这里拿走了一些东西,他们不明白为什么要从他们这里拿走这些东西,或者不理解为什么要用这种方式进行管理"。相比之下,在奥福德港的渔民们一直参与确定管理区域并讨论管理策略,甚至包括指定海洋保留区。

俄勒冈州承认奥福德港的社群管理区域是一个适当的管理策略,并通过其正式的谅解备忘录,帮助 POORT 获得支持持续监控和进行研究的安全资金。

## 圣胡安县以科学为基础的管理

与 POORT 一样,圣胡安 MRC 的首个主要倡议是为建立一个由科学和当地知识提供信息的海洋管理区域奠定基础。在 20 世纪 90 年代,华盛顿西部正在经历经济和房地产繁荣,大多数人认为海洋环境面临的问题正是这种发展的直接或间接结果。MRC 作为县委员会的咨询机构的角色定位,影响着当地的土地使用规划和条例。第一项业务是确定目标区域,并对该地区现状和关注问题进行评估。MRC 确定了一个覆盖全县的海洋管理区,"为了部落和其他历史使用者、现在和未来的居民以及游客,促进对自然海洋环境的保护和保留"。县委员会于 2004 年正式创建了海洋管理区,并"要求 MRC 与科学家和社群领导人共同制订管理计划,以实现能够同时平衡人类使用和享受的健康海洋生态系统"[19]。

圣胡安县海洋管理区计划是与大自然保护协会合作开发的,其采用了一种保护行动计划程序,以满足 MRC 的需求。当时,大自然保护协会使用"五步框架"系统地处理保护规划:①确定需要保护的系统(目标);②确定保护目标的压力;③确定压力的来源;④确定保护优先保护目标的战略;⑤确定评估和修订保护行动的成功措施。海洋管理区计划描述了该流程的初始阶段:

MRC 开始收集现有的海洋资源数据并将这些数据放在地图上,以便更好地了解该县的海洋生物和有助于保护该海洋生物的潜在措施,以及依赖该海洋生物的人类活动。在指定管理区域后的第一年,MRC 编制了海洋资源数据,绘制了地图并制定了全县区域计划的概念。该区域计划提议沿着县城岸线建立特殊用途区域(该处的资源非常丰富)。该提案包括多种用途区域和限制使用区域,还提出了自愿保护措施,如不在鳗草床上下锚。[20]

MRC 还将社会文化价值观纳入规划过程,并有自己的一套目标和战略。圣胡安县 MRC 成员 Jonathan White 对以科学为基础的规划流程的重要性进行了阐释:"MSA 计划为我们在这里需要采取的一些措施提供了科学支撑，这些措施在一些人看来可能是十分严苛的，但对于改变系统的健康状况却十分有必要。我们从一开始就明确的一件事是，由于我们在社群受到阻力，所以就更需要科学为我们正在做的事情提供支持。"鉴于海洋生态系统的复杂性和数据有限的现实情况，在评估指标和压力源的状况时需要对数据进行大量解释。因此，MRC 寻求了独立的科学和技术审查，以验证其海洋生物多样性目标的可行性及其威胁评估结果。

经过多年努力，该项目最终确立了一个全县范围的科学海洋管理计划，该计划确定了联邦、州和县当局现有的自愿和监管保护领域，并提出了额外的保护领域。郡议会于 2007 年通过了该计划。

## 广泛宣传以确保社群的理解和支持

基于社群的倡议必须在多个层面上彰显其科学智慧和可信度。圣胡安县 MRC 和 POORT 都通过广泛的外联和参与来建立其可信度。根源于科学和广泛的社群参与的信誉度，对圣胡安县海洋管理区进程来说是至关重要的，因为其可以依靠志愿活动和服从性来实现其目标。为此，该县提交了管理区域计划和想法草案，以征询公众意见和社群成员的意见。环境管理人员参与了整个流程[21]。圣胡安县 MRC 成员 Jonathan White 对计划所涉及的广泛合作进行了下列描述：

我们有很多机构参与其中。我们每年都召开一次海事经营研讨会，现在每年也会召开。我们邀请负责该领域工作的管理人员参与其中，并特别将重心放在海洋管理区计划上。从最开始的五年，他们就帮助我们做了一些规划，现在他们在帮助我们进行监控并关注相关结果。他们是该地区的老乡、联邦官员、科学家、园林工作人员、当地人，是一个群体，包含各种各样的利益相关方。他们在整个流程都有参与。

POORT 成员和员工同样遵循开放和包容的流程，让社群了解情况并参与其中。奥福德港的雨水条例于 2009 年 11 月通过，并无公众反对，主要得益于 POORT 的广泛外联工作。POORT 进行了超过 170 小时的外联活动。POORT 的外联管理协调员 Brianna Goodwin 与 POORT 董事会主席 Aaron Longton 通力合作，他们与尽可能多的团队进行了交谈。除了一份情况介绍和常见问题解答外，Goodwin 和 Longton 还与扶轮社、流域委员会和商会正式会面，并向社群宣传了他们的资料。Goodwin 评论说：

当进行外联活动时，我们从地表水污染问题开始入手，Aaron 则将话题顺利引入近岸环境如何影响渔业这个问题。我们让 Aaron 以商业渔民的身份来谈论这些影响，他具有较高可信度。他曾切过鱼，在鱼肚子里找到了烟头，甚至在蟹笼中找到过高尔夫球。

他们还一起在当地报纸上撰写文章，举行市政厅会议，并在餐馆、图书馆和五金店分发资料。正如 Goodwin 所强调的那样，"奥福德港的大部分外联活动都是非正式的"。POORT 员工和董事会成员与社群成员进行交谈，并在杂货店、假日烧烤店和当地餐馆回答他们的问题。如此,得以让大家更深入地理解雨水不受管制的影响以及新法令给社群带来的好处。他们的努力赢得了社群对该条例以及其他 POORT 项目的广泛支持。市政管理人员 Mike Murphy 强调了 POORT 为确保社群成员完全理解并支持该提案而广泛开展外联活动的重要性:"如果你没有让人们有机会在公开听证会之前看到(你的建议),那么他们将会感到一头雾水。"

POORT 也谨慎地以对社群成员(而非仅仅是科学家)有意义的方式构建其想法和方法。正如冲浪者基金会的 Charlie Plybon 观察到的那样:

我认为我们所做的最好的事情之一是提出"管理区"的概念,而不是 EBM……我们都知道管理意味着什么——这意味着我们要照顾这个……保护不仅意味着保护环境,还意味着保护自然资源开采的经济稳定性……也保护经济。

# 通过互利伙伴关系打造影响力

与州政府机构和地方政府建立"双赢"伙伴关系,会让这些以社群为基础的倡议获得一定的影响力。他们发现,权威人士所需要的和社群团体所能提供的,二者之间存在着重要的协同作用。在这些努力中,社群团体能够为地方、地区和州当局提供必要的资源、专业知识和支持;没有这些支持,这些机构就无法采取行动。作为交换,社群团体也能够确保实现自己的目标。诸如此类的伙伴关系是以社群为基础的提议实现杠杆作用的关键方式。

## 通过地方倡议推进州级项目:POORT 的海洋保留区

POORT 在建立海洋保留区方面的成功努力提供了一个很好的例证。POORT 有志于利用保留区以推进其管理目标,但却没有得到建立保留区的授权。相反,俄勒冈州希望开始建立一个海洋保留区系统,但却意识到即便他们拥有监管权力,也还是需要社群支持才能取得成功。如果他们能够成功建立海洋保留区系统,那么双方都会受益于彼此的利益和能力。

2005 年,俄勒冈州州长 Ted Kulongoski 启动了一项公共程序,即在俄勒冈州沿海建立海洋保留区网络,并指派其海洋政策咨询委员会进行背景评估。最初本着为建立国家海洋保留区奠定基础的目的,2007 年,州长指示海洋政策咨询委员会探索能否以更加"自下而上"的方法建立海洋保留区,以期能够避免"自上而下"指定海洋保留区这一方法造成必然冲突。于是,鼓励公民和相关各方对潜在的海洋保留区进行提名。随后,咨询委员会在其提交的俄勒冈海洋保留区政策建议报告中,为州长、州政府机构和地方政府汇总了这些建议[22]。

在生态信托的资金和技术援助下，POORT 于 2006 年开始与渔民组建焦点小组，以确定奥福德港社群管理区域内海洋保留区的潜在位置。POORT 提供了奥福德港捕捞船队所使用区域的大型地图，渔民们确定了在经济和生态上具备生产力的渔场。然后，通过地理信息系统绘图软件将这些区域转换为多边形，并结合公开可用的栖息地数据，选择可以最小化经济损害同时最大化生态效益的潜在地点。在整个流程中，根据 Aaron Longton 的说法，POORT 做了"大量的外联活动；我们反复向每一个可能支持我们的团体进行介绍。其中包括花园俱乐部、老年中心、妇女选民联盟、扶轮社、商会等，现在名单还在继续"。这些外联活动对于获得社群支持和尽量减少对海洋保留区提案的反对意见至关重要。

经过大量公众讨论和建议后，POORT 最终选择了红鲑鱼岩作为提议的禁渔研究保护区，并将其纳入已建立的社群管理区域内。在当地一家小型咨询公司戈登海洋咨询公司 Jim Golden 的协助下，POORT 编制并向海洋政策顾问委员会提交了海洋保留区建议书，该公司还曾在管理区域规划过程中与 POORT 合作。正如 POORT 所述，红鲑鱼岩地区：

包含红鲑鱼岩方圆 2.6 平方英里内的区域，距离极低潮线（ELTL）大约 20 英寻。使用 ELTL 而不是极高潮线（EHTL）作为边界，更有利于在岩石潮间带区域继续进行蛤蜊挖掘。除了该保护区外，我们还提出了一个从海洋保留区的西部边界延伸到 3 英里的领海边界的海洋保护区（MPA）。这一点被添加到提案中，用于解决增加生态效益和减少经济影响的问题。在该区域严禁使用任何网具、夹具或延绳钓渔具，但允许继续使用深海钓轮和捕蟹罐捕捉鲑鱼和螃蟹，增强对具有较大族群范围的石斑鱼和其他近岸物种的保护，同时维持其历史经济用途。[23]

在相继提交给海洋政策顾问委员会、州长和州立法机构的 12 项提案中，奥福德港被选为俄勒冈州第一个海洋保留区的两个官方候选区域之一。红鲑鱼岩海洋保留区于 2009 年 7 月正式经法律批准[24]。红鲑鱼岩海洋保留区的提案得到了社群的广泛支持，显然这对上述结果帮助良多。其他海洋保留区提案主要是由州和联邦机构科学家提出的"自上而下"的倡议，很少或没有得到社群支持。据奥福德港市管理员 Mike Murphy 称，其他提案还受到了社群的强烈反对，社群"竭尽全力与他们作斗争"。

## POORT 与当地政府合作推进制定当地条例

POORT 定义的管理区域包括海洋和陆地系统。在意识到来自上游流域的径流正在影响海洋生态系统后，POORT 开始与奥福德港市讨论如何加强其当地的雨水条例。对于减少雨水对海洋生态系统的影响，POORT 十分感兴趣；而对于制定符合州和联邦标准的最新法令，奥福德港市十分感兴趣。然而，奥福德港市既没有资源也没有广泛支持得以推进新法令。正如城市管理员 Mike Murphy 所指出的那样，奥福德港像许多小城镇一样"人手不足，工作过度"。没有管辖权或权力，POORT 无法制定和执行新法令，但其可以帮助城市筹集资金并获得所需的本地支持。POORT 以社群为基础的流程为俄勒冈州指定海洋保留区提供了帮助，POORT 凭借这一优势以相同的方式寻求与奥福德港市形成互利关系。

2008 年 12 月，奥福德港市议会与 POORT 签署了谅解备忘录，建立了正式的合作伙伴关系。在整个海洋保留区指定过程中，奥福德港的一些市议员会曾定期作为观察员参加 POORT 赞助的会议。其他人则在 POORT 的社群咨询团队任职，包括奥福德港市市长、奥福德港计划委员会主席和市议会主席。这一系列现有关系为这种新的正式伙伴关系奠定了基础。

在冲浪者基金会的资金支持下，他们外聘顾问撰写了赠款提案，POORT 和奥福德港市共同申请并获得了俄勒冈州土地保护和发展部提供的技术援助赠款，以起草、推广和通过修订后的雨水条例。新条例采用了美国环境保护局关于雨水体积、流量和污染物数量的最佳管理措施，通过捕获和处理雨水来改善水质[25]。根据新条例规定，大部分雨水将通过雨水花园或生物沼泽地进行处理。最终制定的法令包括新开发项目管理雨水的指导方针和要求，该项工作为 POORT 与奥福德港市之间的未来合作奠定了坚实的基础。根据城市行政管理员 Mike Murphy 的说法，POORT 和奥福德港市在雨水条例方面的合作是"非常积极的案例"，这表明"市政府可以与私人公民团体，以及感兴趣的多元化团体合作"。

## 圣胡安县的管理区：单打独斗的缺点

在正式确定管理区域的问题上，圣胡安县采取了与奥福德港市不同的举措，该县未能与相关机构建立伙伴关系以确保必要的服从性，其经历恰恰说明了如果基于社群的倡议未能获得足够影响力的后果是什么。鉴于圣胡安 MRC 的决策是以共识为基础，所以借助监管的强大助力建立海洋保留区的提议被搁浅，争议较少的方案获得了大多数人的支持。MRC 对与州立机构合作管理当地活动并不感兴趣，而是更愿意建立自愿限制使用区。西北海峡委员会主任 Ginny Broadhurst 这样回忆说，

圣胡安 MRC 真正关心的是石斑鱼种群，他们并不在意之前所说的监管机构，他们会说："我们只会建立自己的底栖鱼类保留区。我们没有任何权力，所以会在自愿的基础上实现这一目标。我们将在地图上圈划范围，要求人们不要在那里捕鱼"。鱼类和野生动物部根本不会发布这些信息。圣胡安 MRC 不得不在每年都会发放到消遣娱乐的渔民手中的 DFW 小册子上购买广告空间。

然而，圣胡安 MRC 特有的独立方法意味着，管理区内的任何潜在用户都需要了解并致力于实现其目标。因此，海洋管理区计划的实施依赖于动员和教育社群成员。其有效性取决于社群成员的共识和遵守情况。正如圣胡安 MRC 成员 Jonathan White 所解释的那样，"这一切都是自愿的……我们的首要战略是通过外联和教育，来培养居民和游客的管理道德……我们在教育和外联方面投入了大量的资金。我们成立了一个不断发展的小组委员会，而且每年都会获得资金……这是我们的首要任务。我们将战略视为最有效的措施并致力于实施该战略"。教育和外联活动包括标牌、研讨会和培训，以及大量印发管理指南、

新闻通讯和地图，以推进计划的实施，向民众解释最佳做法，并明确识别管理区域中的不同使用区域。

不容乐观的是，在遵从性方面尚存在问题。有些人认为，在管理区确定不同的使用区域，实际上可能反而会适得其反。正如 Jonathan White 解释的那样，

我们早在 1996 年建立了自愿的底栖鱼类恢复区，其中约有 8 个在我们县。从那以后我们一直在对其进行监控，然而 13 年后我们发现恢复区并没有起到作用……很可能是由于缺乏服从性……在某些情况下，人们使用分区地图来确定最佳捕鱼区域……我们已经做了很多宣传，现在我们正处于可能需要采取监管措施的阶段。

虽然可能需要加强监管以保护圣胡安渔业，但并非始终需要政府当局确保人们遵守必要限制。实际上，世界各地许多以社群为基础的倡议都有效地建立了访问规则前提下的共享所有权意识，尽管它们往往侧重于由较少参与者联合制定并自我实施规则的某一明确渔场或地区[26]。有时，"自下而上"的倡议比"自上而下"的监管措施更有效，因为前者更有可能吸引利益相关方，并避免反政府的行为反应。有效的基于社群的倡议可以对其所需进行评估，并制定战略和伙伴关系以实现这一目标。

# 小　结

前面的章节描述了不同类型的海洋生态系统管理倡议的独特特征及其面临的挑战。社群倡议独特且具备组织性，来源于当地民众的关切和其摆脱现状的愿望。然而，"当前我们面对的是一个巨大且无法转移的目标"，POORT 的渔民 Aaron Longton 观察到，"你只需要慢慢消磨、消磨直到消除它"。由于协同 EBM 是一个不同于传统管理的重大转变，需要的是持续努力。

以社群为基础的倡议需要谨慎地联合各个社群，这需要付出艰苦的努力，而且往往进展缓慢。正如 Longton 所说，"我们想马上实现。但是当你真的'自下而上'实施时，实际并不会如你所想；你必须一路游说，争取获得支持"。POORT 和圣胡安县的 MRC 的情况都验证了 Longton 的先见之明。这些倡议一方面小心翼翼地发展其合法性和可信度以避免让其他社群成员或政府机构感到威胁性，一方面又促进了重大变革。但是，维持社群的支持可能是一项持续的挑战。

在社群中拥有领头羊作用的个人支持者对于行动进展至关重要，但外部支持也必不可少。参与基于社群的海洋生态系统管理流程的人几乎都有过类似的经历。他们通常需要帮助以进行合理组织，确定有效的关注点，并获得资源和方向。在早期阶段，POORT 得到了大卫与露西·派克德基金会、生态信托、环境保护基金、福特家庭基金会和冲浪者基金会的巨大帮助。在确定方向后，他们最终还可以向州政府寻求帮助。圣胡安县的努力同样充分利用了 Bullitt 基金会、国家鱼类和野生动物基金会、大自然保护协会、西北海峡倡

议、普吉特湾伙伴关系、冲浪者基金会等的资源和支持。

得知其他地方正在尝试类似方法可以给人们以力量。正如 Leesa Cobb 所说,"我们感到非常孤单;我们只是在一个偏远海岸地区的一个小镇上。我们需要知道还有其他人正在做同样的事,并向他们学习有助于我们项目成功的经验"。POORT 属于派克德基金会资助的西海岸生态系统管理网络,为他们提供道德支持、友情帮助和善意建议。POORT 目前属于社群渔业网络,而圣胡安 MRC 与西北海峡倡议组织下的其他 MRC 都有着密切的关系。

与其他各级政府的战略伙伴关系至关重要。这一关系是通过发现社群的抱负和能力与政府机构的资源和权力之间的协同作用而形成的。当这一战略伙伴关系能够为双方都带来利益时,其效力最为强大。然而,识别并验证其间的协同作用通常需要耐心和一定的数据证据。例如,西北海峡委员会如下评论了州立机构在意识到 MRC 不是威胁而是资产之前所产生的逐步演变。随着时间的推移,这种关系改变了他们对彼此的看法,同时促使各方完成了相关的必要工作:

起初我认为州立机构把 MRC 目标看成是对他们的威胁……我认为许多自然资源机构确实已经改变了自己的观点……意识到它确实是资金的来源,且与真正来自普吉特湾北部的居民联系能使他们获得更好的信息。在经济困难时期尤其如此。如果 MRC 可以做很多本来无法获得资助的工作,便足以被视为是大有裨益的。

# 第七章 "砖瓦"：支持和指导海洋生态系统管理的有形元素

前几章，我们阐述了不同形式的海洋保护倡议的变化，接下来的两章则将描述这些倡议的共同属性。我们所研究的倡议以独立的形式出现在世界不同地区；其植根于不同的社会政治背景中，涉及不同的个人和组织。但是，它们均呈现出了几个基本特征，都具有确保其正常运行并发挥作用的组织性要素和高进程质量。

其中一些元素是易于复制的有形元素；而另一些元素则属于蕴含在参与者的动机和特质中的无形元素。这两者对基于生态系统的海洋管理（MEBM）的可持续性和成效至关重要。如前所述，我们将有形结构称为"砖瓦"，将无形元素称为将"砖瓦"固定在一起的"砂浆"。本章描述了支撑 MEBM 的结构元素——"砖瓦"。

## 重建交流平台

沟通至关重要。人与人之间若鲜有交集且又缺乏合作环境，就无法有效地解决共同关心的复杂问题；这时，就需要有一个平台将他们聚集在一起。"间歇性和临时性开展活动这一旧模式……已无法满足不断发展且高度重视其自然环境的地区的需要。"Jamie Alley 谈到在普吉特湾乔治亚盆地国际专项小组成立之前就存在的缺口时说。他继续说道：

> 我们缺少定期联络的机制……因此双方交流很不规律，且互不信任。两国官员不确定他们是否有充分授权来进行信息交流或与'外国'政府进行合作。当官员们一起工作时，他们没有正式的报告机制或方法来解决出现的小问题和争端。最重要的是，他们在考虑问题时，缺少对更广泛的区域背景的理解，也没有任何战略优先事项的意识。[1]

David Keeley 在描述平台缺失（这类平台曾助力缅因湾委员会成立）时使用了同样的措辞："我当时是缅因海岸项目的负责人，曾与其他州的同事广泛合作。虽然双方都有不错的方案，但缺乏谈论州际事务的正式机制。"[2]

令人惊讶的是，众多参与者谈到他们的倡议带来了重要"平台"：它们创造了汇聚人才、开始进行对话的落脚点。正如参与加拿大东苏格兰大陆架综合管理流程的 Glen Herbert 所言："重要的是要建立这些平台和落脚点，让那些平时不交流的人有机会进行沟通。"他的言论在 3 000 英里之外得到了共鸣，西北海峡倡议专员 Terrie Klinger 几乎一字不差地强调说："倡议的一个有力优势是把本来天各一方的人们聚到一起，若没有这个倡议，人们可能永远都不会围坐在一张桌子旁。"同为西北海峡倡议参与者的 Duane Fagergren 也对此表示赞同："这种方式让整个领域的人都参与进来……大家通过这个平台聚在一起，虽然有时会有不同的意见，但都互相尊重彼此完成工作的方式。"

我们研究的每一项倡议都重建了交流平台，关注海洋生态系统的人可以围绕在这个平台进行讨论。提供这个简单但重要的地方是打好基础的第一步，但并不是唯一的一步。他们认识到，一个不合法、没有目的性且缺少结构的平台并不能构成有效的交流机制；在当今这个繁忙的世界中，一个缺少目的性的地方将很快被人们遗忘。

构建 MEBM 倡议的人以迭代的方式不断实践，并"一砖一瓦"地搭建起了一个系统，能够满足几个功能需求。每一项倡议都存在管治基础设施，描述了领导和行政管理角色及其责任。每一项倡议都具有各自的目的和范围，用来确定相对于该区域其他海洋保护活动而言各自的利基。每一项倡议都包含组织元素，以确保工作能够完成，并保证该倡议能够发挥效应。他们的管治系统包括将倡议与外部组织和社群联系起来的机制；并且结合了科学元素，从而确保资源可用。

我们所研究的各项倡议均以审慎的方式管理，没有一个是随意建立起来的。每项倡议，无论其规模或范围如何，在建立聚焦并且支持它工作的治理体系时，都面临以下问题：

- 我们的定位是什么？
- 我们的独有宗旨和工作范围是什么？
- 我们应该如何组织才能产生影响力？
- 谁是团队的决策者？以何种方式作出决策？依据怎样的标准作出决策？
- 谁负责对进程进行管理？
- 我们将如何与对生态系统有管辖权或有兴趣的其他人联系起来？
- 参与者的角色和责任是什么？

# 确立一项倡议的定位：权限、目的和范围

没有一项 MEBM 倡议是从零开始的。所有倡议都是在早已存在的政策、管辖权安排、持续使用和管理活动的背景下形成的。因此，每项倡议都需要在既定的制度背景下仔细确定其利基。他们需要为自己的成员、其他机构和政府明确他们的目的和目标。他们需要明确界定他们渴望实现的目标以及这些目标与该地区海洋保护相关的其他实体的关系。

确立定位的第一步是承认其权限的限制，划分其范围时要与现有管辖范围和权限相辅相成。缅因湾委员会（GOMC）从一开始就明确表示"个别司法管辖区和联邦机构拥有行动权限"。GOMC 的影响力根植于其"道德劝导，同侪压力以及为共同利益而努力"[3]。同样，奥福德港海洋资源团队（POORT）和俄勒冈州建立了正式的谅解备忘录，促成了

双方合作，但明确指出双方合作"既没有改变州的管辖范围，也没有改变管理专属经济区资源的联邦法律制度"[4]。

大多数人希望从生态系统的角度来看待海洋资源管理活动，以加强跨管辖区和跨部门的沟通与协调。一些类似国家海上禁渔区的地方拥有监管海洋使用和相关活动的明确权力。然而，大多数并不拥有强制他人参与或管理他人活动的正式授权。大多数只能以尊重现有当局和管辖权的方式提供互动机会。正如参与苏格兰东部大陆架综合管理流程的 Glen Herbert 解释的那样，"ESSIM 以协调和合作为基础。《海洋法案》中没有任何立法允许我们强迫或胁迫任何人做出任何决定"。

三边瓦登海合作组织的 Herman Verheij 同样强调，"每个国家都有自己的政权"。合作为每个国家提供了专业知识、战略和指导，可结合各自国情并根据适当情况加以运用。共有瓦登海秘书处前处长 Jens Enemark 指出，合作"不应被视为一个法律问题"，而是为保护瓦登海、促进其明智使用，"各国如何共同建立一个框架的问题"。

西北海峡委员会第一任主任 Tom Cowan 强调，西北海峡倡议在更广泛的体制范围内"仅是一个工具"：

整个西北海峡倡议……不过是一个工具而已；它只是试图恢复普吉特湾的一个方面。无论是州、联邦还是县，都必须拥有强有力的监管……而且必须有资金支持；有了钱才能开展这些工作……该倡议为确保公民参与其中发挥了重要作用，而这正是西北海峡倡议的亮点，但毋庸置疑，这并不是全部。这只是其中的一方面，不过尽管其他方面也是重要且必需的，但不是必然适合该倡议。

也许大多数倡议面临的最大困境是确定它们与渔业管理的关系。渔业是一种海洋资源，世界各地都有长期的渔业治理制度。大多数倡议认为，它们的附加值即是发挥桥梁作用并填补空白，而不是挑战现有机构。因此，大多数倡议并未探讨渔业问题。正如 GOMC 议员 Lee Sochasky 所解释的那样，"在一开始，他们几乎不会提到'鱼'这个词。现在我们会提到但我们避免涉及渔业管理的规划。它已由其他人完成——所以理事会把重点放在还没有构建良好结构的领域"。

根据墨西哥湾项目州级政策总监 Phil Bass 的说法，墨西哥湾联盟也得出了类似的评估和结论：

我们很早就决定，将努力建立 5 个问题领域，每个领域都由一个州牵头，所有州都参加。大家讨论了将包括哪些问题。我们讨论时间最长的问题是，是否应该包括渔业和海洋生物资源。我们认为在渔业问题上已经有了合作，而且这些问题时有争议，我们不想被视为试图取代任何现有的实体。

在确定了自己的定位之后，大多数倡议在正式使命和目标陈述中明确阐述了自己的宗旨和范围，表达了自己的总体理念和愿望。这些使命和目标陈述各不相同：有些在语气和语言上非常简单和直接，比如奥福德港海洋资源团队（框 7-1）；其他一些，如海峡群岛国家海上禁渔区，更明确和全面详细地说明了一系列具体目标（框 7-1）。无论是哪种情况，这些使命和目标陈述都提供了一个标准，据此制定倡议战略并评估进展。

---

### 框 7-1　使命和目标陈述案例

**奥福德港海洋资源团队的使命和目标**

奥福德港海洋资源团队致力于通过整合科学、教育、当地专业知识和保护措施来确保奥福德港海洋资源和我们社群的长期可持续性。

我们致力于确保选择性捕鱼的人获得自然资源的机会，同时促进渔业的可持续发展并保护海洋生物多样性。我们运作的三重底线为：保护生态、注重公平、发展经济。

（信息来源：POORT，http：//www.oceanresourceteam.org）

**纳拉干海湾河口项目使命陈述**

通过保护和恢复自然资源、提高水质并促进社群参与的伙伴关系，保护并维护纳拉干海湾及其流域。

（信息来源：NBEP，http：//www.nbep.org/about-theprogram.html）

**海峡群岛国家海上禁渔区目标**

1. 保护自然栖息地、生态服务功能、栖息在海峡群岛国家海上禁渔区内的所有生物群落以及禁渔区的文化和考古资源，以造福子孙后代。

2. 提高公众对海洋环境以及海峡群岛国家海上禁渔区的自然、历史、文化和考古资源的认识、理解和欣赏。

3. 支持、促进和协调海峡群岛国家海上禁渔区资源的科学研究和长期监测。

4. 酌情恢复并加强海峡群岛国家海上禁渔区内的自然栖息地、种群和生态过程。

5. 与现有监管机关互相协作，对海峡群岛国家海上禁渔区以及影响该禁渔区的活动进行综合协调保护和管理。

6. 创建保护和管理国家海上禁渔区的模式和激励措施，包括新管理技术的应用。

7. 在符合资源保护的主要目标的范围内，促进其他未被监管机关禁止的禁渔区资源的公共和私人使用，并在适用和可持续的情况下加强这种使用。

8. 与鼓励保护海洋资源的国内外项目开展合作。

9. 同相应的联邦机构、州和地方政府、美洲土著部落和组织、国际组织以及关心禁渔区持续健康和生态恢复的其他公共及私人利益团体一道，制订并实施保护和管理海峡群岛国家海上禁渔区的协调计划。

[信息来源：美国商务部、国家海洋和大气管理局，《海峡群岛国家海上禁渔区：最终管理计划》（圣巴巴拉市，CA：NOAA，2009），8-9]

---

# 基于海洋生态系统管理倡议的管治基础设施

我们所研究的每项 MEBM 倡议都具有一套精心构建的管治基础设施。随着不同个体之间开展了初步讨论并最终形成了正式的组织承诺，这些设施也得到了不断完善。开始他们都认为，实行新的合作方式可能是解决共同关心问题的上佳途径。随着目标、参与者、角色和责任变得清晰，他们通过反复增加组织数量将这个想法转化为了实际行动。最终，每个人都掌握了一份确定了核心职能和关系的"组织图"。

总体来说，MEBM 倡议的组织结构反映了六项核心职能（表 7-1）：提供领导力并确定政策方向；管理流程；评估问题、提出行动建议并开展项目；同外部机构、组织和社群进行联系；整合科学；产生资源。随着倡议的范围、规模和管辖复杂性的不断增加，包含这些核心职能的组织结构也在不断扩大。

表 7-1　基于海洋生态系统管理倡议的共同核心职能和组织形式

| 核心职能 | 组织形式 |
| --- | --- |
| 提供领导力并确定政策方向 | 董事会<br>非政府委员会 |
| 管理流程 | 执行董事<br>秘书处<br>员工/协调员 |
| 评估问题、提出行动建议并开展项目 | 问题处理团队<br>工作小组和委员会<br>合作伙伴<br>承包商 |
| 同外部机构、组织和社群进行联系 | 常务咨询委员会<br>同级政府<br>各级组织 |
| 整合科学 | 科学和技术委员会<br>科学协调员和翻译人员<br>研究会议及研讨会<br>独立的科学小组和评论 |
| 资源保障 | 会员费用<br>独立基金会<br>战略伙伴关系<br>志愿者项目 |

奥福德港海洋资源团队的组织结构相对较小（见第六章），其以简单的方式对这些功能元素进行了说明（图7-1）。董事会——渔民委员会，为这项倡议提供了政策指导和领导力。董事会每月召开一次，成员为5名商业渔民。该进程由一名执行主任负责管理，一名行政助理、几名项目协调员以及定期实习生和志愿者予以支持。此外，一个由10名成员组成的社群咨询小组是POORT和更广泛社群之间的纽带。它还就问题和机会向董事会提供建议。顾问和非政府组织为项目的实施提供科学知识和帮助。

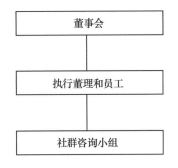

图 7-1　奥福德港海洋资源团队组织结构

（改编自奥福德港海洋资源团队，http：//www.oceanresourceteam.org/about/）

相比之下，横跨多州和多省的缅因湾海洋环境委员会（GOMC，见第二章，如图7-2所示）具有更加复杂的组织结构，而得以跨越两个国家，实现高层决策者的参与和多个机构间的协调，并解决更多不同的问题。虽然同样具备核心政策、行政和工作小组三个要素，但每一个要素都经过了扩展和调整，以适应其更广泛的管理范围和跨国界的独特地理位置。

## 提供领导力并确定政策方向

决策者负责领导每一项倡议，并确定政策方向，包括POORT的渔民委员会或圣胡安倡议的郡议会、墨西哥湾联盟的五州州长。联盟管理团队是五位州长了解工作进展并向其提供高级指导的媒介。每位州长都任命了两名工作人员（一名常务代表和一名候补代表）代表其参加联盟管理团队会议。州长代表是主要环境机构的负责人，如佛罗里达州环境保护部部长、得克萨斯州环境质量委员会委员和密西西比州海洋资源部主任。

纳拉干海湾河口项目成立了一个管理委员会，以提供领导力并确定政策方向。马萨诸塞州和罗得岛州的主要环境和自然资源管理机构以及来自当地环境组织、学术机构和其他利益相关方团体的个人都参加了该委员会。管理委员会每季度召开一次会议，以"确定项目优先事项，并批准确定来年项目推进和资金使用的年度计划"。纳拉干海湾河口项目执行委员会由管理委员会成员组成，并被授权代表河口项目行事。阿尔伯马尔-帕姆利科国家河口伙伴关系成立了一个政策委员会，其职能类似于纳拉干海湾河口项目的管理委员会。

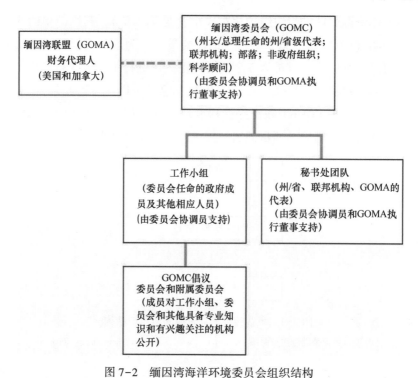

图 7-2 缅因湾海洋环境委员会组织结构

(改编自缅因湾委员会，http：//www. gulfofmaine. org/2/wp-content/uploads/

2015/12/GOMC-Reference-Guide-December-2015. pdf)

## 管理流程：执行董事、秘书处和协调员

任何一个倡议，无论其规模和范围如何，都需要协调员或引导人。需要有人负责监督流程，管理其日常运作并确保其能够取得进展。执行董事、秘书处、工作人员和协调员都服务于这一核心职能。

大多数倡议都有一个负责执行的人员，该人员明确负责协调倡议的活动。一般该人员即为带头人，是监督该倡议各个方面的人。POORT 的执行董事 Leesa Cobb 所履行的就是这一职能。每个国家的河口项目都有一名项目总监，如纳拉干海湾河口项目的 Tom Borden 和阿尔伯马尔–帕姆利科国家河口伙伴关系的 Bill Crowell。

墨西哥湾联盟设有一名执行董事，负责监督联盟工作的各个方面。该职位于 2010 年设立，当时联盟创建了总部办公室，以"保持组织的平稳运行，并维持作为 501（c）（3）存续的条件"[5]。这一新组织结构的本意是在机构成员有时间自愿参与不同联盟小组时，减少联盟应对薄弱环节的脆弱性，无论其原因是合同预算、政治优先事项的变化，还是诸如深水地平线油井溢油等事件的意外需求。所有团队都会继续按时召开会议，但是他们的一些协调职能和日常工作是由专职人员来完成的。Phil Bass 解释了他对这一发展模式的支持：

> 领导力是始终促使我不断向前的动力……联盟管理小组的主席为联盟工作付出了大量时间。我们根本不能指望他或其他人能够一直这样做下去。我们需要一位执行董事来减轻处理日常工作的压力，可以通过帮助联盟管理团队主席准备会议和电话会议来达到这个目标。

考虑到类似的组织管理问题，GOMC 成立了一个秘书处，由各州和省轮流领导和管理流程，每两年轮换一次。秘书处负责召开理事会和工作组会议，并制定所有会议议程和材料。它就 GOMC 管理、项目、政策和财务问题提供建议。秘书处的结构确保各州和各省能够分担这一进程的行政责任。

GOMC 还雇用了一名协调员来管理 GOMC 进程的日常后勤工作。Michelle Tremblay 担任 GOMC 协调员多年，并简要描述了她的这一职位：

> 我的工作主要是围绕内部政策和管理；我的具体工作是负责组织的日常运作。还有一名行政助理提供基本的服务，如会议记录和一般行政事务。但是，就协调理事会的所有内部活动、准备会议及电话会议的议程、协调委员会的活动、奖励计划以及组织对外的一般联系而言，主要还是我负责。
>
> 当我们整理行动计划时，我负责梳理海湾计划或已起草流域计划间的关联，寻找其中的组织、研究、计划与我们自己的计划相交叉的汇合点，通过这种方式，帮助理事会为当前的行动计划设定优先事项。

事实证明，GOMC 协调员对在秘书处每两年一次的过渡期间保持组织的连续性至关重要。

墨西哥湾联盟在其组织结构内成立了一个正式的联盟协调小组。这个团队在它的优先问题团队成员和联盟决策者之间发挥了沟通桥梁的作用。联盟协调小组包括 4 名指定协调员，他们的工作是出席联盟管理小组和优先问题小组会议，以确保所有小组随时了解其他小组的问题、所关心的事项和活动。

## 落实工作：评估问题、提出行动建议并开展项目

落实倡议工作的机构有：负责小型社群倡议的员工和特设工作组、正式工作组、问题处理团队、负责更广泛倡议的委员会。第三章中提到，处理 6 个优先问题的团队是墨西哥湾联盟的日常工作的主力。每个处理团队负责解决一个优先问题，每个团队的工作由相应的墨西哥湾国家对其负责，一名或多名州级官员协助团队开展工作；这些官员通常在州级环境、海岸或者渔业和野生动物机构担任高级项目管理者。同样地，缅因湾委员会工作组协助政策委员会开发和实施五年行动计划。该工作组包括州级和省级政府的代表以及美国和加拿大联邦机构代表，由委员会和附属委员会（GOMC 倡议）负责解决特殊问题（见图 7-2）。

同样地，每个国家海洋保护区的咨询委员会都会设立一个工作组，以解决最适合由小型工作组处理的特定问题和主题。例如，海峡群岛国家海上禁渔区咨询委员会得到了许多工作组的支持，其中包括研究活动小组、保护工作小组、保护区的教育团队、商业渔业工作组、休闲渔业工作组、丘马什社群工作组。每个工作组的领导是保护区咨询委员会的成员，但是其成员由委员会内部成员及其他个人组成[6]。工作组的领导主要负责招收非委员会成员，这类成员掌握能够解决特殊问题的专业知识，从而能够为工作小组出谋划策。这样，常务咨询委员会就扩展成一个庞大的网络系统，委员会成员涵盖了理解支持保护区工作，并为之作出贡献的个人和组织。

倡议聘用了一些承包商，让其负责项目的落实工作。由于其资金的波动性和跨国背景，缅因湾理事会只有在资金充足且需要的时候才雇佣承包商。

MEBM 倡议落实工作的另一种机制是与机构、非政府组织、大学以及企业开展合作。圣胡安县海洋管理区主要是通过与自然保护协会合作，实施和整改他们的保护行动计划流程以达到海洋资源委员会的要求。POORT 寻求非政府组织、基金会和外部顾问的帮助，来支持他们开展科学项目和规划工作。从长远意义上来说，合作关系对于其管理区的发展和 POORT 的工作是至关重要的。波特兰生态信托公司对具有重要商业和生态价值的捕鱼区进行了测绘，从而帮助确定海洋保护区选划和可持续发展区的潜在地点，以实现POORT 维护生态和经济可持续发展的目标。由冲浪者基金会进行的外联和水质监测工作帮助奥福德港社群了解并尊重"陆海统筹"这一概念，这是一个基于生态系统管理的标志。

阿尔伯马尔-帕姆利科国家河口合作关系同样参与了许多科学合作。工作人员负责对合作关系进行监督，例如在 FerryMon，当地大学和政府组织利用州级轮渡运输系统来监测水质[7]。他们的水下水生植被合作关系涉及多个部门：北卡罗来纳州环境和自然资源部、运输部、野生动物资源委员会、各高校、北卡罗来纳州海岸联合会、自然保护区以及一系列联邦机构[8]。

## 同外部机构、组织和社群进行联系

为了获取专业的知识、建议、资源和支持，MEBM 倡议需要与外部那些在多数情况下对海洋生态系统有管辖权的机构、组织、社群、企业建立联系。如案例中所述，倡议和外部组织之间实现了重要的协同作用，能够以各方受益的方式联合各部门和不同层级的活动。

我们研究的所有 MEBM 倡议都有与外部工作组建立联系的组织结构。这些机制采取常务咨询委员会和社群委员会的形式，使倡议与外部社群和组织之间能够持续对话。他们有时也采取同级组织的形式，这种形式结构鲜明，能够有效地同倡议进行对接。通过构建这些正式的结构，这些倡议将其自身融入更广泛的体制背景中。

### 常务咨询委员会

在许多的 MEBM 管理结构中都具有一个共同的元素，即常务咨询委员会，这种委员会使得倡议能够与利益相关方、社群代表、非政府组织和其他政府机构代表持续对话。例如，如第四章所述，正式建立的禁渔区咨询委员会，为关心国家海上禁渔区的公民、利益相关方和政府机构之间分享信息和促进对话提供了常规机制。享有表决权的咨询委员会成员包括非政府机构代表，例如资源保育、渔业和旅游业、航运以及当地社群。无表决权的成员包括国家海洋和大气管理局的禁渔区监察员和多数对禁渔区有监督权力的联邦政府和州级机构的代表。在第六章中提到，POORT 有一个与之功能相同的社群咨询委员会。

常务咨询委员会很少作为 MEBM 过程中的次要附属机构发挥作用，它一般对于提供信息和完善主动性决策起到了不可或缺的作用。佛罗里达群岛国家海上禁渔区的代理负责人 Sean Morton 在禁渔区咨询委员会的初期发展阶段之前就采取了新的行动。他指出："在启动任何流程前，我们都会留出近一年的时间与咨询委员会进行商讨，更何况是关于完成我们新行动的计划。"

三边瓦登海合作组织的参与者也认识到有必要建立一个正式机制，将利益相关方的观点和知识纳入他们的审议工作。他们设立了一个瓦登海论坛，最初仅有 41 名成员，但后来发展到了 300 多名成员。同禁渔区咨询委员会一样，瓦登海论坛的参与者代表了地方和区域的政府、自然保护机构、农业、能源、渔业、旅游业、工业以及海港的利益。论坛包含几个解决诸如渔业、航运、旅游业以及能源相关方面问题的工作组。工作组通过瓦登海论坛全体会议为相关问题提出建议，随后正式提交给三边合作。

### 同级组织结构

联邦专责小组是墨西哥湾联盟管理中的一个独特组成部分。虽然该联盟为多州倡议，拥有州级领导力和州级目标，但各联邦机构仍然愿意在确保国家利益的前提下对其提供帮助。此举可能会为其他区域的海洋合作树立榜样，参与的联邦机构召集独立的联邦工作组，齐心协力为联盟服务。它虽然不是联盟管理结构中正式的一部分，但其代表均积极加入联盟的问题处理团队。

同样地，西北海峡委员会每年召开一次海洋管理者研讨会，为对话和协调提供了一个跨管辖区论坛。对于定期召集这些海洋管理者，向他们逐步传达地域观念和更广阔的生态系统观念的意义，委员 Duane Fagergren 表达了自己的看法：

我认为 Ginny（Broadhurst）召开的第一届海洋管理者研讨会对我们产生了积极的影响。它将联邦机构、州立机构、地方政府以及资助机构，也就是现任的资源管理者们汇集一堂……她提出了一个问题："我们应如何利用海洋管理区的综合或自主监管来实现互惠互利？"这让那些过往不习惯于一起工作的管理者们以更全面的方式思考。

## 整合科学

我们研究的所有 MEBM 倡议均涉及大量的科学的复杂性和不确定性。每个人都认为有必要在最佳现有科学的基础上做出可信的、能够及时让大家了解的以及应用性强的决策。每一项倡议都以不同的方式将科学融合到其管理结构中去，包括创建科学技术顾问委员会、雇用科学协调员和翻译人员、纳入独立审查程序、为科研人员在工作组和顾问机构提供一席之地、赞助调研会和工作组以及建立科学的数据系统和决策辅助工具。

### 常务科学技术委员会和工作组

科学技术委员会是多数 MEBM 倡议的管理结构中的正式组成部分。这些委员会有三大重要目标。第一，确保在倡议的商议过程中将科学置于核心位置。第二，为不同地区和领域的科学家们提供一个协商、分享信息和协调数据的平台。第三，为科研人员和管理人员提供对话机会，以确定研究方向并更好地进行管理。

西北海峡倡议科学小组对提案进行审查、为西北海峡委员会生态系统基金的使用提供建议，并确保与普吉特湾其他科学团队的协调。它包含了涉及不同领域的 6 个问题——三文鱼、废水、工程、GIS、河口系统和气候变化。其职能是：

- 就与西北海峡倡议的目标和宗旨相关的科学问题向专员们提供咨询建议；
- 协助指导科学技术委员会提案的审议工作；
- 与其他区域倡议和项目中类似的科学顾问机构就共同感兴趣的问题进行沟通。

2014 年，纳拉干海湾河口项目管理委员会正式成立了一个科学顾问委员会，由 16~21 名成员组成，成员包括"致力于广泛研究的科研人员、工程师、环境管理人员和其他从业人员，他们所涉及的专业包括物理、化学、地质、生物、社会和经济科学"[9]。委员会的设立决议明确界定了委员会的宗旨和作用，即"以科学的方法对纳拉干海湾地区及其流域进行有效管理"（框 7-2）。

---

**框 7-2　纳拉干海湾河口项目中科学顾问委员会的角色和责任**

科学顾问委员会应：

a. 为纳拉干海湾河口项目及其合作伙伴提供一个研究、讨论、交流科学发现和技术信息的平台，以便促进以科学的方法对纳拉干海湾区域及其流域进行有效管理。

b. 就现有和新兴的科学问题开展交流并进行整合。

c. 支持建立整合流域物理、化学、生物、地质、生态、经济和政策方面的概念框架。

d. 提供一个将科学与管理决策相结合的机制，并增加河口项目的科学投入。

---

## 框 7-2 续

e. 为研究、监测和评估优先事项提出建议。

f. 确定这些优先事项获取资金的机会。

g. 对河口规划年度工作计划的内容提出建议，并确定其优先顺序。

h. 为同行对河口项目的科技产品进行评审做保障工作。

i. 根据需要协助制定提案请求。

j. 协助生成选定的报告，协助举办科学会议及科学论文集的形成或出版。

[信息来源：纳拉干海湾河口项目，"决议 2014-01，科学顾问委员会的设立"（2014 年 6 月 18 日），http：//nbep. org/pdfs/Resolution% 202014-01% 20Science% 20Advisory%20Committee. pdf. ]

科学委员会和工作组旨在为某项倡议提供科学建议、就紧迫问题开展研究（或监督研究）和/或指导评估和监测。例如，墨西哥湾联盟的生态系统整合和评估小组负责为倡议开发一个"自然资源数据门户和信息系统"。它有 3 个长期目标：开发包含环境和经济数据的区域数据系统；建立战略伙伴关系，以填补环境和生态数据的空白；提供生态系统决策辅助工具，以解决海湾地区的首要问题。[10]

同样地，三边监测和评估项目以及三边监测和评估小组是三边瓦登海合作组织的两个核心组成部分。他们负责协调统一这 3 个国家对瓦登海生态系统进行的数据收集和评估。Folkert de Jong 阐述了三边合作成立之前存在的情况：

很明显，这三个国家正在开展大量的研究项目，但其间隔时间相对较长，各不相同。三边监测和评估项目为此做出了努力，基本上成功地协调了所有事项。这样大家就能全面了解正在发生的事情，而不是对其仅有片面的了解。

三边监测和评估小组定期召开会议，监测并评估瓦登海生态系统的状况。他们的调查结果每三年汇编成《质量状况报告》，为政府会议提供信息。报告数据存储在公共数据库中，由三边合作进行管理。一旦发现问题，三边监测和评估小组就能够设立特设专家工作组来评估问题。

### 科学协调员和翻译人员

相关科学并不总是能够轻而易举地为管理者所用。因此，一些大型 MEBM 倡议雇用了负责协调科学的工作人员，并将现有科学翻译成易于理解的语言和形式供管理者使用。例如，GOMC 成立了一个缅因湾科学翻译项目，以确保科学的有效传播。GOMC 的承包商 Peter Taylor 担任该倡议的科学翻译人员，他说：

在与管理者和科研人员的交谈中发现，尽管对于缅因湾的海洋栖息地已有相当多的了解，但管理者却不一定了解这些。我们意识到，我们能做的就是以对管理者有用的和易于获取的方式翻译现有的海洋栖息地信息。

Taylor 强调说，他的作用"不是就管理问题给出建议，而是向决策人员提供信息"。

科学协调员还帮助倡议制定和实施研究战略。纳拉干海湾河口项目的首席科学家 Chris Deacutis 将其工作看成是"为科学筹集资金"。他花了大量时间撰写拨款提案，为管理委员会或纳拉干海湾监测工作的其他合作伙伴确定的项目争取联邦资金。

### 独立的科学小组和审查

相信科学，这是必不可少的一环，因此某些倡议依靠正式的科学小组和科学审查程序来独立评估和整合科学，并确定需要注意的问题或流程。例如，第二章提到的美国/加拿大环境合作委员会成立了一个由公认的专家组成的独立海洋科学小组。该小组向环境合作委员会提出了 12 项建议，环境合作委员会随后成立了普吉特湾格鲁吉亚盆地国际专项小组，将这些建议落实为实际行动。当专项小组开始工作的时候，海洋科学小组对于关键问题的整合为其指明了工作重点，并帮助他们摆脱长期的紧张局势。环境合作委员会华盛顿协调员 Tom Laurie 这样形容它：

科学小组能及时发现并指出共享水域中的共有水质问题不是维多利亚州的污水造成的，而是由于有毒物质、盆地间的水转移、潮下土地的消失、海岸线的转换而造成的。一旦科学小组确定了问题的症结所在，就会很清楚要解决的首要问题是什么。

对评估和研究进行独立科学审查有助于提高可信度并树立对倡议战略的信心。纳拉干海湾河口项目从 1985 年到 1991 年资助了 110 多个与科学和政策相关的研究项目。他们的目的是鼓励科研人员进一步了解海湾及其流域的环境问题和发展趋势。每一项研究都经过广泛的同行审查，调查人员需要提交所有原始数据，以便永久保存在纳拉干海湾数据系统中。同样地，圣胡安海洋资源管理委员会要求对其生物多样性稳定性和风险评估进行独立的科学和技术审查。

### 科学的数据系统和决策辅助工具

在倡议实行的众多区域，长期以来一直在进行大量的研究和监测。然而，这种研究和监测很少以协调一致的方式进行。数据总是分散在不同的区域，组织形式不同，收集数据的目的也不相同。多数倡议需要整合协调现存数据，并找出主要差距。因此，它们的首要任务就是创建一个共同的数据系统，该系统能够汇集现有的科学知识并协调持续进行的监测；这个系统为倡议及其成员组织建立了一个共享信息资源。

如第三章所述，墨西哥湾联盟的首个州长行动计划的主要战略之一是制定一个"准确而全面的墨西哥湾沿岸栖息地清单"。这个工作需要汇总原本分散的、难以兼容的数据，并规范未来的数据收集工作。参与者的目的是减少重复工作、提高效率并降低由此产生的额外成本，提高国家海洋和大气管理局所需数据的质量，从而建立有效的海湾沿海海洋观测系统。

缅因湾委员会采取了与此相同的一系列行动。参与者意识到他们需要一张有助于他们进行规划和决策的缅因湾地图，但当时并没有这样的一张地图。因此，他们实施了缅因湾测绘行动计划，进行全面的海底成像、测绘、生物和地质调查。委员会还帮助建立了缅因湾海洋监测系统，该系统提供了商业海员、海岸资源管理人员、科研人员、教育工作者、搜救队和公共卫生官员所使用的公开海洋数据。缅因湾海洋监测系统会同缅因湾委员会开发了一个网络系统，该系统能够共享、整合和使用沿海栖息地的监测数据。

## 资源保障

MEBM 工作的开展需要资源，这一点是毫无疑问的。倡议的实施受其资源限制。虽然某些倡议具有专项资金，但多数属于巧合，还需要想尽一切办法寻求资金和资源。某些倡议在组织结构中嵌入了产生资源的机制。例如，缅因湾委员会有会员费。倡议整合了同级独立基金会、战略伙伴和志愿者项目，以利用现有的资金、信息和人脉资源促进他们的工作。

### 针对特定倡议的基金会

以获取和管理资金、支持倡议工作为明确目的，某些倡议建立或利用了同级独立基金会。例如，西北海峡基金会是一个非营利组织，其与西北海峡倡议合作，为其科学、恢复和教育项目筹集额外资金。该基金会独立于该倡议而存在，有其自己的研发总监，但与该倡议又是互补的。建立该基金会是使该倡议不受联邦资金消长影响的一种方式，也是在不减少对个别海洋资源委员会活动（此类活动由联邦和州基金支持）支持的情况下开展区域项目的一种方式。大部分基金会资金用于支持区域、生态系统项目，其中 10% 用于海洋资源委员会的项目。

同样的，如第二章所述，缅因湾委员会成立了配套的财务管理协会：缅因湾委员会加拿大代表协会和缅因湾协会。他们在各自的国家都曾参与慈善项目或参加非营利组织，并且可以获得拨款和捐款，用于缅因湾委员会确定的优先项目。缅因湾协会负责委员会的日常合同和财政业务；其董事会成员包括加拿大代表。加拿大代表协会负责管理有关加拿大资金的合同，并有权将资金转交给缅因湾协会。

### 战略伙伴关系

战略伙伴关系是大多数倡议中不可或缺的一部分。这种战略伙伴关系以直接和间接的方式提供了有助于达成倡议目标所需的资源。墨西哥湾联盟"深深依赖于非政府合作伙伴关系，如学术组织、非营利组织和企业"。他们对此进行了这样的描述：

无论是新的试点项目，还是进行全面工作，这些合作伙伴提供了实施实地项目所需的人才和资源。这些合作伙伴已将其目标调整为与联盟的目标相一致，以便创造切实的成果，从而获得与更大规模合作（如墨西哥湾联盟）相关的改革潜力。[12]

值得注意的是，墨西哥湾联盟分别让该地区的每个联盟成员机构参与协调一个联盟优先问题小组：佛罗里达环保部协调数据和监测团队；路易斯安那州海岸保护和恢复管理局协调栖息地资源团队；哈特研究所协调野生动物和渔业团队；密西西比州环境质量部协调水资源团队；密西西比州海洋资源部协调海岸恢复团队；多芬岛海洋实验室协调教育和参与团队。每个"赞助组织"都提供"资金援助，以帮助其优先团队达成目标"[13]。

### 志愿者项目

志愿者是大多数倡议的核心部分，是完成各种活动的主要力量。例如，缅因湾委员会的生态系统指标伙伴关系提供了一个反映缅因湾整体健康状况的区域尺度指标和报告系统。代表缅因湾地区利益和组织的100多名志愿者协助生态系统指标合作伙伴选择和汇编有关生态系统健康具体指标的信息。

发起西北海峡倡议的海洋资源委员会完全由志愿者组成，是该倡议的执行机构。当地民选官员委任郡志愿者委员会来做以下事情：

应对当地对海洋环境的威胁，协助现有当局开展工作。每一个海洋资源委员会（MRC）都有其需要执行的保护行动，这些行动反映了本区域的优先事项，还会促进实现更广泛的海洋保护目标。MRC开展的项目包括恢复近岸、潮间带和河口栖息地，测绘鳗草床，为当地社群提供外联和教育，恢复原生贝类种群，建造雨水花园等等。[14]

# 角色和责任的设定

虽然一个组织的基础设施为互动提供了平台，但是角色和责任的设定决定了互动的方式，并且对管理同样重要。大多数倡议都有明确的书面指示，便于参与人员的理解并定位自己的角色。这类工具包括正式的宪法和章程、政府间合作和/或共同管理协议、谅解备忘录以及明确的协议和决策标准。这些书面文件作为指导工具，引导参与者团结协作，避免发生错误。

## 宪法和章程

某些倡议通过正式的宪法或章程来明确地描述和约束他们的工作。例如，2012年8月，墨西哥湾联盟通过了一份长达16页的宪法，详细阐述了相关各方的目的、结构、成员以及角色和责任。宪法序言如下：

墨西哥湾各州，如下文第二条所作的进一步解释，建立墨西哥湾联盟宪法的目的是通过协调一致的合作，包括研究、规划、管理、信息和资源共享、公共教育和通信支持，促进对墨西哥湾自然资源的保护、恢复、巩固、理解、认识和明智使用。

本宪法的以下条款将按照结构和功能来阐述、定义和描绘本组织。[15]

正式的章程详细规定了管理国家海上禁渔区咨询委员会的角色、目标和决策协议（第四章描述）。对咨询委员会的新成员进行培训，使其熟悉章程的规定并履行向国家海上禁渔区监察员提供建议的职责（框7-3）。经过一番激烈的讨论后，海峡群岛国家海上禁渔区咨询委员会用一套详细的决策和操作规程对其章程进行了补充[16]。这些规程澄清了其决策过程中被证明特别具有挑战性或模棱两可的8个具体方面及协商一致的方法；《罗伯特规则》的作用；如何处理少数人对禁渔区咨询委员会建议的意见；以及候补成员的作用。

---

**框7-3 海峡群岛国家海上禁渔区咨询委员会章程中角色部分的内容**

角色

1. 委员会应根据《国家海上禁渔区法》，就海峡群岛国家海上禁渔区的管理向禁渔区负责人提供咨询意见。

2. 该委员会仅作为禁渔区监察员的咨询机构。本章程中任何内容均不构成执行运营或管理职能的权力，也不构成代表禁渔区、NOAA或商务部做出决定的权力。

3. 委员会应利用其成员和从其他渠道获取的专业知识向禁渔区监察员提供咨询意见。

4. 委员会可作为其成员之间进行协商和审议的论坛，也可作为向禁渔区监察员提供咨询意见的渠道。这些意见应公平地代表委员会成员的集体和个人意见。

5. 委员会成员应充当其成员和/或社群与禁渔区之间的联络人，随时向禁渔区工作人员通报问题和关注事项，并代表禁渔区向各个群体提供信息。

6. 委员会应与禁渔区监察员协商并经其批准，制订年度工作计划，为委员会打算处理的具体问题和项目制定议程。

[信息来源：海峡群岛国家海上禁渔区《咨询委员会章程》（2014年7月21日），3，http：//channelislands. noaa. gov/sac/pdfs/sac_charter_072114. pdf]

---

## 政府间合作协议

跨越多个司法管辖区的大规模倡议通常需要一份授权协议来制约和指导这一过程。例如，马萨诸塞州、新罕布什尔州、缅因州、新不伦瑞克省和新斯科舍省的州长和长官在正式成立缅因湾海洋环境委员会时，签署了《缅因湾接壤各州、各省政府保护缅因湾海洋环境的协议》。这份高级别的政府间协议并不长，但解释了他们合作工作的内容、范围和目标，以及指导缅因湾委员会活动的广泛原则（框7-4）。

该协议承认"缅因湾的自然资源是相互关联的，是整体生态系统的一部分，该生态系统不受政治边界约束"。它还确立了保护和养护墨西哥湾资源的共同责任，以及规划和管理人类活动的必要性。重要的是，它阐述了，"保护、养护和管理该地区资源的最有效手段是通过合作追求一致的政策、倡议和项目"[17]。此外，这项协议确定了两项具体任务——制订行动计划并开展联合监测，为这一进程提供了直接的重点并创造了势头。

---

**框7-4　缅因湾接壤各州、各省政府保护缅因湾海洋环境的协议**

各方同意成立缅因湾海洋环境委员会，讨论共同关心的环境问题并采取行动，包括但不限于：

- 缅因湾生态系统内生态平衡的保护和养护；
- 海洋废物和医疗废物问题；
- 土地利用与海洋环境的关系；
- 缅因湾资源的可持续利用；
- 更好地保护和养护海湾自然资源的合作项目。

缅因湾海洋环境委员会将由缅因湾各州和各省的3名代表组成，由各自的州长和长官在本协议生效后60天内任命。

缅因湾海洋环境委员会将在任命后15个月内编写第一份关于环境趋势和状况的年度报告，包括有关缅因湾行动计划的具体建议。

各方同意尽量减少可能导致环境质量下降或资源枯竭的活动，这些活动可单独或累积地对资源造成重大不利影响，从而影响可持续利用或导致环境功能丧失。

各方同意设计并开发一个合作监测计划，为未来有关海湾的决策提供更好的信息。

各方已达成一致意见：要成功地保护海湾资源，需要就可能不时提出的具体问题或所关心的问题制定附加协议或议定书。

（信息来源：缅因湾委员会，http：//www. gulfofmaine. org/2/wp-content/uploads/2014/09/GOMC-Agreement-1989. pdf）

---

## 共同管理协议

当某项倡议试图管理跨越两个以上管辖区的生态系统时，共同管理协议起到了明确分工和责任的作用。例如，在佛罗里达群岛，签署了一项创新的共同管理协议，以在一些复杂的机构管辖区中起到带头作用，否则将会使管理受挫。65%的佛罗里达群岛国家海上禁渔区位于佛罗里达州水域内,因此需要与该州开展诸多配合。此外,海洋保护区的规模要求依托各级政府资源。发展州-联邦伙伴关系也是不可缺少的一部分,以减轻禁渔区反对者的政治担忧,比如担心失去对佛罗里达群岛资源的控制。

《1997年合作管理共同受托人协议》(简称《共同受托人协议》)对国家海洋和大气管理局和佛罗里达环保部之间的正式伙伴关系进行约定。该协议的目的是:

明确佛罗里达群岛国家海上禁渔区共同受托人管理的相对管辖权、权限和条件。它明确了佛罗里达州对淹水地和禁渔区内其他州属资源的持续管辖权。它还规定了NOAA和佛罗里达州将如何在诸如监管修正案、许可证的特殊事项和其他事项上进行合作。[18]

《共同受托人协议》规定,未经佛罗里达州审查或批准,国家海上禁渔区的负责人和国家海洋和大气管理局不得单方面修改管理计划或变更禁渔区条例。佛罗里达州州长有权发起对管理计划的修改,并可以反对和废除部分计划。该协议规定管理计划在州和联邦水域均适用。它规定了关于渔业、水下文化资源和禁渔区边界内执法的一致合作条例。

这份合作管理协议引用了几份同级协议,这些协议确立了处理文化资源、渔业管理、执法、民事索赔和应急反应等问题的程序和机制。此外,协议指出协议中没有任何内容"意图与当前的州或联邦法律、政策、法规或指令相冲突"。换句话说,该协议规定了州和联邦实体履行各自义务和政策的条款和程序。

## 谅解备忘录

某些协议记录于谅解备忘录(MOU)中,这些谅解备忘录在两个或多个实体之间建立合作关系,并确定他们打算参与的具体活动。各MOU因发起人及目的的不同而有很大差异。有些是象征性的,仅代表愿意一起合作的意图。其他则是规定性的,对各自的职责进行了详细的说明。MOU确定了签署双方的共同目标和利益,并描述了为推进这些共同利益而将采取的活动。奥福德港的市局管理员Mike Murphy强调了他们与奥福德港海洋资源团队(POORT)的谅解备忘录的重要性,并对正在进行的其他倡议给予鼓励:

起草一份谅解备忘录,非常仔细地列出双方的所有职责。人员换了,问题变了,拨款机构也和以往不同了——你们将要处理多个资金流、与多个合作伙伴一起工作,稍有不慎,则满盘皆输。所以,在开始的时候,要非常仔细地进行梳理。我们已经做到了未雨绸缪。若再来一次,我们可能会更具有针对性。

对于POORT等基于社群的倡议,各MOU为其提供了机遇,使其得以与某一机构的关系正式化,该机构有权实施超出社群团体范围的行动。如第六章所述,POORT与俄勒冈州鱼类和野生动物部签署了一份备忘录,概述了他们的合作科学理念及管理活动条款。详细的谅解备忘录具有3个核心要素:它限定了POORT与鱼类和野生动物部合作的目的;明确了两个实体在开展合作渔业试点项目中的作用和责任(框7-5);阐明了如何在保密的前提下管理从联合研究活动中获得的数据。

# 框 7-5　奥福德港海洋资源团队与俄勒冈州鱼类和 野生动物部之间签署的谅解备忘录

A 节．渔业合作研究、监测和管理

　　通过试点项目方法，POORT 和该部将在管理区海洋区域的渔业研究、监测和管理方面进行合作。POORT 和该部开展的试点项目活动将根据奥福德港管理区域计划的使命、愿景和目标开展，与该部的近岸战略建议相一致。

　　双方将：

　　1. 确定一个试点项目领域，包括相关资源以及与联邦政府共同管理的物种。

　　2. 确定支持资源管理目标所需的合作研究和监测项目并确定其优先次序，包括可能受到当地条件、利益和鱼类状况影响的鱼类管理方面。合作可能包括共享项目设计和执行所需的专业知识、共享资金，以及收集、处理和分析数据的人员和设备。

　　3. 确定环境、社会和经济数据所需的研究和监测，以支持与试点项目相关的资源管理，并为当地有关方的参与提供机会。

　　4. 确定可能用于解决问题的资源管理工具和方法。

　　5. 就实施试点项目的行动给出建议。

　　6. POORT 和该部应建立一套数据质量保证的性能标准，包括对抽样设计的统计充分性进行审查，建立在数据收集过程中尽量减少误差的程序，数据输入和处理的验证程序，以及数据分析和项目结论的相应审查。

　　7. 确定实施项目所需的资金和资金来源。

　　8. 对试点项目进行年度审查，包括研究内容、监测、渔业准入、合作项目、关键渔业问题和渔业管理事项，然后根据需要制定适当的条款供鱼类和野生动物委员会审议。

　　9. 在其他机构（包括但不限于太平洋渔业管理委员会）的任何行动和建议中，以本备忘录内容为准，但该部有责任与其他利益相关方开展合作并协调配合其工作。

　　如果该部提出要求，POORT 通过以下活动协助该部：主办公共程序和/或提供白皮书事项分析以供部门工作人员评估，评估方式类似于太平洋渔业管理委员会科学和统计委员会审查底层鱼类种群评估小组和底栖鱼类管理小组所提供信息的方式。

　　（信息来源：奥福德港海洋资源团队与俄勒冈州鱼类和野生动物部于 2008 年 9 月 7 日签署的备忘录，个人副本，原件存于 POORT）

## 指导原则和规程

许多 MEBM 倡议均构建了一套原则，旨在约束和指导互动过程，并提供具体的决策标准。在某些情况下，指导原则非常简单。例如，POORT 采用了两项总体运作原则，将基于生态系统的管理和基于社群的渔业管理概念纳入其工作中（框 7-6）。

相比而言，一些倡议制定了更全面的原则，并明确区分了他们相互作用的过程和他们寻求的结果的性质。例如，太平洋北部海岸综合管理区倡议通过了一套包括可持续发展、综合管理和预防方法的最终原则；他们还详细阐述了一套全面的进程原则（框 7-7），为实现高效、透明和适应性强，尊重、包容和寻求共识理念的过程树立了希望。这个团体的原则经常被世界各地的其他海洋保护倡议所引用。

---

### 框 7-6 奥福德港海洋资源团队的指导原则

1. 基于生态系统的管理是一种综合管理方法，它考虑了包括人类在内的整个生态系统。它是由各类知识、信息和人员的整体作用推动的，旨在最大限度地减少冲突，全面管理沿海地区，以克服过去的管理问题。

2. 基于社群的渔业管理是一种制度，在这种制度中，当地渔民和渔业社群参与进来并肩负管理其当地区域的责任。这包括参与管理各个方面的决策过程，如捕捞、获取、合规、研究和营销。

（信息来源：POORT，http：//www. oceanresourceteam. org/about/operating-princi-ples/）

---

### 框 7-7 太平洋北部海岸综合管理区倡议的进程原则

可持续发展：考虑环境、社会和文化价值，既满足当代人的需求，又不损害后代人满足其需求的发展。

综合管理：汇集各方力量，规划并管理河口、沿海和海洋水域的活动，同时考虑到不同生物、社会和经济目标，以寻求平衡。

预防措施：谨慎行事。

包容性：各利益相关方的利益将被纳入 PNCIMA 倡议，并以有意义的方式参与其中，在所有建议或决定中将对各利益相关方的利益一视同仁。

权力机构：每一方均赋予 PNCIMA 倡议权力和授权，并将尊重这些权力和授权，从中共同受益。

原住民：联邦和省级政府与原住民间的关系为信托关系。PNCIMA 倡议反映了联邦政府和原住民政府之间的关系，这种关系不同于政府和利益相关方之间的关系。

---

---

**框 7-7 续**

共识：规划 PNCIMA 过程的人员将寻求通过共识提出建议。

高效：及时解决问题。

透明度：公开提出建议，并与所有参与者共享信息和结果。

适应性：该进程允许并支持发生变化，并通过适应性管理进行监测和评估，以支持共享学习和该适应性。

以知识为依据：以现有的最佳信息为依据来提出建议，包括基于科学和传统生态/地方生态知识、信息和数据。

（信息来源：PNCIMA，http：//www.pncima.org/site/what.html）

---

## 决策标准

西北海峡委员会关于支持海洋资源委员会项目所做的决定是以明确的"绩效基准"为依据的，该基准强调落实行动并鼓励取得显著结果（框 7-8）。正如前委员会主任 Tom Cowan 解释的那样，"需要有一个明确的总体目标。用一系列基准指导和帮助评估，非常重要"。在没有额外监管机构，而是依靠现有机构来执行建议的情况下，这些基准应能够切实可行。每个海洋资源委员会都在此基准框架内设计自己的项目。海洋资源委员会所提议的项目必须满足至少一个基准，这样才能够获得资金支持。

国家海洋保护区咨询委员会有一份长达 66 页的详尽《实施手册》，该手册提供了全面的政策和程序指导，包括决策协议和标准[19]。同样，纳拉干海湾河口项目综合养护和管理计划列出了指导其决策过程的十二项"实施准则"（框 7-9）。

---

**框 7-8　西北海峡倡议的绩效基准**

1. 广泛参与。多郡广泛参与了各个海洋资源委员会（MRC）。

2. 海洋保护区网络。打造以科学为基础的区域海洋保护区（MPA）系统。

3. 保护近岸栖息地。西北海峡生态生产力高的近岸、潮间带和河口栖息地获得净收益，现有的高价值栖息地没有发生显著破坏；改进州、部落和地方测绘、评估和保护近岸栖息地的方法，防止高地活动所带来的危害。

4. 贝类产区关闭数量减少。因污染而关闭的贝类产区的面积净减。

5. 底层鱼类恢复。支持底层鱼类（如石斑鱼）恢复的因素显著增加（包括达到亲鱼大小和年龄的鱼类、平均大小的鱼类，丰富的物种，以及足够多的优质受保护栖息地）。

---

**框 7-8 续**

6. 增加海洋指示物种。其他主要海洋指示物种的增加（包括 1997 年西部普吉特湾海洋资源报告中确定的物种）。

7. 协调统一的科学数据。协调统一的科学数据（例如，通过普吉特湾环境监测方案），包括科学基线、通用协议、统一 GIS，以及共享生态系统评估和研究。

8. 外联和教育。与普吉特湾行动团队和其他实体进行协调，开展有效的外联和教育工作，统计接触人数并评估其行为变化。

（信息来源：西北海峡海洋保护倡议，《五年评估报告》（2004 年 4 月 6 日），http：//www. nwstraits. org/media/1257/nwsc-2004-evaluationrpt. pdf）

**框 7-9 纳拉干海湾河口项目的实施准则**

1. 更好地整合水管理规划，包括雨水、废水处理、供水和化粪池系统，以实现高效和多重效益。

2. 建立各州间和区域间的机制，促进以流域的方法解决生态系统问题。

3. 确定具体的可衡量的环境目标，以解决优先事项，并跟踪这些事项的进展。

4. 开展广泛合作，确定海湾和流域优先科学问题、需求和解决方案，并投资有利于自然资源有效管理的科学研究。

5. 评估并提高两州现有的管理行动和机构协调机制的效率和效力；将资源分配给已得到证实的最佳实践活动。

6. 增加对环境保护和恢复的投资，以促进生态系统健康、区域繁荣并提高生活质量。

7. 充分利用资源来收集、分析和管理数据，以互联、协调和高效的方式监控流域。

8. 使用区域协作方法确定海湾和流域优先科学问题、需求和解决方案。

9. 在两州间应用基于流域的管理原则，以应对发展和气候变化的累积影响。

10. 与相关人员和决策者进行沟通，加强管理，并落实解决流域问题的行动。

11. 培养市政当局实施优先行动的能力。

12. 建立、支持和协调政府和非政府组织之间的伙伴关系，以实施优先行动。

（信息来源：NBEP，《2012 工作计划，落实 CCMP》，8，http：//www. nbep. org/workplans/NBEP-2012-2013Workplan. pdf）

# 小　结

MEBM 倡议只有构建了一个包含核心要素（"砖瓦"）的流程，才能够专注成熟地进行运作，该要素需要能够解决组织问题：我们的定位和目的是什么？谁做出决定并制定政策？我们想要达到的目标、所扮演的角色以及所肩负的责任是什么？如何通知和实施决策？谁负责对流程进行管理，如何管理？

正如我们在开始时所指出的那样，实施 MEBM 不存在放之四海而皆准的方式，本书中所研究的每个案例都是以其规模、范围和背景为基础履行其组织职责。通过量身定制的组织结构，跨界财务管理等特有难题得以解决。各种顾问委员会和工作组确保了与外部组织、利益相关方和社群成员的沟通和协调。特定的组织机制成功地将科学融入决策过程中。

在与案例参与人员沟通的过程中，我们常常听到 MEBM 倡议的工作量很庞大：它们需要大量时间和资源，同时，之于人们工作生活的其他方面，MEBM 总是作为"背景"存在。因此，参与者们认识到，如果他们要参与这项工作，就必须持以严谨的态度，以确保能够取得进展。使用本章中所述的"砖瓦"搭建的进程创造了一个坚实的结构，在这个结构中可以进行有组织的活动。下一章我们则会探讨：开展工作的方式，以及是否取得进展，还取决于将"砖瓦"凝聚在一起的"砂浆"。

# 第八章 "砂浆"：推动和维持基于生态系统的海洋管理的无形因素

当开始研究基于生态系统的海洋管理（MEBM）计划时，我们很清楚应当去考察它们的结构、法律授权、信息来源和资金。毕竟，我们的目的是找到可以让那些尝试推进MEBM的人也能够采纳的特性。虽然我们尽量在与参与者对话时探讨这些话题，他们却总是在强调各自经历中难以触摸的其他方面。我们才开始意识到，第七章中描述的"砖瓦"所代表的结构和特征只是其中的一部分。而在那些结构里所发生的一切，完全取决于相关的参与人士。将这些进程结合在一起的"砂浆"是以下变量的函数：相关个体的参与动机，他们之间的关系，他们提供的个人技能以及他们对这个进程的投入与贡献。

举例而言，在回顾对圣胡安倡议有重大影响的因素时，圣胡安县议会议员和倡议参与者 Lovell Pratt 表达了和许多受访者相同的观点：

如果没有像 Amy Windrope 这样高效率的协调人，这个倡议是没法实现的。如果没有社群领导者愿意参与这一进程，这个倡议也没法实现。如果没有了基层的参与，这个倡议就更没法实现。而且，我认为如果没有了来自州立和联邦机构的合作伙伴，这个倡议是绝不可能实现的。这些都是非常重要的。在这些不同层面上实现自主合作和协调——那实在是太重要了。[1]

同样的，Larry McKinney 根据他在墨西哥湾联盟（GOMA）的经验，指出了进程的结构与其团队中逐渐出现的个人行为之间的协同作用：

你需要一个框架来逐渐建立信任、创建基础，然后会达到一个临界点，这时人们会开始思考："好吧，也许我们可以一起合作"，然后他们开始思考怎样合作，而并非不得已而为之。在 GOMA，我们在实施第二个行动计划时就达到了这样的临界点……我们在亚拉巴马州召开的最后一次全体会议上，召集了所有人准备启动这个计划，会议室里有 50 个人，每当我们说，"我们这么做怎么样"，就会有人站起来说，"我可以帮忙"。我这一生都从未见过这么多来自各个机构的志愿者说，"我们可以提供帮助"。

以上进程通常被描述为次要责任或附带职责，并不属于参与者的核心职责，但其参与度之高令人瞩目。阿尔伯马尔-帕姆利科国家河口合作组织（APNEP）科学和技术顾问委员会的联合主席 Wilson Laney 对这一挑战的重要性如是评论："如果你把这种工作作为附带职责让专业人士去做，那就会出问题。每年举行四次会议，要做会议准备，并参与议题文件的编写和对指标和监测提案草案进行的审查等等。如果这种工作还只是附带职责，那就过于苛求了。"所以这个现实引出了一个问题，那就是为什么参与者会这样做，而且还充满了热情并积极投入？这些进程为什么能让他们克服这些艰巨的挑战？

在第七章中所描述的"砖瓦"元素为 MEBM 活动提供了实施的基础。然而，这些结构和法律义务并不足以激发和维持计划产生影响所需的互动。还需要有"砂浆"。在我们的案例研究中，地域感和共同目标激发了参与行为。根植于个人和职业关系中的耐心、礼仪和合作精神为建设性的参与奠定了基础。这些倡议的构建方式让人们觉得这些计划是具备吸引力和价值的，而且其管理方式激发了人们的主人翁意识。最重要的是，个人和政治行动者的认同和领导使得这些进程在艰难时期得以推进并持续下去。这些看似无形的因素共同组成了将进程结合起来的"砂浆"，如此即使在面临重大挑战时也能推动其发展。

# 参与者：他们的动机和关系

虽然 MEBM 倡议采用了组织结构、法律、计划和机构项目等可见的形式，但从根本上说它们是由个人组成的，而人们通常做的都是自己认为有必要做的事情。他们的行为方式反映了他们的兴趣、性格和关系。鉴于我们调查的大部分计划多少都是有成效的，那么为什么个体会展现出那些有建设性的协作行为呢？

## 友好的、适应性强的"好相处的人"

在任何进展顺利的小组进程中，一个标准评价就是"关键是参与其中的人"。"对于你的进程最关键的因素是什么？"，我们在回答这个问题时听到一次又一次评论——"这取决于性格，"佛罗里达州墨西哥湾联盟水质优先问题小组负责人 Ellen McCarron 评论道，"你需要那种'好相处的人'。各州选择的人大多都是好相处的人：他们容易相处、能干、积极、讨人喜欢。这样的州代表是非常棒的。我们的工作人员，我们正在建立的文化，以及个人关系，这些都是有时被低估的无形资产。"

这些喜欢与他人合作，具有适应性和灵活性，愿意为任何任务提供帮助的人所做出的重大贡献是无可否认的。他们的人际交往能力有助于建立信任及推动合作。Richard Ribb 主任将纳拉干海湾河口项目取得的进展归功于该项目的工作人员："一部分原因是那些被这项工作所吸引的人。他们就像'瑞士军刀'一样，可以协调会议，撰写技术报告，筹划外联活动等等……这样的高素质人员是非常敬业的。"基于生态系统的海洋管理是一项艰苦的工作，往往要在很长一段时间内举行许多会议。只有友好、适应能力强、技术熟练的人才能推动事务正常运转。

## 耐心、礼仪和尊重

科学的复杂性和不确定性、高风险和管辖权重叠都是导致海洋资源管理存在长期冲突的因素。事实上，机构管理人员、科学家、渔民、环保主义者和其他人之间的冲突是一种常态，他们互相之间严重缺乏信任。MEBM 进程必须在这种复杂局面下艰难推进。就算是'好相处的人'也需要在这种紧张的进程里寻找自己的方向。基于生态系统的海洋管理需要人们能够建设性地合作，愿意倾听他人并尝试理解相互冲突的观点。

虽然在自然资源管理中往往避免不了产生冲突，但在我们调查的 MEBM 倡议中居然通常会展现出截然相反的情况。那些参与的人处事有耐心，礼待并尊重他人，他们的行为使得对话双方产生信任，从而能够进行更有成效的交流。耐心、礼仪和尊重这些属性，在当今世界中并不常见，但对于持续的海洋生态系统管理却是至关重要的。体现这些属性的部分原因是来自"性格"，但更重要的原因是参与者们具备需要达成共同合作的意识。西北海峡委员会成员 Duane Fagergren 在谈到这一点时说："我们各自在西北海峡委员会之外都有着不同的身份，但是在这里我们都抛开各自的身份，以平等的身份一起讨论问题。没人说过'我比你更重要'之类的话。哪怕是稍稍暗示这种意思，这种人可能就会被剔出团队。"

毫无疑问，解决旧的紧张关系和分歧需要一定的时间，而且双方必须有解决的意愿才行。那些参与者在开始互动时表现得相当谦逊，随着时间的推移，就促成了更开放、包容和尊重的交流。正如斯科舍大陆架东部综合管理行动计划的 Bruce Smith 所说："渔民和环保主义者必须学会相互交流，而且建立关系得慢慢来"。同样地，来自非政府组织"海洋危机"的 Herman Verheij 评论了参与者在瓦登海进程中认同彼此观点的重要性："（那些观点）是正当权益。就算我们不喜欢，它们也是正当的。我的经验是，当你与这些人交流的时候，先建立这样的共识：'没错，我明白你有正当利益，你也应该明白我有我的利益，也许这样的话我们就可以互相理解'，如此就有了成功合作的基础。"丹麦农民 Kristen Fromjeser 对此表示赞同："我们讨论彼此的观点，双方互相尊重。虽然没有在所有问题上达成一致，但我们找到了一种相互沟通的方式。"

耐心是许多受访者强调的重点。他们都认为，在不同的人、社群和组织之间建立相互理解、融洽、全新的关系需要时间。奥福德港海洋资源团队的 Leesa Cobb 强调了在社群层面不断"沟通交流"的重要性，要确保"你没有甩下社群。回顾过去，我们才意识到'哇，我们超前太多了'，所以回顾过去并沟通交流是很重要的。这必须是一个社群导向，主动投入以获得成功的项目，我们也希望它由社群来导向——所以必须注意不能推进得太快。变化的产生是非常缓慢的，因此你必须不断地进行回顾，保持沟通交流"。

进展缓慢可能会令人气馁。奥福德港市行政官 Mike Murphy 鼓励团队在前进的过程中保持现实："先计算需要的时间，然后乘二。再仔细地估算，把估算时间加倍，接着以最快的速度完成工作。这样的话也许你才会有足够的时间。真的，因为与人接触需要做很多工作。如果这些人最初持反对意见，那么改变他们的想法就需要更长的时间。"正如佛罗里达群岛国家海上禁渔项目主管 Sean Morton 所解释的那样，"你需要与人们进行很多很多的交流，但这就是它的运作方式……通过研究、监测以及外联活动，证明这一系列项目正在发挥作用并且给所有使用者带来了益处，这样可以减少争议，稳定情绪。如此这般，在接下来开展工作的时候，就会获得更多的信任"。

即使参与者存在明显的意见分歧，耐心、礼仪和尊重也会促成建设性的沟通。许多成功的 MEBM 倡议都形成了一种鼓励倾听和学习的文化，得以理解并利用各种可行的方法解决手头问题。参与者们认为，作为个人是做不到全知全能的，而集思广益让他们学到了很多。

许多人都觉得这种耐心的、尊重的交流方式相当有效。正如消极行为会破坏对话一样，积极行为也具有感染力，而这正是许多受访者的切身体会。海峡群岛保护区顾问委员会成员 Dick McKenna 评论说："人与人之间是相互影响，相互促进的。""人人都是这样。不是只有一两个人在推动项目进程，每个人都做出了贡献。"

当然，这些进程所处的环境并不具备对等的耐心、礼貌和尊重，因而参与者认识到他们需要帮助他人理解耐心的重要性。APNEP 主任 Bill Crowell 指出："建立合作关系需要时间"。APNEP 科学家 Dean Carpenter 同样敦促其他刚刚开始参与 MEBM 进程的人，要"理解高层管理人员，不可能很快就看到成果。因为奠定成功的基础需要很多投入。所以，有些事你必须顶住政治压力去做，并保持耐心"。

## 个人和职业关系

在这些计划中观察到的共事精神通常植根于个人和职业关系。正如 APNEP 的一位与会者所说，"朋友之间才有生意做"[2]。个人和职业关系通常在倡议的早期阶段会有所帮助，同事或朋友之间可以进行交流，这会减少一些踏入新领域时的忧惧。有时这些关系是预先存在的。最常见的情况是，当人们开始为了同一目标一起工作时就形成了这种关系。

许多与会者都赞同这种观点。来自马萨诸塞州的非政府组织（NGO）代表 Priscilla Brooks 是这样描述缅因湾委员会（GOMC）成员情况的："这个团队里充满了共事精神。他们都是从事这一行业很长时间的人，相互之间了解，喜欢一起工作。"GOMC 委员会成员 Lee Sochasky 指出了人与人之间的"舒适度"的重要性：

舒适度大多与一起共事的人有关。其中一项重大成功是在个人和机构层面建立专业合作关系，这样即使各自的顶头上司——联邦政府或州政府，会制定不同的优先事项，他们也可以安心地一起工作。他们是为了实现共同的目标而努力。因此，成事的关键是在个人和机构层面培养这种舒适度和建立合作关系。

个人和职业关系在实现海洋生态系统管理过程中发挥的核心作用不容忽视。这些关系不能通过规定来产生或者由外部施加。它们只能在合适的机会下由自愿的合作伙伴来培养。虽然有些人用类似"砖瓦"的术语描述"网络"（即组织结构之间的物理联系），但根据我们在与 MEBM 参与者的对话中所了解到的概念，感觉其更像是"砂浆"。GOMC 委员 Sochasky 的解释如下：

没有交流，没有这些个人关系、职业关系，政府就会继续待在自己的孤岛里，只在自己的管辖范围内进行管理，而这些辖区通常不属于生态系统范围……政治制度和立法机构只会专注于自己的管辖范围。只有建立了沟通，你才能在他人的系统中工作，才能参与进来，并且让各方都同意对他们标准的运营方式做出一点改变，以改善整个生态系统。

强有力的人际关系在基于社群的进程中，尤其是倡议筹备的早期阶段发挥了核心作用，这也不足为奇。如果没有了专职的当地工作人员和领导者，奥福德港海洋研究小组是不大可能成立的。冲浪者基金会的 Charlie Plybon 认为 Leesa Cobb 的社群基础是团队成功的关键因素：

你需要具备社群经验的人，他们会逐渐地建立联系或发展关系。我说的不是在那里待了几年就走的人。而是生活在那里的人，他们了解社群和需求，受到社群的信任，并且有相应的知识和不知疲倦的动力，会努力坚持下去。Leesa Cobb 就是这样的人……单单是一个人在那里还不够，如果她所有的伙伴关系、资金和支持都来自一个不在场或不为人所知的实体，那么这个社群可能会对其失去信任。

圣胡安县的情况也是一样，当地的港口专员和县委委员讨论了成立一个由多元化公民组成的委员会的想法，该委员会的使命是解决当地的海洋保护问题。作为县委委员，他们认识许多反对国家海洋保护区提案但仍然关注圣胡安县海洋环境的人。Jim Slocomb 描述了海洋资源委员会（MRC）的成立："这是一个有趣且相当高效的团队。它的优势在于委员会中几乎每个人都认识公职人员。世界真是太小了……这是一种非常亲密的关系。"

我们对观察到个人关系在社群层面的重要性并不感到意外，令我们惊讶的是在更大规模甚至是跨国级别的倡议中也同样重视这种关系。当我们问及"多年来，没有监管，也没有多少专项资金，是什么让人们坚持参与到缅因湾进程当中？"David Keeley 笑着回答："我首先要谈的就是，个人关系非常重要。"

他继续说道："我参与了缅因州沿海项目的运作。因此，我认识了全国 35 个沿海州的同事。我们成了朋友，一年见三四次面，经常打电话，来往电子邮件、交换材料和想法，而且直到今天，我在全国各地都有同事认识我的家人。我们晚上会出去喝酒；我们一起参加会议。真正把我们联系在一起的是那些私人关系。"

三千英里之外，John Dohrmann 在回顾普吉特湾乔治亚盆地国际工作队时也提出了同样的观点："有意思的是，这最终还是要归结于人以及你建立的关系，尽管有这么多现代科技，你可以通过电子邮件就把所有事都做了，但是从某种角度来说，聚在一起开个会，喝喝咖啡休息一下……过去我们经常有精彩讨论。"

## 地域感和使命感

虽然这些进程能让人们参与进来并通过他们的关系来支持 MEBM 进程，但是为什么这

127

些人能够如此投入呢？是什么促使他们以这些建设性的方式来做事呢？我们在与参与者的对话中听到了两个核心动机：对这个地区的共同关注，以及解决该地区问题的共同目标意识。

## 地域感和共同认同感

无论资源所处的生态系统规模或是国家背景如何，参与者们总是对他们所管理的资源感到自豪。GOMC 委员 Priscilla Brooks 认为"委员会成员对缅因湾的热情"是其核心支撑力量。她评论道："所有的机构，非政府组织，商业组织都对这种资源充满热情，并且理解这种资源在全球范围内有多么重要，多么宏伟。"这种统一的地域感有助于建立参与者之间的共同认同感，这种认同感为参与者们提供了一个聚焦点并巩固了他们的联系。

2014 年 5 月，在墨西哥湾联盟十周年庆祝活动上，密西西比-亚拉巴马州海援联盟主任 LaDon Swann 致辞时，表达了这种对共同地域感的热情："墨西哥湾在文化、精神和经济上联系着我们。因为它，我们才有了今天。10 年前，我们中的一些人可能已经彼此认识，但通过像 GOMA 这样的网络，我们有幸建立并培养了持久的职业和个人关系。愿我们的欢乐与海湾一样深远，我们的不幸与泡沫一样易于飘散！"[3]

三边瓦登海合作组织的参与者在大西洋的另一边也发表了类似的评论。丹麦户外委员会的 Henning Enemark 描述了参与者之间的紧密联系和共同认同感："如果跟公务员打交道，你就会发现他们对三边合作组织有很强的归属感。所以，我认为当他们与德国和荷兰的同事交换意见时，也会影响那些地区的管理方式。当这些公务员团队成立之后，他们会感到有归属感。如果他们想在某一个国家实现远大的目标，我认为这也会对其他国家产生影响。"

## 共同的使命感和责任感

强烈的共同目标意识和保护这个地方的集体责任感加强了对这个地区的共同热情。正如西北海峡委员会主任 Ginny Broadhurst 解释的那样："委员会和 MRC 中有一句座右铭，就是'放手去干'，不要干坐在那里等机构的回应，说不定你会等上一辈子。"Mel Cote 描述了缅因湾委员会里类似的动力："主要是因为个人和组织认为这是正确的做法。"Bill Ruckelshaus 强调了圣胡安倡议的动机，这是一个在华盛顿以社群为基础的合作契约："普吉特湾给我们所有人带来了便利。我们齐心协力保护这些便利，才能让它们长久地持续下去"。[4]

不同利益相关方设定的共同目标远比上级强加的目标更有激励性。海峡群岛国家公园的负责人 Russell Galipeau 对合作行为的价值表示认可："成为合作伙伴有很多好处。如果大家能就正确的路线达成一致，那要比一家叫嚣着'我们有权力所以我们就这么干'的机构蛮横专权强得多。"

三边瓦登海合作组织激发了三个参与国之间的共同使命感，把瓦登海作为一个生态系统去理解、管理和评估。正如瓦登海共同秘书处副秘书长 Folkert de Jong 解释的那样：

我认为最重要的是这种处理生态系统的总体方针。这也使得这三个国家的保护政策能够相互协调。我们在若干方面都取得了成功：我们对该系统进行了联合评估，制订了联合监测计划，实现了共同的保护目的。我认为国家管理层与三边合作之间交流反馈是非常积极的。尽管这三个国家的方针各有不同，但确实能看到它们越来越相互靠拢。

不同的群体虽然是同一个计划的成员，但并不意味着他们之间没有冲突。然而，对共同目标的认同有助于参与者们解决他们之间的分歧。正如海峡群岛禁渔区咨询委员会成员和前主席 Dianne Black 解释的那样："说到底，每个人都是抱有同样的目的来到这里，这是因为他们真正关心社群，真正关心海洋资源。但我认为如何表现要取决于人们在社群中的身份。比如渔业代表的观点就没法和保育代表一样。"

# 有价值的高效进程

令人沮丧的组织过程不胜枚举。广受欢迎、长期流传的动画片《呆伯特（Dilbert）》证明了这一点。人们厌恶没有目的、管理不善、几乎没有积极效果的会议。他们不会再出席或关注这些会议。已分配任务的后续工作滞后，决策的执行也成问题。那么为什么本书所述的 MEBM 进程能够避开这些极其普遍的障碍呢？

第七章里描述了组成 MEBM 倡议的治理结构和相关的"砖瓦"。然而，这些结构中发生的事情是进程的几个无形特性的函数。所有这些倡议都有一个连接机构和团体的组织结构。然而，光有这种结构是不够的。重要的是这个结构运作得如何。进程中会发生什么？它是怎样被看待的？它鼓励什么？它是如何管理的？它的重点和动力是什么？

我们研究的进程展示了 4 个基本特征，它们将这些进程与其他结构相似但未能持久的倡议区分开来，并有助于解释这些进程的有效性。第一，这些进程是能够产生影响的，它们对参与者来说是有吸引力的和价值的，因此才产生了充满热情和持续的参与。第二，这些进程使参与者产生了一种对资源、进程以及由进程推动的活动和项目的所有权意识。第三，高效的进程会让直接参与的人和进程之外的人觉得可信。这种可信性源于它的透明度和包容性，以及以公平的方式处理相关各方的利益和关切。第四，有效管理这些进程，它们也会继续受到重视并取得进展。

## 有吸引力且有价值

人们更愿意参与对其有价值并且他们认为值得参与的进程。这种动力在我们研究的

129

MEBM 计划中非常明显。例如，参与 GOMC 的人一再地强调了参与的重要价值。正如 Michelle Tremblay 所说，"他们让它变得有价值了，以至于参与者无法想象没有委员会的生活。我这并不是老生常谈，因为这就是事实"。采访其他参与者时，他们的观点和她一样。David Keeley 强调了 GOMC 非常务实的起源："当我们创立它（GOMC）时，我们把它看作是实现目标的一种方式。" Lee Sochasky 委员表示同意："它不是迫于危机才发起的，而是为了在未来更好地管理。"马萨诸塞州的非政府组织代表 Priscilla Brooks 也提出了同样的观点："支撑计划的因素嘛，说起来也很简单：都是对管理非常有用的事物。比如说有信息共享，你可以和你的同事保持联系，还有海湾监测项目正在生成大量数据。他们支撑了缅因湾测绘计划和数据网络，这些都为管理提供了实用工具。"

在我们调查的案例中，使进程具有吸引力和价值的因素各不相同。对一些人来说，原因很简单，就是这项倡议使他们能够更有效地工作。而对于其他人来说，则是因为存在一个明显的问题，需要他们的参与。这种以更加综合和全面的方式来思考和处理问题的机会，具有很强的吸引力。还有一些人，参与进程证明了他们的影响：他们的工作能得到他人的认可和重视，而且这种影响更为广泛。

这些倡议为参与者获得新知识和新想法提供了独特的机会。正如 Mel Cote 所说："很大程度上来说这只是一个单纯的学习、交流和分享信息的机会，这样我们都可以更好地完成各自的工作。还有一部分影响是源于对他人方法经验的借鉴。新罕布什尔州沿海项目管理者 Ted Diers 评论了 GOMC 对他行动能力的价值：

我通常把它当作一个汲取经验的地方，在那里我可以了解其他管辖区发生的有趣的事情。例如，如果我们考虑开展一个水淹地租赁项目，那么我们就应该去看看缅因州的项目，了解一下他们的经验，这很简单，因为现在我认识那些人了，我经常和他们坐下来一起交流。所以，我很快就能找到合适的人。它既能为我们指明未来的方向，也能给我们想做的其他事情提供依据和支持。我们做一些特别的事情也不会让人感到怪异，因为其他州也在做同样的事情。

GOMC 委员 Lee Sochasky 还指出，这种互动可以对个人产生变革性的影响，并对他们个人有所回报，这也是他们能够忍受没完没了的会议的原因："那真是令人大开眼界。你能够看到不同的视角。这在所有机构层面都很有用。许多省级机构从州立对口机构那里学到了很多东西，因为州政府更加重视资源管理，而且还有为水质和其他问题提供的联邦资金。加拿大方面就没有类似这样的系统，他们从中学到了很多可以采取的措施"。

禁渔区咨询委员会（SAC）成员的参与对保护区管理产生了重要影响，这也鼓舞和激励了这些成员。此外，SAC 的信誉度也得到了提高，因为在进程之外的人能看到该组织的建议是受到保护区管理者的重视的。佛罗里达群岛禁渔区咨询委员会主席 Bruce Popham 解释说："这是顾问委员会的亮点之一。我们有一群来自各个团体的非常聪明的人，他们积极融入社群，朝着我们所指的工作方向，积极向员工提建议。这是一种很强力的因素。据我所知，到目前为止 SAC 的大多数建议都被管理人员采纳了。这是非常了不起的。这就是

SAC 委员受到激励的原因。"这种交互度让人们觉得值得参与，并向其他人证明这一进程是真正的合作，而不是被当作机构既定决策的橡皮图章。

显而易见的成果使人们意识到倡议成功的可能性是可以慢慢积累起来的。纳拉干海湾河口项目（NBEP）前主任 Richard Ribb 指出："这有助于让人们参与进来，一旦他们开始看到在这些合作关系中工作的好处，就会认为该倡议更重要了。"

第六章中描述的基于社群的团体能够向地方、区域和州当局提供必要的资源、专业知识和支持，没有了这些，就无法有所行动。这些互利的合作关系使得需要公共支持的政府项目得以实施，地方条例得以颁布，试点项目得以测试。这样的合作关系对于基于社群的计划不可或缺，否则这些计划就会缺乏资源，难以产生影响。

结果可见性也有助于激励志愿者，培养他们继续参与的热情。志愿者需要看到自己的劳动成果，才能感觉到自己正在发挥作用。包括 GOMC 在内的几个倡议通过颁奖仪式和时事通讯简介的形式来肯定和奖励参与者的贡献，甚至还会以杰出人物来命名项目或者奖项。

对自己的成就的自豪感，同样能发挥激励的作用。墨西哥湾联盟的 Phil Bass 强调了这种动力的重要性："我们给各州提供了一个成为地区间和各州之间领导者的机会。我们大家都喜欢这样。大多数科学家都是内向、低调的。不大勇于宣传自己的成果，但是，当你以一个州的身份，在各地区或各州范围内，被集体认可为某一特定问题上的领导者时，你会为此感到非常自豪。"

在大西洋的另一边，Folkert de Jong 提出了类似的观点，他认为瓦登海进程对参与者来说很有吸引力，一部分原因是它提供了更广阔的视角和期待感："三边合作组织在管理瓦登海方面尤其鼓舞人心。其中引入新的元素非常重要，例如这种整合方法：把水质包含进来，并将其整合到自然保护问题当中。从整体角度来看，我认为它对这三个国家来说具有相当大的启示性"。许多参与者可以站在更高的角度以更全面和综合的方式来审视整个系统，从而得到启发，而他们的行动能对重要的问题产生影响，更是大大地激励了他们。

## 培养主人翁精神

很多时候，自然资源管理计划是"自上而下"的指示和政令的产物，所以政府项目通常被认为是他们（政府）的而不是我们（参与者）的。因此这些计划经常受到怀疑，难以被信任。当人们拥有某样东西的时候，也就是这样东西为他们所有，人们才会愿意关心它。如果是强加给他们的或者是属于别人的，则不然。这是人的天性。因此，进程及其活动的所有权是将 MEBM 倡议结合在一起的"砂浆"的关键成分。

如果参与机构和组织可以就他们直接关注的问题开展工作，并且对这项工作有一定的控制权，那就能保持一定程度的精力和热情。这证明了所有权是有激励性的。正如佛罗里达群岛海洋保护区研究主任 Brian Keller 所说，"这要归结于所有权，以及社群对其资源拥有管理权的意识，我们作为联邦管理人员实际上只是在那里帮忙。我们经常过于急切，尝试引入'自上而下'的方法，因为这里多少应该用到一些这种方法。但是我认为拥有一个强大的'自下而上'的方法，然后与'自上而下'的方法相结合成为一个整体的管理方法，才是佛罗里达群岛项目的重要经验"。

西北海峡倡议中的海洋资源委员会也出现了同样的情况。委员会为选择要资助的项目制定总体标准，然后各个 MRC 制定自己的提案以满足当地的利益和委员会层面的目标。正如西北海峡倡议创始主任 Tom Cowan 解释的那样，"他们可以选择哪个项目是重要的。这样做的好处是能给这些 MRC 提供动力。他们可以自己决定什么才是真正重要的，并且他们也有解决这些问题的手段"。

社群所有权使西北海峡倡议能够让人们更自愿地遵从保护目标，并利用当地力量来推行有益于生态系统的项目。正如该倡议的主任 Ginny Broadhurst 解释的那样，"我用'公民管理'这个词来描述这里发生的事情。我们提供了一个能利用这种能量和理解力的平台……这是你无法从机构那里获得的……就像杰斐逊县的'鳗草保护区禁止下锚'这样的成功项目一样。那是一个将不可能变成可能的范例项目。要是某个机构的话那是肯定办不成的……接着就会激起众怒……但是因为这是当地群众的想法……他们获得的支持是其他方式永远不可能获得的"。

所有权是建立墨西哥湾联盟的关键因素。5 个墨西哥湾沿岸州的州长发起了该联盟，这为存在已久的墨西哥湾项目（一项"不是在该地发起的"联邦项目）注入了新的活力。佛罗里达州州长 Jeb Bush 认为，由沿岸各州领导的新伙伴关系很有可能将墨西哥湾提升到联邦环境资金的优先位置。他在 2004 年写给海湾地区的其他州长 Blanco、Barbour、Perry 和 Riley 的信中直接谈到了这种可能性："如果我们的州政府采取主动，我们可以确保这项工作由海湾沿岸各州来主导——这些州对海湾最熟悉，也受海湾状况影响最大。我希望联邦政府看到我们的合作关系和承诺之后会帮助我们实现我们的目标。"[5]

后续倡议的州一级所有权促进了州级领导在关键问题上发挥领导作用。正如 Phil Bass 回忆的那样，"选好了 5 个问题之后，各州在电话会议中很快就决定了每个问题由哪个州来牵头。根本没有什么争议。也就花了十分钟就定下来了。亚拉巴马州对教育感兴趣。佛罗里达州对水质感兴趣。由于河流、缺氧和农业问题，密西西比州对营养感兴趣"。

## 可信、公平和包容

这些 MEBM 倡议不是一群自告奋勇的人在"系统"之外推进他们自己的海洋保护目标的义务组织。恰恰相反，参与者们认识到他们的工作想要产生影响必须具备广泛的可信度，并对机构和支持者负责。加拿大斯科舍大陆架东部综合管理行动计划的 Glen Herbert 对此评论道："你必须培养并帮助参与者与支持者团队共同分享和收集信息。如果他们去参加了会议，回到他们的小团队后，没有进一步传播信息，那你就失败了。"

可信度植根于透明度、广泛的参与度以及能够涵盖和解决当前问题的所有方面的一致努力。反过来说，许多 MEBM 倡议被认为是可信的、负责任的和公平的，这些方面都有利于树立它们的地位和增强影响力。例如第六章所描述的奥福德港海洋资源团队开展了广泛的外联活动，这是为确保社群成员了解该组织的活动以及该组织能响应社群关注的问题。同样，工作人员把 APNEP 能使不同机构和非政府组织参与其中的能力视为一种促进因素。这有助于为项目树立一个"公正且能在社群中有所作为"的形象。APNEP 主任 Bill Crowell 说："人们都是带着需求加入我们的。他们说，'APNEP 可以做这个，我们和 APNEP 合作去做那个'。"

可信性和包容性提高了这些进程的可信度。在海峡群岛国家海上禁渔区进程中，商业海胆渔民和海洋保留区工作组成员 Bruce Steele 指出了受影响群体之间"责任分担"的重要性："我们尽可能地做到公平处事。对政府而言，公平说起来难，做起来也难。为了得到渔民的支持或防止他们完全失控，我们必须坚持公平的理念，不会让某个渔民或渔场单独承担责任。无论是体育或商业，北方或南方，大船或小船，以及每一个渔场都对封闭区负有同等的责任。在我看来，这是一个非常重要的方面。"

在佛罗里达群岛也观察到了类似的情况，那里的人为了认可和处理关于禁采区发展的不同观点做出了一致的努力。工作组的报告强调："我们努力建立信任并达成了协议。在过去，极端立场提出后会为了达成最终的结果而妥协。这次，我们努力解决所有的问题，看看这个团队是否能做出一个大家都能接受和支持的决定。我们的目标是远离极端选择性战略定位。"[6] 正是用这种具有包容性且基于利益的方法建立起了禁采区，使群岛中各种各样的栖息地和一些最健康的珊瑚得到了保护。

## 专注妥善的管理

单纯地把人们召集到一起是不会神奇地产生建设性的对话的。成功的协作进程在于给团队安排一项有吸引力的任务，并且促进其有效率地完成该任务。我们调查的大多数 MEBM 案例都是以注重后勤的方式管理的，并且鼓励倾听、学习和解决问题。其中几项最成功的工作都是把重点集中在有意义的短期任务上。在缅因湾，该地区的州长和省长（加拿大）鼓励 GOMC 制订联合行动计划。Keeley 解释道："州长和省长之间的最初协议基本上做了两件事：一是成立了委员会，还有就是呼吁委员会制订五年计划。"这种架构和明确的目标为团队提供了需要立即关注的重点。

NBEP 的科学总监 Chris Deacutis 对 NBEP 员工的进程管理技能的看法是这样的："我认为河口项目的价值在于建立了一个包含不同的人和职业的团队。我们要做的就是分配任务。Meg Kerr 是那种真正能让人们团结在一起的人。我们把科学家们聚在一起，让他们对这里的科学感兴趣。可以这么说，你需要一个外交家，一个能够把人们团结在一起的人，一个能与政治家和实权人士交流的人"。

参与海峡群岛禁渔区工作组的禁渔区咨询委员会成员 Robert Warner 也指出了擅长促进对话的协调人的价值："诸如 Satie Airamé 角色的人以及其他人一直在试图将尽可能多的科学信息传达给各个利益相关方，并让他们参与到整体问题的高层讨论中。这对沟通非常重要。小圈子里的协调人和更大圈子里的其他协调人可能是最重要的。因为假如最后的结果不是某人想要的状况，他们马上就会把原因归结于缺乏沟通上，他们会说：'别人没明白我的意思。'事实上我觉得这涉及很多的给予和索取，很多的倾听、参与。"

州立机构管理者领导了墨西哥湾联盟优先问题小组。每个州都指派了一名州立机构高级管理者，与来自海湾沿岸其他州以及学术组织和非营利组织的一系列专家一起建立并领导这个优先问题小组。管理者们想方设法，投入大量时间来帮助团队成员就如何处理本州的问题达成一致。由于优先问题小组里涉及资源管理人员和科学家，所以信息收集可以有效地集中在影响管理的科学上。这并不是一个轻松的进程。生态系统整合与评估小组的底栖生态学家和组长 Larry McKinney 评论道："团队管理者必须稳妥地整合人力。和科学家共事可能不太容易，有的人习惯在野外工作，有的人离不开他的桌子。我们需要向他们解释，'是，基础科学是很好，但是我们确实需要回答这些管理问题。所以，你能做些什么来帮我们回答这些问题呢？'"

团队领导者在为高效团队合作创造条件方面也发挥了至关重要的作用。他们都在各自的机构中担任高级职位，这一事实让他们在同事中具有公信力。也许更重要的是，这些人已经将促进技能带到了他们的角色中。他们有意识地承担起观察和改进团队流程的责任。领导生态系统整合与评估小组的 McKinney 说："我尽量保持不抱任何个人目的。作为一名渔场经理和底栖生态学家，我有自己的偏向，但我尽量不表露出来。有时我干脆不参加讨论。"

McKinney 举了一个例子，说明他是如何帮助他的团队提高效率的。有一次，他意识到对生态系统评估的 IT 方面感兴趣的人主导了讨论，其他人很快就失去了兴趣。因为他把监控讨论的质量和与会者的参与程度视为自己的责任，所以他才能够发现问题并做出反应。他引发了一场关于如何让团队更好地为所有成员服务的讨论，他们集体决定为那些对 IT 工具特别感兴趣的人成立一个小组。然后，他将团队会议内容转到一系列关于评估生态系统状况的最佳方法的更广泛的问题上。回想起这一经历，他说道，

这是每天都会遇到的挑战。这也是在所难免的。你只需要建立一个真正促进对话的框架，让人们表达自己的所需和力所能及之事，以及全体成员都需要做的事。优先级总是有冲突的。要管理它们，你需要足够多的各种各样的人。这是一个你每次都要经历的迭代过程：你让每个人都列出他们各自认为的优先事项，你的目标是让这些有不同优先事项的人稍微开放一点，并认识到还有其他的优先事项，然后开始建立一些共识。无论你采用了何种方法，有这种意识和行动就好。

# 各个层面的持续承诺和领导

"承诺是最重要的事情，" Michelle Tremblay 在回答我们关于缅因湾委员会20多年来的持续存在的原因时评论道，"David Keeley 和其他一些几年前加入的人，他们真的很想让这一切成为现实，他们也做到了。"在我们调查的所有案例中，都有个人"冠军"出现，他们为进程摇旗呐喊，并提供了领导、支持和鼓励。这些"冠军"中有一些是社群成员个体，比如奥福德港的 Leesa Cobb。其他人是像 David Keeley 这样的机构管理者。有时候，会有某个进程之外的政府官员认可了它的努力，并为其提供资源。

让一个进程启动，并继续下去，需要进程内外的人们持续的承诺和领导。正如 Phil Bass 在谈到 GOMC 时所说，"我觉得我们能走到今天这一步是非常了不起的……我们有幸拥有许多优秀的人……他们看到了联盟的好处，并且全身心投入进来，拼命工作"。没有个人"冠军"的个人信念和承诺，许多 MEBM 进程永远不会启动。如果没有持续的政治和组织承诺，许多进程都会停滞不前。还有来自个人参与者的持续承诺，他们尽管面临挑战和挫折仍然坚持不懈。承诺和领导力是关键的"砂浆"因素，对维持我们调查的 MEBM 进程起到巨大的作用，如果承诺动摇了，这些进程的进展就会受到影响。

Ginny Broadhurst 强调了美国参议员 Patty Murray（民主党，华盛顿州）对西北海峡倡议的持续支持的价值："Murray 参议员热爱这个项目，感觉它有亲和力，看到了它的价值，通过选民的视角得知这个项目值得资助，这让一切都变得不同了……项目中有一个"冠军"必然能带来显著的影响，而有一个相当有实力的参议员"冠军"就更好了……与她和她的员工一起共事感觉非常好。"

在墨西哥湾的案例中，佛罗里达环保部部长 Colleen Castille 和海洋保护区项目牵头人，佛罗里达 DEP 工作人员 Kacky Andrews，开始系统地支持多州联盟这一想法。国家海洋与大气管理局沿海服务中心主任 Margaret Davidson 认为 Andrews 是一个很好的例子，说明了具有高度积极性的个人是多么的有影响力。"一开始，整件事就是一个'纸牌屋'，"她回忆道，"但是 Kacky 就像'劲量兔'一样有活力。她与 Colleen 接触很方便，她说服 Colleen 这是一件好事，会让人觉得州长 Jeb 是一个可靠的人。"

国家海洋与大气管理局国家海上禁渔项目主任 Dan Basta 带来了一种合作领导风格，这种风格和政府通常的行事风格相比弱化了权威性，更倾向于寻求共识。他建立了一种使命感和跨禁渔区学习的意识，这增强了各个保护区管理者的能力。海峡群岛禁渔区监察员之一的 Ed Cassano 十分重视建立海洋保留区网络的提议和成立咨询委员会的必要性，他认为这是实施基于生态系统的管理的机会。海峡群岛禁渔区资源保护协调员 Sean Hastings 评价了 Cassano 所扮演的角色："很多功劳都要归功于当时的禁渔区管理者，他加入一个小型项目，并看到了它的潜力，认识到了法令的优势以及将各方聚集到该地区的必要性。只有这样的远见卓识者才能看到潜力并实现目标。在三四年的任期中，他引进了员工和调查船，创建了 SAC，并着手处理保护事宜。"

GOMC 和普吉特湾乔治亚盆地的成果要得益于支持跨界工作的人员的积极参与和热忱奉献。考虑到协作中的种种阻碍因素，很难想象如果没有这些个人和他们在合作团队中建立的关系，这些进程如何有效地进行。GOMC 委员 Lee Sochasky 说："在一个被管辖区分割的生态系统中，除非你能在这些管辖区之间架起沟通桥梁，否则很难有所作为。不是在立法层面，而是要在机构层面与个人之间建立沟通。当我想在管理上做出改变时，能做决定的不是某一方，而是某个人。你必须找到合适的人，他会说：'没问题，我们能做到这个。'" Chris Deacutis 根据他在 NBEP 的经历提出了类似的看法："我认为有价值的地方在于，你手里有真正优秀和敬业的人，你有权调动他们，告诉他们：'这是我们应该去做的事情'。"

大多数倡议都需要持续的政治承诺。例如，斯科舍大陆架东部综合管理行动计划的坚实立法基础并不能保证政府官员会参与到综合进程当中。Glen Herbert 强调必须"尽快获得高级政府认可和承诺的法律文件，这样政府部门就不能随意加入或退出倡议，或是派出根本没有权威的低层官员"。由于《加拿大海洋法》不允许逾越现有的管辖权，所以"让政府参与进来，让其做出承诺，并对其行为负责是非常重要的"。

另一方面，如果政治承诺被撤销了，倡议进展就会迟滞，在推动完成 NBEP 综合计划的过程中即是如此。Richard Ribb 主任解释说："我觉得如果有一位州长说这恰好也是他的优先事项，他参与进来后，说：'让我们想办法办成这件事。'我认为这会有非常大的帮助。"而同样的，如第二章中所述，政治兴趣和承诺的减弱是普吉特湾乔治亚盆地国际工作队最终解散的原因之一。

# 小　结

在此将能够促进 MEBM 的有形和无形因素比作"砖瓦"和"砂浆"并非玩笑。事实上，我们认为这种类比非常合适。任何一个好的瓦匠都知道，砖结构的强度在于砖瓦和砂浆。如果砂浆老化了，那么不管砖块看起来有多坚固，整体结构也会垮掉。但是砂浆太多，砖块太少，搭建出来的结构一样是非常脆弱的。

然而，MEBM 领域的政策制定者和科学家更加关注构建"砖块"，而忽略了无形但同样重要的"砂浆"元素。有时我们会听到人们说："关系、动机、坚定的人，这些都是常识啦。"这也许是对的，但是考虑到对"砂浆"的有限投入，可能所谓的常识并不是那么地广为人知。人们也会说："人心复杂，本性难移，我们也没办法！"然而，我们调查的案例表明，事实并非如此。

抓住对地方的热情，切实提高整个地区对生态系统的意识、联系和关注，必然会有所成效。寻找和激励有活力和创造力的个人，加强已有的关系和网络，这些都有助于 MEBM 的进展。让这个进程有价值、可信，并赋予任务以目标和影响力，有助于激励和保持参与。确保会议和网络得到良好的协调和有效的领导，可以推动进展和加强"砂浆"元素。这样的策略可以帮助提供确保 MEBM 有效性所必需的无形特性，本书中的案例已生动地说明了这一点。

是人在做 MEBM 的工作，而不是组织图、指令或正式协议。MEBM 需要时间和相当大的努力，是人们投入了时间来做这项工作。伟大的想法、伟大的政策、伟大的计划和伟大的法律——所有这一切只有在付诸行动时才重要。我们调查的计划是否对它们要解决的问题有重大影响完全取决于个人。关注这些个人动机、行为和关系是很重要的。"砂浆"很重要。

# 第九章 对政策和实践的启示

我们开始研究世界各地基于生态系统的海洋管理（MEBM）案例的本意在于归纳出一种范式，从而创立进程模型；但事实证明这种范式相当难以归纳。推进 MEBM 没有统一的途径，但却可以通过多种方式将 MEBM 视角整合到管理之中。我们观察了众多地区，在这些地区，人们都设法在决策过程中纳入对生态系统的考量，他们遵循着不同的路径，应对着不同的问题，也采纳着不同的战略。然而，这种种努力中的共同点就是，问题仍未彻底解决。尽管如此，他们的工作给了我们宝贵的启示，点出了促成、维持 MEBM 进程所必要的关键因素。

本章介绍了我们的总体结论，陈述了从 MEBM 案例研究中获得的启示。管理者和从业者要怎样设计、管理进程方能发挥基于生态系统管理（EBM）方法的最大潜力？基金会和决策者应该怎样做才能促其成功呢？

## 总体观察结果

虽然 EBM 方法有多种达成路径，但我们最为推荐下述方式：针对地点，思量特殊背景；在系统不同部分之间、在目标地点及其周边地区之间建立联系；支持群众，促进公众参与贡献；对科学进行投资，这是对于实现 EBM 方法目标重要但不可以一概全的一点。下文将对上述观察结果展开论述，同时就如何实现提供建议。

### 背景的重要性：原则相同，路径各异

将 EBM 考量纳入海洋养护方面并没有统一的途径。因为在这一方面，并没有放之四海而皆准的普遍方式。我们详细研究的所有 24 个案例中，人们都尽可能通过现有的资源和机会，使 MEBM 原则得到最大化推行。其实施方式基于目标、既往历史、应对问题、牵涉各方等因素而各有不同。EMB 进程须成为这一背景的组成部分，而非其替代品。

背景包含一系列地理和生态特征，如地文边界、水质水平等，这些特征产生截然不同的问题和条件，从而影响了潜在的解决方式；背景包含一系列问题——渔业、离岸油气开发、航运、海洋哺乳动物以及类似问题，随地点不同而差异巨大；背景包含不同社群及其文化、身份和经济健康；背景还包含各种能力（可用信息、专家力量、财政资源、社会资

本等）和动机（感到威胁、预期可能有共享利益、乐于共同合作或产生冲突等）。俄勒冈州奥福德港同缅因湾、阿尔伯马尔-帕姆利科海峡或瓦登海之间就有很大差异。MEBM 方法必须敏感地响应这些差异，从而调动可用于这些差异情况的独特而不同的资产。MEBM 方法还必须使科学人才、利益相关方和决策者共同参与，使其了解背景以及对未来的启示。

背景还包含现有的政府管辖范围、机关、机构、法律和政策。MEBM 倡议不能代替这些制度性存在，而是必须在其制度背景中找寻到合法定位，起补充性作用。在大多数倡议中，采取行动的权力掌握在成员组织手里，而非倡议本身。举例而言，缅因湾委员会（GOMC）谨慎地将其作为组织所发挥的作用限定为使其成员能够在其自身机构或部门政策、计划、程序中，推进缅因湾生态系统的目标。GOMC 同样在其制度背景内通过战略性拨款影响他方决策，使非成员组织和社群能够承担起对生态系统敏感的计划和活动。

另一要点在于，社会、政治、经济背景是不断变化的。前一天的困境可能转天就要为其他难处让路；昨天的顺利不一定能够延续到明天。过往的成功很可能被这些变化抹去。例如在我们研究的许多案例中，方案和战略都受到了来自进程内外重大变化的影响。举例而言，一项考虑在俄勒冈州奥福德港海岸线附近建立国家海上禁渔区的提案引起了社群的紧张，由于奥福德港海洋资源团队（POORT）在推进该想法方面发挥了明确作用，从而影响了人们对它的支持。人员和政治领导人物的变动影响了倡议的运作和潜力，普吉特湾乔治亚海盆就是一个生动的例子，不过在某种程度上，这一点在所有案例中均有发生。这并不意味着外源变化将摧毁这些方法；反之，有效的进程总是留意着各种变化、筹划响应措施，并应对人群、政策、能力方面不可避免的转变。

一些分析家和政策制定者采用了单一工具作为政策手段进行推进，包括海洋空间规划和分区。而限定工具带来的问题是，所有的问题似乎都同质化了：如果我手头只有锤子一种工具，那么所有的问题可能看上去都愈发像钉子。在不同的背景下，许多这类工具都有很高价值、很大潜力。但 EBM 方法不然，其只是简单地将问题切分，并随机应变。在这种情况下，参与者可能会认为使用某种特定工具有利于某种形势，或是某种工具不可实行、达不到预期效果。最终目标不是采纳某一种工具，而是改善某一地区的生态和社会条件。有效的方案通常来源于多个策略组合，并实现适应性管理。

其他分析家尝试过定义一种理想化的 EBM 进程，过程基本上是画出流程图、建起进程模型，结果拿出的成果看上去就像纽约或巴黎的地铁系统图。我们曾参与过这种对话，确实很有用、很有启发，但是其趋势将是尾大不掉、丧失生机，预测过多可能性、整合过多反馈环路将会使从业者不堪重负，后者的本意不过是脚踏实地地做好工作而已。

背景确实很重要，但实施 EBM 方法时，也需要将有用的构想、原则和思路纳入考量。一篇精彩的文献归纳了许多这类思路[1]。我们在上文各章中对其有所指明，在接下来的讨论中我们要选出一些予以详述。

# 联系的重要性：聚合分散工作，联结不同规模

EBM 这种管理方法旨在通过某些方式将不同信息领域、价值/利用/需求、当局和司法管辖区域、地理区块和不同时间段——当下、过去和未来——联系在一起，来克服碎片化问题。其希望将"拼图"拼在一起，使科学家、管理者、利益相关方能够做出更为整体、合理的决策。的确，生态系统这一术语描述了可以在地图上勾勒出来的真实有形的地点，但同时它也是一种隐喻，将一处地点及其组成部分和进程视为一个整体系统。

由此，为了能够理解系统、围绕系统着手工作，对边界进行定义很重要，而 EBM 方法鼓励决策者在决策时考虑具有生态意义的边界——流域、地理区域、气域，乃至"问题域"等等。但即便在流域管理中，引力和水流可以作为辨识出入的明显指标，但依然有许多重要因素会穿过边界线，包括人类需求、空气传播的污染和法律权威等。因此，EBM 需要将重点放在有效地建立联系上，以期涵盖这些互联和反馈。

EBM 领域中许多争论集中在规模方面——界定大型陆域、海域或界定流域层次结构，或是测绘陆地生态系统并描绘其周边的管理边界。而将人类活动一并考虑在内时，需要考虑的规模问题就又涵盖了对地域或身份的共同认同感。这些问题很重要，引起了管理者的注意，而描绘利益体系这一思维过程是 EBM 的重要元素之一。但我们对多个 EBM 实验进行的评估得出的结论是，"合适的规模"这一问题可能和真正的重点并无关联。

事实上，我们研究过的各项倡议在规模上是迥然相异的。然而，它们均与不同规模的活动有关。大型跨境委员会——缅因湾委员会通过其成员和工作组，影响了国家和省级层次的关注重点和各项活动。同样地，GOMC 通过小型拨款方案支持非政府组织、社群和其他群体的工作，影响了小规模的活动，而这转而对更广泛的生态系统和 GOMC 的目标产生了益处。

规模之间的联系是由不同的需求推动的。举例而言，如第六章所述，POORT 没有任何法律权威；其完全没有强制执行力。因此，POORT 与其他组织、机构和奥福德港镇建立了多重联系，这种联系使得 POORT 尽管没有权威，但亦存在影响力。通过与俄勒冈州的联系，POORT 得以促使该州建立和推行红鲑鱼岩海洋保留区；俄勒冈州为 POORT 担负起收集信息的工作，辨别并评估资源区，该州还形成了支持性的社群范围，使其顺利建成首个保留区，而未像大多其他区域一样产生冲突或收到反对意见。奥福德港得到了州级批准、执行力和资源，促进和激励了该区域的可持续发展，促进了基于当地生态系统的科研活动，从而为其自身的捕鱼活动和监管机构决策提供信息支撑。

在大多数案例中，这些上下联系是互惠互利的，为牵涉各方均带来了某种程度上的价值。也就是说，这些案例满足了各方利益，从而产生了互惠性的收益，而这双赢成果可谓基于利益协商的"圣杯"。[2]举例而言，规模较小的群体可为大型倡议提供实际活动有效性、可行性的丰富意见；可提供小规模试点或试验，作为模型供后来者模仿；可为对高层

政策制定者有实际标志性价值的大型政策行动提供可见支持。反过来，大规模倡议为小规模工作提供合法性、资源、激励机制和影响力。

通过这些联系发生的互补性交换满足了各种各样的需求，如资源或政治支持需求。例如，西北海峡委员会收到了大量来自联邦和州的资金，以支持海峡内事关 EBM 的各项工作。该委员会可建立并推进海峡愿景，并协调努力实现这一愿景，但它没有监管性权威，无法命令任何一方实施或停止任何行为。委员会所完成的工作在很大程度上取决于各个县级海洋资源委员会（MRC）愿意且能够完成的工作。

依靠这种联系，西北海峡委员会获得了地方层面的自发行动，获得了对其广泛目标和愿景的支持，海峡生态系统也受到了各种局部性项目的累积性有利影响。作为交换，各MRC 能够确保在其关注的地点实施的项目得到资源供应，在组织化、形成各项提案方面得到了帮助，得到了辨别项目价值的指导，还成立了一个论坛，与其他 MRC 交流并从中获取经验。

建立和利用这种联系，使得各个群体得以取得一定成果，而这一点仅凭单打独斗无法做到，因为各种独特的优势和机遇是与各个层级的社会及经济组织相联系的。MEBM 领域似乎理应将重点从"最优化"行动规模转移到支持多样化、多规模的倡议上来，令多种机构参与其中。由此创立的整体系统将比单一规模下实行的单一模式更稳健、更有弹性，这一点对于养护领域的从业者来说应该是有共识的。

## 人的重要性：持久的个人贡献是基于生态系统的海洋管理的命脉

各个 EBM 案例向我们传递了各种信息，其中很清晰的一条是，解决问题的不是 EBM 科学和政策，而是人。法律、指令、程序和科学信息也许能够带来指引和激励，但最终行动能否落在实处仍需依赖个体的意愿。没有志愿奉献、富有进取精神的个体，法律和政策再有雄心也是空谈，新科学成果也将被束之高阁。

我们在第八章探讨了人和关系的重要性，但现在仍想要重申这一要点。即便在某一层面上来看这一点显而易见，但各机构、政策制定者却仍常常忽视定期维护其最重要的资产——人。相应地，分析家经常关注的是新政策或架构，因为提出"投资于人"的建议似乎有些不够专业。然而，在我们研究的 EBM 案例中，起到最强推进作用之一的就是有能力和动力去实现需求的个体，是能够持续贡献能量、专心做事的人。

为使个人能够有所作为、有动力行动，第一，我们必须挑选有相应技能和积极性的人才参与到 EBM 倡议中来，而不是随便选择有空参加会议的人员。第二，必须使获选人才具备必要的谈判、交流、管理技能，并使其了解生态系统科学。第三，必须向其提供空间，令其富有成效地参与到跨境工作中去，从而使其所在的组织能够承担起各项行动。第四，必须使他们感觉自己有价值、感觉自己的工作很重要。第五，要帮助他们度过过渡期。下文将就此提供有针对性的建议。

## 科学很重要，但方式可能超出你的认知

在我们研究的所有 MEBM 案例中，科研和科学家都很重要。各项倡议会签订合同以进行科学评估、状况和趋势监测，以及对关键不确定因素进行研究。人们征询科学家的意见，以了解复杂的海洋系统，许多这类地点均是在对需要管理的议题建立科学理解后，以此为基础进行规划的。在某些案例中（比如纳拉干海湾河口项目和加利福尼亚海洋保护区），使用了民间科学来收集信息，同时建立公众对这些倡议的支持。

科学同样是一种使各类工作合法化的重要方式，是一个相对合情合理的起点。在分散的组织中工作的科学家和管理者常常使用同样的范式和语言，这种共同的文化使其能够携手共同专注于某项任务或某组优先事项。而"做科学工作"也比做出选择相对轻松惬意，因此科学家和管理者之间的关系常常是以探讨科学为基础建立的，但随后更棘手的问题——管理问题就和其"近亲"政策制定问题一并摆在了他们眼前，而后者甚至更为麻烦。

在某些案例中，如大西洋中部区域海洋理事会所做的工作，人们建立了可通过网络访问的数据库来汇集数据。和这些数据库平行开发的还有地理信息系统，它们都是大有用处的工具，使人们能够接触这些信息，同样也让技术人员和利益相关方能够直观地了解情况。在加利福尼亚海洋保护区指定进程中，加利福尼亚大学圣芭芭拉分校开发的 GIS 系统——MarineMap 使多个利益相关方群体得以确定海洋保护区网络的替补选项。该方案具备用户友好性，其重要性与增添 20 层数据相当。

同时，这些 MEBM 工作还厘清了一点事实，即，科学再发达完备，仍不足以解决管理者面临的关键不确定性问题，而复杂难懂的模型与科学甚至可能阻碍理解，使管理者和政策制定者难以依赖其开展行动。以加利福尼亚海洋保护区进程为例，科学顾问团队发挥了向利益相关方和政策制定者提供信息的作用。他们最为行之有效的行动成果来源于粗糙的经验法则，其将海洋保护区在一张网络中进行大小划分和分隔；而其最为失败的行为模式则来自复杂的生物经济模型。也是在该进程中，只有少数科学家具备沟通技巧，能够有效说服外行或与政策受众。在该进程某些部分中，MarineMap 工具发挥了作用，其不仅使利益相关方了解到各种栖息地构造，还影响了使用者之间的动态。就像电子游戏一样，它成为待解谜题，而非会议桌上的往来冲突。

科学之所以重要，其中一点确实是因为它能带来知识和理解，但在我们所研究的案例中发现，更重要的是科学成为对话的起点，并促进了各项工作的合法化。而另一方面，科学很少能够完备地提供答案。海洋科学家偶尔会认为只要进行更多科学工作，就能实现有效的 EBM。但等待科学研究并非是可以一直依赖的良好 EBM 策略，因为我们面对的价值选择方面的核心问题与科学状况一样重要，而前者亟待投以关注。对于资助或引导各项倡议的人来说，我们要指出的是，即便科学投资富有成效，但不可使其阻碍其他各式各样的

有效 EBM 活动。

## 海洋与陆地：政治意义可能大于实践意义

有些人认为海洋 EBM 和陆地 EBM 大相径庭，但实践中，两者面临的挑战和成功因素是相同的[3]。无论是在海洋还是在陆地工作中，科学复杂性和不确定性、管辖权复杂性、利益竞争和共同愿景缺乏、计划无效和资源有限性在许多生态系统规模的养护工作中都很明显。同时，如果在任一领域中存在多个因素，则成功的可能性更大。其中包括"砖瓦"因素，如现有的政府方案或架构，源于正式或非正式来源的权威，以及科学信息和财政资源的可用性；还包括"砂浆"因素，如地域感或共同目标，政治意愿或组织投入迹象，以及得到妥善管理的协作进程。

然而在政策层面，一项陆地 EBM 的教训令我们警醒：如第一章所述，20 世纪 90 年代早期、中期，土地管理机构开始进行生态系统管理，将其作为摆脱（一系列陷入僵局的濒危物种和公共土地冲突造成的）危机的途径、适用新式景观尺度科学的机制，以及克林顿政权政策变更的信号。"生态系统管理"这一术语成了公众焦点，科学基地和协作性、地方型进程得到了丰厚投资，多项政策转变（如国家森林规划进程的改变）得到提议，其中一些得到了采纳。多项生态系统层面的计划得以开发，包括内华达山脉框架和太平洋北部森林计划[4]。

在多个地点发生了重大转变：利益相关方参与变得更加广泛，选民利益得以重新调整，非商品利益得到赋权；人们对科学知识的理解更为深入，对生态系统完整性和可持续性问题的关注度也随之升高；管理战略整合了更宽泛的、全景级别的视野，以及对生态进程（如火情势和水文情势）的理解；人们探索出了适用的管理概念；各类机构尝试在科学与管理之间建立更深的联系；更多战略得到利用，包括基于市场的机制和经协商达成的解决方案（如栖息地养护计划）。在许多地点，长期以来的冲突性氛围有所缓解，而在某些其他地点，实现了生态系统的改善。

然而，生态系统管理这一焦点概念（与实践常态相对）的进步受阻于从克林顿政府到布什政府的转变——因为生态系统管理被视为克林顿政府的政策。很明显，成功实现理想化的生态系统管理极其困难，而某些追求短期利益的投资者也发现逐步缓慢发展不足以满足他们的需求。如今，生态系统管理这一术语已经不再像 15 年前那样前沿化、一呼百应了。同时，许多从业者认识到了内中逻辑所在，并定期将生态系统考量因素整合到规划和管理中去。

海洋资源管理者和政策制定者面临的形势有多个重要的相似点，但其他方面却大相径庭。由危机引发的国家政策层面上的变化（起因为渔业衰退、两个海洋委员会采纳 MEBM、奥巴马政府上台），以及国家级海洋保护法获得通过，无疑是一种"昨日重现"，似乎生态系统管理还是一种新概念。此外，陆地和海洋领域的"爷爷辈"进程已经受某种整体性、地区性的资源问题困扰多年——我们研究的案例中近一半已有15～25年历史——同时如前所述,海洋和陆地EBM管理实践中面临的许多日常挑战非常相似。

海洋系统中可能有更多创新空间。在陆地领域,管理冲突延续达50年之久,人们对财产权和所有权执念颇深,选区之间持续竞争,这一切都导致了多种长期冲突,限制了问题得到创造性解决的机会。生态系统管理和土地管理一样,成为"管理冲突"的方式,并且虽然其取得了小规模的成功,但在许多地方的推进受到了相当大的阻碍。

与之相反,在海洋领域,权利界限并非如此分明;系统本身在本质上碎片化程度较低,更可能受政府管控;经济利益受渔业衰退威胁更大,因此人们希望发生转变;而以社群为基础的捕鱼利益集团可能不像单个行业那样具有组织性。美国以外的MEBM倡议显现出比陆地生态系统管理工作更为宽泛的形式,而美国内部涉及MEBM倡议的机构可能有更广阔的政治空间进行实验。国家海洋和大气管理局及环保署可能能够遵循新出现的管理概念,但美国林务局及其姊妹机构则更直接地受政治监督的直接支配。

同时,和陆地生态系统管理一样,MEBM实践可能被对短期成果的渴求所破坏,而我们从一个新奇的、引人注目的概念转移到下一个概念的癖好也会对其造成损害。这种事情可能会在基金会将援助焦点从MEBM转移到别处、政策制定者将专门用语转变为术语(如海洋空间规划)时发生。虽然对MEBM进程的研究比对陆地EBM的研究少很多,但归根结底,许多经验对两者而言很可能是同样适用的。对科学的投资需要与战略投资以及总括性管理进程相匹配。成功标准需要从进程角度、社会和生态角度进行界定,而所有各方需要认识到成功是一点一滴艰辛积累起来的。气候等全球规模的变化强调了EBM方法的必要性,但同时也让这些工作面临更多挑战。新的法律和制度性架构能够起到帮助作用,事实上,国家法律中的某些转变很可能会为海洋管理提供新框架。但陆地生态系统管理经验向我们传递的最紧要信息就是,MEBM要想成功,就必须维持战略性、适应性进程,以积累知识、建立关系、形成共同理解。

# 给从业者和机构的建议

从案例中得来的观察结果和经验教训要怎样转变为各家机构及其专家学者的行动呢?以下是一些建议。

## 建立"缺位的平台"

可以以恰当规模创立一个论坛,使其与生态系统或待解决问题相匹配,并将其作为起点。若议题紧迫、人员充满干劲,那么不妨建立一个"平台",仅仅这一简单举动就能带来机会和进展。视背景而定,其结构可以是正式的,也可以是非正式的。但关键的是需要存在一个去处，令处于同一生态系统中的重要当事方能够共同参与、建立关系、共同学习交流，并付诸行动。在大多数案例中，都可以在现存当局下建立这类平台，而其结构也可随时间演化。有许多工具可用来编制结构，详见第七章。一般而言，思考一项工作如何取得合法性或权威是很重要的，人们从中意识到影响力有两个来源，一是正式化的权力，一是非正式的说服力。几乎在所有情况下，联系点和协调人都是不可或缺的。不过，不必要建立一个过于复杂的结构。先从小规模做起，再随时间推移进行调整。

各地通常具备较为初步的委员会或架构，可用作生态系统规模相互作用的基础，但前提是须为其提供受领导支持的实际任务，提供核心资源以刺激参与、促进协作，并使其能够获得落在实处的"抓地力"。明确论坛的作用与明确其责任和目标同样重要；确保存在有效推动机制和可预测的常规工作地点也是有必要的。

## 考虑系统：建立联系

我们在上文中已经讨论过，EBM 需要恰当规模的联系才能克服碎片化问题。因此从业者应该评估对联系的需求和其机会，以及建立联系所需投入的工作。需求评估应采纳系统视角，由此根据适当的规模和对联系的需要，对系统面临的问题或议题加以分解和考虑。

这一分析进程通常需要科研和对话水平达到某种高度，从而让参与者对其系统（包括未知因素）有更深了解。为了完成工作，经常需要简化系统，而这可能意味着在各项所涉议题或战略之间设定边界，如缅因湾委员会和斯科舍大陆架东部综合管理行动计划，其决定不涉及捕鱼议题时就是如此设定边界的。一方面，不考虑这项关键资源或压力源似乎有些异常，但他们之所以提出这项建议，正是因为认识到渔业管理中的历史性冲突和现存监管体系可能会将其他议题的进展毁于一旦。其解决方案就是在各项平行进程之间建立联系，以处理这些远离台面的问题。例如，墨西哥湾联盟将墨西哥湾渔业排除在其五大议题之外，其原因就在于管理渔业的责任由墨西哥湾渔业管理委员会来承担。为使两实体能够交流协作，渔业管理委员会于 2011 年正式加入墨西哥湾联盟，成为该联盟生态系统团队中的积极参与者。反过来，由一名生态系统团队成员定期出席渔业管理委员会的会议。

在确定恰当范围时，请记住地点和关系很重要，因为无须耗费太多精力便可产生地域归属感和建立关系。在构思更广阔的生态系统边界（EBM 基本原则之一）时，团体需要构建相互联系的架构。评估联系时，请想一想潜在合作伙伴，问问自己，哪种人可以受益于我们的活动和协助，同时我们也能受益于他们呢？

我们观察到的所有联系都具有明显的相互依赖性。利他主义并非潜在激励因素；事实上，这些联系是双向的，能够满足联系双方的需求。举例而言，与华盛顿州普吉特湾合作伙伴关系合作的圣胡安倡议就在地方层面提供资源，尝试推行一个自愿性质的激励性方案，以协助私产所有者抑制侵蚀现象、保护敏感的海岸线生态系统。地方层面行动成为国家三文鱼复苏方案获得成功的基础，但普吉特湾合作伙伴关系在县级层面没有监管开发的权威。而圣胡安县希望继续推进海洋生态系统管理原则，但资源不足。这种跨规模的联系使双方都得以实现某些独立活动难以完成的目标。

## 构筑主人翁意识和令人信服的目标

"砂浆"是 EBM 有效性的必要因素，因此我们要向各个机构提出的最基本建议是对"砂浆"因素进行投资。也就是说，要创造适当环境，让人们有动力参与其中并采取行动；确保团体具有令人信服的目标，而且参与者及其组织认为值得为其奋斗，要做到这一点，该目标需满足参与者个体利益，或解决团体面临的共同问题。仅靠进程是不够的，还需要为参与者创造价值，这种价值可以是关系、信息，或共享权威、共同行动的思路。

为小小的成功进行规划、欢呼能够带来动力——有些人可能将其称为婴儿学步——这可以是稍微伸长手就可以轻易实现的目标，也可以是由大任务切分的一个个小任务。展示性项目或试点项目能够发展能力、创造动力。据 POORT 的 Leesa Cobb 所述，该团体"最初没取得过什么辉煌成果，那是一段艰难的日子……无疑，我们需要更多成功成果来保持凝聚力"[5]。另一方面，奥福德港市市长 Jim Auborn 表示"各项积极成果产生的鼓舞"是其继续前进的动力。

因此，我们建议"进行规划，同时实行"。对一切以事实为基础的理性还原论者来说，参与 EBM、应对情势的第一步就是将其层层铺开、分析问题，再规划解决策略。在许多案例中，规划同时也是一项与现存政府方案相关的必行任务。国家河口项目和国家海上禁渔项目对建构和更新方案都有要求，但两者在计划对管理的约束程度方面有所不同。在我们研究的某些其他 MEBM 倡议中，规划成为重要的第一步，其将人们的注意力凝聚在一点上，为成员组织提供了后续行动的框架。例如，墨西哥湾联盟成立时，地方长官为其设定了一个相当短的时间框架，令其在一年内编制一份行动计划，而这使该团体找到了工作重心，凝聚了工作方向。而缅因湾面临的是编制五年计划的要求，这成为该团体的首要任务，他们开始将各个司法管辖区的现存管理计划整合在一起，以期发现协同效应并形成共同议程。

然而，我们研究的某些案例中，人们受困于不断制订计划的怪圈，让参与者觉得陷入了比尔·莫瑞在《土拨鼠之日》中的境地（该电影中，主角重复度过同一天）。有时人们感觉能够做到编制计划，但实际行动却异常艰难。应对这种情况的方式之一是架构计划框架，同时允许灵活变通、在特定地点进行测试或解决特定问题。在规划的同时，至少还需初步建立更深更紧密的联系，并致力于进行小规模行动以验证假说、产生继续前行的动力。

主人翁精神也富有激励意义。这种精神让参与者感到对工作方向有控制力、对决策有实实在在的影响力，还能让他们对参与团体行动产生责任感，为其成功献上赞美，也为其失败担起责任。这种主人翁精神偶尔可能触动主办组织（包括协同倡议参与者的主管人士）的神经，但它是组织员工参与工作的重要支柱。组织管理者常认为指定方向是自己的工作，而员工要做的就是服从。但是这种过时的管理观念很少能培养人们对关键决策的共同影响感和投入感，从而很少能起到激励作用。

## 保持耐心，并激励耐心

MEBM 需要时间。如果有人急于看到行动和成果，那他很可能要失望了。这一事实不可避免地挑战着进步所需的支持力量。海洋和沿海区域的许多问题来源于几十年来的既往行动（或本该采取但未采取的行动），而物种和生态系统进程的本质使得相应的改善或恢复可能需要同等时间来进行。

我们研究的 MEBM 倡议中，大多数关键人物都表示此事没有捷径可走，如 POORT 主任 Leesa Cobb 说道："改变发生得真的很慢，很慢。"因此，重要的一点是保持各团体不失去干劲，并留出比预期更长的时间来落实改变。奥福德港市府行政官 Mike Murphy 认为，利益相关团体应"厘清所需时间，然后把这个时间加倍。做出恰当估计，并把预计所用时间加倍，再把工作步调尽量加快。那样你可能还来得及。首先，聚集人员所要付出的时间就已经很多，而假使他们抗拒转变自己的思想，要花的时间就更长了"。在现有的资源依赖型社群中，确实可能流淌着抗拒心理的暗流，部分是由于人们强烈的独立感，或是对政府和集体行动有所怀疑。

显然，EBM 工作的一个任务是判断忧虑或抗拒心理的来源，并制订计划扭转这种印象。此外，这些进程的长度也可能带来某些影响。一方面，树立恰当期待并告知参与者必须保持耐心、必须坚持不懈才能取得成果的做法是合理的，但并不是特别令人信服。因此，应对这一挑战的其他方式还包括：设定合理可行的期限，并照其办事、做出进展；将任务分解为可行的小任务；投资时深思熟虑，以保持关键人物的不竭动力；采取前文所述的"小小成功"法；管理在长期流程中不可避免的人员变动。

应对 EBM 长期时间框架的另一种方法是进行"适应性管理"，但它是一种学术性概念，经常让 EBM 团体感到压力。他们必须从自己的工作中学习经验，而这又要求他们对目标进行明确界定、思考何为成功，并定期收集信息以衡量工作成果。设置截止日期和报告机制以促进重新评估和战略性思考亦颇有价值。我们的某些案例编制了列表，列出了帮助他们评估进展、精炼战略和组织结构的外部评估者。但没必要实施全面的适应性管理，尤其是可以省略假设检验、精心实验的部分，不过如果有能力和兴趣，做些小型实验也很有帮助。我们研究的倡议中最为成功的一例所拥有的思维模式是深思熟虑、反应敏捷且灵活的，他们了解自己在做什么，对于所采用的"适应性管理"版本也没有教条式的看法。

## 投资于人，管理人事变动

如果说人是 EBM 倡议的生机来源、关系是关键"砂浆"因素的话，那么投资于人显然是至关重要的。我们已经讨论了"动力"议题；能力也是重要因素。要使协作成功，需要具备相应观点和技巧，而这两者可以通过培训来加强，即针对共赢协商和促进协作进程进行培训。针对 GIS 监测技术和类似工具对 EBM 团体进行培训可以加深理解，还能在无争议任务的基础上建立关系。

对协作学习（出外访问、实地考察、合作研究项目）进行投资可以同时发展个体能力和集体能力。给参与者一些自由，使他们充分参与到这些工作中，能够有效避免"边角工作"问题，即某些参与者所在组织认为 EBM 对其工作无关紧要，因此 EBM 工作得不到这些参与者的关注的问题。

鉴于 EBM 时间跨度大，人事和政策变动几乎定然会发生，我们就见证了多例关键人员退休或调职到其他地点或任务的情况，使得倡议失去了前行动力。一种简单的应对方法就是对这种变动进行控制，以确保新代表在旧代表离开前便就任；如此，新成员可快速跟上进度，而倡议本身的能力也维持在稳定水平，不会发生过大起伏。应定期向组织领导者简报 EBM 工作进展，领导者本身也应认识到其价值；如果让领导者负责指定新代表并向其提供成功所需工具和协助，也会大有助益。

# 给投资者的建议

基金会、大型非政府组织和国际公共机构在促进和维持 MEBM 工作方面发挥着巨大作用。在世界各地的多个案例中，都能见到派克德基金会、世界自然基金会、联合国环境规划署和联合国开发计划署的指印。在某些地点，他们现身的原因是政府缺乏资源，无法应对严峻的保护挑战，又或是政府腐败或缺乏解决问题的政治意愿。在另一些地点，他们又成为创新力的后盾，提供一些资源以引起公众注意，并刺激改变的发生。以不发生重大制度性转变为假设前提，基金会和国际公共机构将在未来的海洋保护工作中发挥主要作用。

## 促进连接持久延续

MEBM 工作超越了政府的资金援助和监管界限，并且整合了区域中迥然不同却互相依存的各项工作。由于小圈子的存在、独立活动的传统模式和空余资源稀缺等原因，各种组织和机构本应互相交流，但却很少如此。只有少数问题得到解决，其他问题日渐溃烂；资源因重复工作而浪费；经验学习因知识不共享而受到限制。事实上，各个组织、各个 EBM

之间的互相了解以及对其可能利用的机会了解之少，令我们震惊。

而投资者有资源也有使命去总揽全局。通过提供种子资金并承诺未来继续投资，投资者可以激励人们聚在一起并互相分享。基金会召集会议时，人们往往纷纷响应。举例而言，海洋 EBM 的拥护者从大卫与露西·派克德基金会和戈登与贝蒂·摩尔基金会的各项活动中获得了众多益处，两基金会鼓励互不相干的研究者聚在一起，为研究者和参与者创造了互动渠道。同样，我们也从威廉和弗洛拉·休利特基金会的工作中受益，他们出资促进冲突管理领域的研究者进行讨论。但投资停止时，研究者和参与者之间的关系也随之枯萎。他们都有动力继续参与，但缺乏诱因和机会，找不到参与的方式和时间。

## 建设能力，催化行动

我们在所有研究地点中，几乎都发现了一个事实——无关国家或地区——即，EBM 工作的领导者和参与者皆因资源有限（包括资金、人员、专家和工具）而产生了受限感，对于成员组织和协作 EBM 团体而言都是如此。当资源有限时，组织就会紧缩已知开支，只做最少量的工作以应付法定要求或其他要求。零散资源——未集中用于核心活动的资金——有一种神奇的力量，能够激励人们并赋予他们行动的能力，这种激励的力量远超过投资。示范性拨款、外部投资者注资以及立法机构专项拨款等，都属于我们研究案例中的零散资源。物质刺激的方式使行动成为可能，我们呼吁慈善性社群和国际公共机构为生态系统规模的工作继续提供乃至加大非常规性投资。

不过，人们的需求不仅限于金钱。信息、专家和技巧都有限，尤其是在工作范围超出基本渔业科学和管理时更是如此。协作进程经验、对创新工具的理解（如为生态系统服务和其他市场战略等支付报酬）、有效吸引大众关注的技巧以及对政治外延可行水平的理解等等，均处于短缺状态。

在某些地区，基金会形成了学习网络，促进意见对等共享。派克德基金会资助的西海岸 EBM 网络就是其中一例。基金会还资助过可访问的共享数据库，这些数据库作为信息来源以及构想共同地理图景的方式都很有价值。虽然研究合作伙伴广受需要，但其更可能由政府和科学组织进行资助，从业者合作伙伴则较为少见。资助学习网络可促进形成协同效应，并在士气低落时传递希望。希望和远见还可通过其他方式获得，即持续性地记录 MEBM 成果并进行分析，这在我们有幸资助的某个项目中有所得见。随着 MEBM 的新奇度降低，记录各个团体维持动力、取得成功的方式变得至关重要。

## 资助研发

政府和学府如今愈发不愿也难以提供灵感来源和经过实践检验的策略。政府在自愿资助方面多有拘束，愿景也有局限；学府创造出的环境则抑制了研究者进行研究、对真实世界积极投入的势头。在某些地区，私人资本将投资对象定为以市场为基础的战略，以期促进海洋保护，包括渔业与入侵性物种管理。但这些并未真正形成一种规则，而更像是例外情况。

基金会和跨国公共机构能够发挥的一项关键作用就是资助那些构想、测试新型 EBM 战略所必需的研究和开发项目。这些项目具备孕育灵感的能力，还能推进特定地点内各种方法的应用。派克德基金会从 2000 年代中期起就开始投入这项工作，促进了西太平洋、加利福尼亚湾和中部海岸等地区的各项活动。但其投资基本用于 EBM 科学方面，没有在 EBM 管理和外联方面进行配套的平行持续投资。因此，在五年拨款期结束时，实地发生的改变微乎其微。

## 妥善选择衡量标准

虽然基金会将重点放在产生可衡量结果的投资上无可厚非，但量化生态系统健康程度和完整性这一工作，可能是各种工作中最难以厘清因果关系并予以记录的一种，在拨款方案一般长达 5~10 年的情况下尤为如此。然而，虽然短期报告与长期成果之间不匹配，但这并不意味着其不值得投资，只能说，我们必须确保耐心并准备替代措施。

EBM 倡议的生命周期通常为：开始工作，建立有效工作关系，收集信息并开始规划，推行试点方案以推进制度化并使其与成果相适应[6]。跟踪成果发现，各类进展则以进程改善—社会性改善—生态改善这一渐进趋势，粗略展现出阶梯式模式。我们对基金会的建议是与拨款接收方一起了解这一生命周期，将其绘制为逻辑模型，制定不同阶段的绩效衡量标准，然后构建监测机制以收集信息，从而将这些衡量标准用于实处。在大多数案例中，这一点都意味着 EBM 工作要经过中间成果的验证，而若鼓励各团体对其逻辑模型进行战略性思考，并随时间推移收集信息，则将显示出对目标人口、生态系统进程或压力源的影响。

通过对多个 MEBM 倡议负责人的采访发现，他们中很多人会定期申请基金会资助。看起来，虽然其团体重视构建逻辑模型、构思成功图景，但其面临的严苛的量化性要求确实削弱了其拓展机会、加强适应性的能力。一般而言，这些团体工作的背景中充满了变化，其需要以一种信息充沛、深思熟虑的方式进行应对。我们曾与基金会成员探讨过这种动态变化，他们表示基金会一般乐于与拨款接收方就新机会及其响应方式进行开诚布公的对话，但与某些 MEBM 拨款接收方进行的非公开谈话却显示出，事关衡量标准的动态变化一直是接收方与投资者之间一个充满问题的方面。双方都需要找到引导这种紧张情态的方式。

## 投资于长期工作

最后，因为 MEBM 是一种有关社会和生态变化的长期进程，因此，基金会要么需要长期跟进，要么应关注阶梯式任务，以增强能力或增进动力，抑或将进展可视化。若选择后者，那么各项倡议将关注重点放在支持过渡、增强能力上就无可厚非了，因为这是他们确保获得持续资助的方式。

在某些地点，捐助性资助有助于构建活动基地，旨在通过 MEBM 活动改善生态系统健康。有些倡议（如墨西哥湾联盟，其从英国石油公司漏油事件复原工作中获取资助）不仅有能力做出更多工作，而且其将年产量以慎重透明的方式投入在研究和复原工作上的需求，使得该区域的科学家、管理者和政策制定者有动力讨论并决定各类事项的优先顺序，而这无疑是很健康的。

# 给政策制定者的建议

我们在研究的 MEBM 倡议中，观察到政治和政策对倡议有一种"双峰效应"。对某些倡议来说，政治和政策会激励行动；但对另外一些倡议却构成了阻碍。还有些倡议则面临着这两者的循环。总体来说，我们对政策制定者的建议是，支持善意的工作，而非反对。放手让其施为，不要横加阻拦。

## 不同地方需要不同的政策响应方式

单一 MEBM 规模无法普遍适用，因此在政策层面上，也需要多管齐下。某些地方可能需要新的合法当局，抑或以物质进行激励的命令；而另外一些地方，创立新论坛、提供小型拨款方案以促进行动可能比较可行；还有些地方需要的是废除有问题的政策，使其不再限制机构间的交流与协作；鉴于有效 EBM 所需的时间跨度，很多地方都需要对现有方案和架构进行持续投资。

我们的案例研究清晰地显示出权威机构可以有多种形式。虽然法律命令和组织结构常常是构建 MEBM 区块的重要组成部分，但其有时只是创建了 MEBM 的假象，事实上却没有维持其发展的能量和推动力。在某些情况中，通过政治意愿和领导支持来援助 EBM 工作，从而授予其"权威"，可能就足以开展并维持工作了。

## 以现有法律和制度为基础

现有的政府方案一直是 EBM 工作的纽带。尤其是国家河口项目、国家海上禁渔区和国家河口研究保留区，它们创造了"平台"，提供了核心运作资源，在许多地方取得了重大进展。在许多案例中，它们在毫无监管权威的情况下，促进了很多行动的实施。

各国政府在生态系统规模的项目中发挥着重要作用，海洋系统尤其如此，而这一作用应得到维持。政府实体可以促进跨边境整合，支持某一流域范围内的伙伴关系，并令有效关系得以跨越国境发展。纳拉干海湾河口项目主任 Richard Ribb 回忆道："NEP 进程的本意是对一片流域的工作进行资助，但我们错在没有跟进……我们不该单纯期待各州继续这项工作，我们需要的是更加全局化的国家政策。"

我们相信，从 EBM 角度来说，投资并支持多数这些现存结构是很有价值的。这意味着不要通过削减预算来榨干它们的资金，也不要通过建立重叠的结构来削弱它们发挥作用的潜力。我们可能需要更新其规划和报告要求，这项工作的目的可以是确保这些现存结构已经制定好短期和长期的衡量标准，并编制好进展报告以供公众阅览。维持这些机构吸引利益相关方群体和大众的能力和兴趣也是至关重要的。示范性拨款、试点方案、持续性研究和生态系统规模的可用数据库等，如得到良好支持，可激励非政府团体和其他各级政府机构参与。

## 不要重复劳动

新成立的行政管理机构总是希望创造自己的方案、自己的标志，这是政治生活中的现实。有时，注入新活力、引入新资源、对各种倡议（如这些 EBM 工作）投以更多关注确实很有帮助。但领导者们需要对组织过渡和改组的成本有所认识。我们研究的许多案例中，参与者们都因其工作被"新倡议"打断而感到痛惜，而这所谓的"新"基本是新瓶装旧酒。人们被派来派去，参加新工作的会议，而不得不中断对现有倡议的投入。在普吉特湾乔治亚海盆和缅因湾委员会两案例中，行政长官和国家政策的转变导致了新结构与旧结构的重叠。参与者评论道，"他们带来的好事过于多了"，但又抽走了现有工作的驱动力。

确实，开展新工作，利用大量新资源或机会，又或是吸引有需求的参与者可能是很好的办法，正如在已有的联邦墨西哥湾项目外创立新的墨西哥湾联盟一样；但很多情况下，向已有倡议注入新资源、吸引新关注能带来更好效果。陆地生态系统管理经验给我们的教训中有一条就是，将政治目的"新瓶装旧酒"、重新包装的成本是很高的，我们建议政治领导人，如果真心在意实际进展的话，就要三思而后行。

## 领导支持很重要；允许并赞扬创新

我们所生活的这个时代也许很难将政治意愿固定在如创造 EBM 机会这样的积极行动上。但在需要新法令、大量资源或高水平政治合法性的地方，政治领导人有行动意愿是至关重要的。举例而言，政治领导力在绝大多数海上禁渔区的圈定过程中都起到了关键作用。如佛罗里达群岛案例就是在吉米·卡特政府和老布什政府及其他联邦官员的行政管理下顺利通过的。

有远见的人推动了这项工作的合法化和进展，包括如迈阿密民主党众议院议员 Dante Fascell，他发起了这项立法活动。Fascell 是一名在佛罗里达群岛和迈阿密常年打鱼的渔民，他亲眼见证了鱼群和水质的衰退，认识到有必要实行一种多层面方法并获得大众支持。Fascell 在美国众议院发言中讲道："想要拯救这片珊瑚礁，想让它日后带来生态和经济两方面的利益，我们就要联合政府各个层级的所有机构多管齐下——同时也要让人民参与进来。不得到人民的支持，一切都没有用处。"[7]

州级政治领导力同样重要。虽然 1996 年门罗县的无约束力全民公投中，禁渔区以 55% 票数遭反对，但佛罗里达州州长 Lawton Chiles 及其内阁认定该管理计划符合该州的最高利益。Chiles 及其内阁于 1997 年 1 月召开会议，就海上禁渔区管理计划进行匿名投票[8]。

EBM 工作可能需要政治领导人做出不同应对。有时，领导力意味着为有所进展的团体让出道路；有时，这些问题的应对方法如果低调些会更富有成效，因为这样能减少反对意见和无效意见的干扰。而有时，领导力可通过高级官员对创新工作的强调，成为扩大影响力的极佳工具。在共享领导观念成为常态的时代中，政治领导人的行动同样可以支持机构管理者、鼓励非政府活动进行领导。如果没有众多个体的远见、耐心和开放思想，没有他们支持划定禁渔区，佛罗里达群岛和海峡群岛国家海上禁渔区两案例的进展（见第四章）均不可能发生。

## 持续领导力必不可少；管理转变时期

短短 4 年的竞选周期无法与 EBM 的时间跨度相匹配，而政治局势和政策转变时的持续支持对于 EBM 而言又是必要的。这种支持需要经过选举上任的官员和委任官员双方的投入。没有这种投入，各项倡议就会遇到问题。纳拉干海湾河口项目参与者、环保署成员 Margherita Pryor 解释道："我们必须意识到，事情起效与否取决于一系列当地影响。如果得到坚定、强有力的支持，你就能看到不同的路。你必须由州长提名才能参与 NEP，早期方案没有这一过程。那些参与之初就得到州长支持，同时还有大众基础的人都非常成功，因为他们一开始走的就是那条路。"

政府换届时，其为 EBM 委员会委任的官员也随之变更，这种转变会对工作造成挑战。例如，墨西哥湾联盟水质优先问题小组的协调员 Steve Wolfe 就这样评论道："刚开始时，州长办公室里充满了激情……但参与联盟的州政府人员不断变动，新州长上任后又带来新人员，让事情变得很难办。你要怎么才能让他们全情投入呢？他们常常会调低州参与度，这使得我们很难与州政府维持与以往一样紧密的联系。"

使 EBM 工作与不断变动的政治局势相配合的方式之一即是在各个团体中发展能够延续的非政府领导力，如禁渔区咨询委员会，或其他以利益相关方或科学为基础的团体。例如，一名富有的企业主管、自然资源保护论者 George Barley 成为佛罗里达群岛禁渔区咨询委员会的首任主席。Barley 在影响管理方案方面起到了不小作用，使其更容易被居民们接受。谈到将该计划颁布为法令的紧迫性时，Barley 说道："佛罗里达在接下来的 10 年间将增长 20 个百分点，每个来这里的人都会买一艘船。如果不好好保护这个资源，我敢肯定它会消失。我们一定会好好珍惜它。"[9]

另一种应对措施是让 MEBM 主动与官员及其行政人员进行持续外联，使他们了解这些工作的重要性。让他们参与到与倡议有关的媒体活动，并请他们针对一些积极的结果表示赞扬，这些都是合理的策略。思考一下官员们重视的对象——选民、意见领袖和朋友——然后对这些人进行外联也是一种常见做法。本质上，EBM 包括建立一个参与者和支持者的联盟，将科学家、利益相关的团体、机构管理者和领导以及选举官员包含在内。他们持续不断的参与和支持是长期成功的关键。

# 一点一滴取得进展以在特定地点推进基于生态系统的管理

许多人会问一些最基本的问题：EBM 方法真的能奏效吗？它们能改善生态系统进程的运作吗？能减缓生态系统关键部分的损失吗？能创造产出成果的条件吗？

要回答这些问题可不容易。在许多案例中，在种群或生态系统状况方面明显发生了较小的变化。但在另一些案例中，因其系统复杂、长期落后，或是发生过影响成功成果的其他变化，使得即便是长期性工作所带来的改变也显得微乎其微。举例而言，在许多地区，气候变化带来的改变远远超过了当地团体应对的能力。

当被直接问及成功的衡量标准时，大多数参与这些倡议工作的个体会展示小规模生态变化和中间成果，他们热诚地相信这些变化和成果会彻底改善环境：之前分散的人们现在聚在一起工作；社群中冲突水平降低；机构间协作加强；科学信息增多、组织化增强；现状报告愈发走上轨道；各种行动所需的关键人物产生了越来越强的地域归属感和信念；人们也愈发感到环境改善和社群经济状况确实有所联系。他们认为社群中发生的社会进程改善能够改进社会状况，从而推动实现环境改变。我们之前对陆地 EBM 多个地点的研究证实了这一思维链条[10]。

回答这类事关影响的问题还有一种方式，就是诚实地反思最根本的问题：EBM 真的比同类方法好吗？是否完全没有进展？可能如此。如果我们强制推行改变，改变就会发生，这种理想化的概念能不能成真？但数十年来对方案实行和绩效的研究表明这很难成真，而许多监管方案面对有限的能力和人们的反对情绪时展现出的低下表现水平也证明了这一点[11]。如果有谁觉得我们需要的仅仅是强制推行各种解决方案，那么看看没有达到目标的案例，再思索一下吧：联邦濒危物种保护和加利福尼亚海洋保护区划定工作，两者都是强制实行的保护活动。加利福尼亚海洋保护区进程确实做出了一些成果，但那是在"正常"体系失败后才发生的，并且外界慈善组织在长期复杂进程中投入了巨额资助。现实生活比某些律师或科学家想象的更复杂。

本书中列举的倡议很少有在所有 EBM 要素上均取得进展的。虽然有人批评倡议没能显示出生态和生物参数上的显著进展，或未能坚持理想化的 EBM 概念，但我们的观点是，EBM 是改善生态系统条件及其所提供服务的进程，要做到这点，需要扩大理解、建立关系并改进决策，而这些都需要持续努力才能做到。我们应将 EBM 进程视为起调节作用的一系列"旋钮"，而非瞬时起效的"开关"。它更像是录音室里的混音台，有上百个滑块和旋钮，通过调节它们来将音符编织为动听的曲子。根据独特背景，调节特定地点的"旋钮"，该地点就离 MEBM 方法近了一步。

确实，MEBM 的成功并非来源于"实现平衡""达成合作"或"设法对付复杂情况"，而是依靠脚踏实地的逐渐积累。我们的案例大多数是从单一物种或单一议题努力向多样化扩展的。由此，他们得以在工作中理解并管理复杂的海洋生态系统及使用者群体之间互相冲突的需求。随着时间的推移，这些调整改变了生态系统条件。重要的是，要对"曲子"的旋律有一个预先构想，了解"混音"前音符与"成品"的差距，也就是说，要界定与所需生态系统条件相关的衡量标准，并监测战略是否沿着正确轨道发展。不过归根结底，能够进行调整的只有各项战略的"混音"，并且世上不存在完美的"混音"结果。

最重要的是，MEBM 观点是一种机会。它能够吸引各界对更宽泛、跨部门、跨司法管辖区的议题的关注，同时缩窄特定部门或管辖区的义务。若善加管理，它能够提供全局思考空间，同时鼓励团体或组织在适当规模下单独行动。它不能免于政治干预，会受自私行为问题干扰，定然不是易事。但它会起作用吗？我们认为答案是肯定的。研究了许多倡议后，我们的观点是，EBM 是宝贵的桥梁进程，为学习和行动提供联系和机会；如果没有EBM，这些可能都不会发生。

用另一种比喻说，这些倡议不像火车，从一站沿着单一轨道直线前往下一站；它们更像海上的小船，要适应易变的海风、洋流，并且不可避免会遇上暴风雨。即便已知目的地，但我们仍需要适应性、创新力、问题解决能力和引导来保证沿着正确的方向前行[12]。并且，即便达不到目标，旅途本身也有价值，也带来了可以衡量的改善。重要的是，在这个被冲突和分歧搅得支离破碎的世界里，本书中所载地点所接纳的合作和创新方法，至少带来了一丝希望，证明人们即便观点相异、认识不同、能力参差不齐、受到不同程度的限制，仍可以找到搁置偏见的方法，专注于共同关注的议题和地区。他们能够架起桥梁，推进海洋保护的发展。

# 参考文献

**Preface**

[1] Julia M.Wondolleck, Public Lands Conflict and Resolution: Managing National Forest Disputes (New York: Plenum Publishers, 1988); James E.Crowfoot and Julia M.Wondolleck, Environmental Disputes: Community Involvement in Conflict Resolution (Washington, DC: Island Press, 1990).

[2] Steven L.Yaffee, Prohibitive Policy: Implementing the Federal Endangered Species Act (Cambridge, MA: MIT Press, 1982); Steven L.Yaffee, The Wisdom of the Spotted Owl: Policy Lessons for a New Century (Washington, DC: Island Press, 1994).

[3] Steven L.Yaffee et al., Ecosystem Management in the United States: An Assessment of Current Experience (Washington, DC: Island Press, 1996); Julia M.Wondolleck and Steven L.Yaffee, Making Collaboration Work: Lessons from Innovation in Natural Resource Management (Washington, DC: Island Press, 2000); www.snre.umich.edu/ecomgt/collaboration.htm.

[4] This is also a conclusion that Morgan Gopnik reached after studying ecosystem management on public lands and in the context of marine spatial planning. See Morgan Gopnik, From the Forest to the Sea: Public Land Management and Marine Spatial Planning (London: Earthscan/Routledge, 2015).

**Chapter 1**

[1] Unless otherwise indicated, this quotation and all subsequent quotations in the chapter are taken from telephone interviews conducted with the named respondent by the authors or their research assistants, January 2009 to December 2010.

[2] Quoted in World Wildlife Fund, "Florida Residents Give Thumbs Up as Largest No-Fish Zone in the US Gets the Nod," April 25, 2001, accessed March 26, 2016, http://wwf.panda.org/wwf_news/? 2243/Florida-residents-give-the-thumbs-up-as-largest-no-fish-zone-in-the-US-gets-the-nod.

[3] See, e.g., Tundi Agardy et al., Taking Steps toward Marine and Coastal Ecosystem-Based Management—an Introductory Guide (Nairobi, Kenya: United Nations Environment Programme, 2011); Katie K.Arkema, Sarah C.Abramson, and Bryan M.Dewsbury, "Marine Ecosystem-Based Management: From Characterization to Implementation," Frontiers in Ecology and the Environment 4 (2006): 525 – 32; Richard Curtin and Raul Prellezo, "Understanding Marine Ecosystem Based Management: A Literature Review," Marine Policy 34 (2010): 821–30; Verna G.DeLauer et al., "The Complexity of the Practice of Ecosystem-Based Management," Integral Review 10 (2014): 4–28; Sue Kidd, Andy Plater, and Chris Frid, eds., The Ecosystem Approach to Marine Planning and Management (London: Earthscan, 2011); Sarah E.Lester et al., "Science in

Support of Ecosystem-Based Management for the US West Coast and Beyond," Biological Conservation 143 (2010):576-87;James Lindholm and Robert Pavia, eds, "Examples of Ecosystem-Based Management in National Marine Sanctuaries:Moving from Theory to Practice," Marine Sanctuaries Conservation Series ONMS-10-02 (Silver Spring MD:US Department of Commerce, NOAA,2010);Karen L.McLeod and Heather M.Leslie, Ecosystem-Based Management for the Oceans (Washington, DC:Island Press,2009); Mary Ruckelshaus et al., "Marine Ecosystem-Based Management in Practice: Scientific and Governance Challenges," BioScience 58 (2008):53-63.

[4] N.L.Christensen et al., "The Report of the Ecological Society of America Committee on the Scientific Basis for Ecosystem Management," Ecological Applications 6 (1996):665-91;R.Edward Grumbine, "What Is Ecosystem Management?" Conservation Biology 8 (1994):27-38.

[5] See,e.g., Peter A.Larkin, "Concepts and Issues in Marine Ecosystem Management," Reviews in Fish Biology and Fisheries 6 (1996):139-64;National Oceanic and Atmospheric Administration, New Priorities for the 21st Century:National Marine Fisheries Service Strategic Plan, Updated for FY 2005-FY 2010 (Washington, DC:U.S.Department of Commerce,2004).

[6] Pew Oceans Commission, America's Living Oceans:Charting a Course for Sea Change (Arlington VA:Pew Oceans Commission,2003); U.S.Commission on Ocean Policy, An Ocean Blueprint for the 21st Century (Washington, DC:U.S.Commission on Ocean Policy,2004).

[7] Exec.Order No.13547.Stewardship of the Ocean, Our Coasts, and the Great Lakes.3 C.F.R.13547 (2010).

[8] California Ocean Protection Act,26.5 California Public Resources Code 35500-35650 (2004);Massachusetts Oceans Act,114 Massachusetts General Laws 35HH (2008).

[9] Canada's Oceans Act,S.C.1996,c.31.

[10] See,e.g.,Steven A.Murawski, "Ten Myths Concerning Ecosystem Approaches to Marine Resource Management," Marine Policy 31 (2007):681-90;Heather Tallis et al., "The Many Faces of Ecosystem-Based Management:Making the Process Work Today in Real Places," Marine Policy 34 (2010):340-48;Steven L.Yaffee, "Three Faces of Ecosystem Management," Conservation Biology 13 (1999):713-25.

[11] Karen L.McLeod et al., "Scientific Consensus Statement on Marine Ecosystem-Based Management," signed by 217 academic scientists and policy experts with relevant expertise and published by the Communication Partnership for Science and the Sea (2005),http://compassonline.org/science/EBM_CMSP/EBM-consensus.

[12] See,e.g.,Charles Ehler and Fanny Douvere, Marine Spatial Planning:A Step-by-Step Approach toward Ecosystem-Based Management,Intergovernmental Oceanographic Commission and Man and the Biosphere Programme,IOC Manual and Guides No.53,ICAM Dossier No.6 (Paris:UNESCO.2009);and Tundi Agardy, Ocean Zoning:Making Marine Management More Effective (London:Earthscan,2010).

[13] Other researchers have used a cross-case analysis approach to study MEBM.See,e.g.,Agardy et al.,Taking Steps toward Marine and Coastal Ecosystem-Based Management—an Introductory Guide;Peter J.S.Jones, Governing Marine Protected Areas:Resilience through Diversity (London:Earthscan/Routledge,2014);and McLeod and Leslie,Ecosystem-Based Management for the Oceans.

[14] Julia Wondolleck and Steven Yaffee, "Marine Ecosystem-Based Management in Practice" (Ann Arbor:U-

niversity of Michigan,2012),http://www.snre.umich.edu/ecomgt/mebm.

[15]  Wondolleck and Yaffee,"Marine Ecosystem-Based Management in Practice."

## Chapter 2

[1]  Gulf of Maine Council on the Marine Environment,"The Gulf of Maine in Context:State of the Gulf of Maine Report"(June 2010),3,accessed March 28,2016,http://www.gulfofmaine.org/state-of-the-gulf/docs/the-gulf-of-maine-in-context.pdf.

[2]  Maine Audubon,"Conserving Maine's Significant Wildlife Habitat Shore-birds,"(Spring 2009),accessed March 26, 2016, http://maineaudubon. org/wp-content/uploads/2012/08/MEAud-Conserving-Wildlife-Shorebirds.pdf.

[3]  Lawrence P.Hildebrand,Victoria Pebbles,and David A.Fraser,"Cooperative Ecosystem Management across the Canada-U.S.Border:Approaches and Experiences of Transboundary Programs in the Gulf of Maine,Great Lakes and Georgia Basin-Puget Sound,"Ocean and Coastal Management 45 (2002):421-57.

[4]  Gulf of Maine Council on the Marine Environment,"Agreement on Conservation of the Marine Environment of the Gulf of Maine between the Governments of the Bordering States and Provinces,"(1989),19,accessed March 26, 2016, http://www. gulfofmaine. org/2/wpcontent/uploads/2015/12/GOMC-Reference-Guide-December 2015.pdf.

[5]  The SeaDoc Society,"Salish Sea Facts,"accessed March 28,2016,http://www.seadocsociety.org/Salish-Sea-Facts/.

[6]  Stefan Freelan,"Map of the Salish Sea and Surrounding Basin,"accessed March 26,2016,http://staff.wwu.edu/stefan/salish_sea.shtml.

[7]  U.S.Environmental Protection Agency and Environment Canada,"Joint Statement of Cooperation on the Georgia Basin and Puget Sound Ecosystem 2008-2010 Action Plan,"(November 2008),accessed March 28, 2016,https://www.epa.gov/sites/production/files/2015-09/documents/salish_sea_soc_action_plan_2008-2010.pdf.

[8]  U.S.Environmental Protection Agency and Environment Canada,"Joint Statement of Cooperation on the Georgia Basin and Puget Sound Ecosystem 2008-2010 Action Plan."

[9]  Nicholas Brown and Joseph Gaydos,"Species of Concern within the Georgia Basin Puget Sound Marine Ecosystem:Changes from 2002 to 2006,"Proceedings of the 2007 Georgia Basin Puget Sound Research Conference,accessed March 28, 2016, http://staff. wwu. edu/stefan/SalishSea/SpeciesOfConcern _ brown-gaydos _ 07.pdf.

[10]  David Fraser et al.,"Collaborative Science,Policy Development and Program Implementation in the Transboundary Georgia Basin/Puget Sound Ecosystem,"Environmental Monitoring and Assessment 113 (2006):49-69.

[11]  Jamie Alley,"The British Columbia-Washington Environmental Cooperation Council:An Evolving Model of Canada-United States Interjurisdictional Cooperation,"in Environmental Management on North America's Borders,ed.Richard Kiy and John Wirth (College Station:Texas A&M University Press,1998),55;Environmental Cooperation Council,"2003 Annual Report,"April 7,2004,accessed March 26,2016,http://www.

env.gov.bc.ca/spd/ecc/docs/annual_reports/ecc03.pdf.

［12］ Unless otherwise indicated, this quotation and all subsequent quotations in the chapter are taken from tele-phone interviews conducted with the named respondent by the authors or their research assistants, January 2009 to December 2010.

［13］ Gulf of Maine Council, "Mission and Principles," accessed March 28, 2016, http://www.gulfofmaine.org/2/mission-and-principles/.

［14］ Alley, "The British Columbia–Washington Environmental Cooperation Council," 54.

［15］ Alley, "The British Columbia–Washington Environmental Cooperation Council," 54.

［16］ Alley, "The British Columbia–Washington Environmental Cooperation Council," 56.

［17］ Alley, "The British Columbia–Washington Environmental Cooperation Council," 58-59.

［18］ Alley, "The British Columbia–Washington Environmental Cooperation Council," 59.

［19］ Alley, "The British Columbia–Washington Environmental Cooperation Council," 63.

［20］ After five years of hearings and consultation, the International Joint Commission released its judgment in 1984 to designate the specific boundary, commonly referred to as the Hague Line after the Netherlands venue where it was developed. The line extends out to the 200 nautical mile EEZ limit and awards the United States the majority of Georges Bank, designating only the easternmost portion of the bank to Canada. Lawrence J. Prelli and Mimi Larsen-Becker, "Learning from the Limits of an Adjudicatory Strategy for Re-solving United States–Canada Fisheries Conflicts: Lesson from the Gulf of Maine," Natural Resources Jour-nal 41 (2001): 445-85.

［21］ GoMOOS was handed off to the Gulf of Maine Research Institute in 2009 and is now part of the Northeastern Regional Association of Coastal Ocean Observing Systems (NERACOOS). NERACOOS, "Welcome GoMOOS users!," accessed March 28, 2016, http://www.neracoos.org/gomoos_retired.

［22］ Alley, "The British Columbia–Washington Environmental Cooperation Council," 58.

［23］ Gulf of Maine Council, "Gulfwatch Contaminant Monitoring Program," accessed March 26, 2016, http://www.gulfofmaine.org/2/gulfwatch-homepage/.

［24］ Transboundary Georgia Basin–Puget Sound Environmental Indicators Working Group, "Ecosystem Indicators Report" (Spring 2002), accessed March 26, 2016, http://www.env.gov.bc.ca/spd/docs/gbpsei.pdf.

［25］ Transboundary Georgia Basin–Puget Sound Environmental Indicators Working Group, "Ecosystem Indicators Report."

［26］ U.S. Environmental Protection Agency, "Health of the Salish Sea Ecosystem Report," accessed March 26, 2016, https://www.epa.gov/salish-sea.

［27］ Naureen Rana, "The Puget Sound–Georgia Basin International Task Force," in Transboundary Collaboration in Ecosystem Management: Integrating Lessons from Experience, ed. Elizabeth Harris, Chase Huntley, William Mangle, and Naureen Rana (Ann Arbor: University of Michigan, 2001), accessed March 27, 2016, http://www.snre.umich.edu/ecomgt//pubs/transboundary/TB_Collab_Full_Report.pdf.

［28］ Gulf of Maine Council, "Opportunities," accessed March 28, 2016, http://www.gulfofmaine.org/2/oppor-tunities/.

［29］ Georgia Basin/Puget Sound International Task Force, "ECC Update," (April 2003), accessed March 26,

2016,http://www.env.gov.bc.ca/spd/ecc/docs/2003April/Gb_PS_ITF_Update.pdf.

［30］ Georgia Basin/Puget Sound International Task Force,"ECC Update,"（February 2004）,accessed March 26,2016,http://www.env.gov.bc.ca/spd/ecc/docs/2004Feb/Gb_PS_ITF_Action.PDF.

［31］ Georgia Basin/Puget Sound International Task Force,"ECC Update,"（February 2004）.

［32］ Georgia Basin/Puget Sound International Task Force,"ECC Update,"（February 2004）.

［33］ BC/WA Environmental Cooperation Council,"Record of Discussion for ECC Meeting,"（October 28, 2005）,accessed March 28,2016,http://www.env.gov.bc.ca/spd/ecc/docs/2005Oct/record_of_discussion _05oct28.pdf.

［34］ BC/WA Environmental Cooperation Council,"DRAFT Record of Discussion for ECC Meeting,"（November 29,2006）,accessed March 28,2016,http://www.env.gov.bc.ca/spd/ecc/docs/2006Nov/record_of_dis-cussion.pdf.

［35］ Washington/British Columbia Coastal and Ocean Task Force,"Terms of Reference"（June 2007）,accessed March 28,2016,http://www.ecy.wa.gov/climatechange/docs/gov_20070608_BCMOUappendices.pdf.

［36］ British Columbia/Washington Coastal and Ocean Task Force,Three Year Draft Work Plan（April 2008）, accessed March 26,2016,http://www.env.gov.bc.ca/spd/ecc/docs/2008April/COTF_workplan.pdf.

［37］ Gulf of Maine Council,"Gulf of Maine Restoration and Conservation Initiative," 3,accessed March 26, 2016,http://www.gulfofmaine.org/gomrc/BriefingPaper093009.pdf.

［38］ National Ocean Council,Executive Office of the President,"National Ocean Policy Implementation Plan" （April 2013）,accessed,March 26,2016,http://www.whitehouse.gov/sites/default/files/national_ocean_ policy_implementation_plan.pdf.

［39］ Gulf of Maine Association,"Gulf of Maine Association," accessed April 14,2016,http://www.gulfofmaine. org/2/gulf-of-maine-association-homepage/.

## Chapter 3

［1］ National Ocean Service,NOAA,"Gulf of Mexico at a Glance"（Washington,DC:U.S.Department of Com-merce,2008）,accessed August 24,2016,http://gulfofmexicoalliance.org/pdfs/gulf_glance_1008.pdf.

［2］ Gulf of Mexico Foundation,"Gulf of Mexico Facts," accessed March 16,2016,http://www.gulfmex.org/ about-the-gulf/gulf-of-mexico-facts.

［3］ Bryan Walsh,"The Gulf's Growing 'Dead Zone,'" Time,June 17,2008.

［4］ Ian R.MacDonald,John Amos,Timothy Crone,and Steve Wereley,"The Measure of a Disaster," New York Times,May 22,2010,A17.

［5］ Governor Jeb Bush,Letter to Governor Haley Barbour（April 26,2004）,personal copy.

［6］ "Testimony of Bryon Griffith,Director,Gulf of Mexico Program before the Senate Committee on Environment and Public Works"（November 9,2009）,accessed August 27,2016,https://www.epw.senate.gov/public/_ cache/files/9a43bfb3-0cde-4b24-8a46-ef028e38e288/bryongriffith11909leghearinggulfofmexicotesti-monyfinal.pdf.

［7］ These accomplishments were outlined in Governor Jeb Bush,Letter to Governor Haley Barbour（April 26, 2004）,personal copy.

［8］ Unless otherwise indicated, this quotation and all subsequent quotations in the chapter are taken from tele-phone interviews conducted with the named respondent by the authors or their research assistants, January 2009 to December 2010.

［9］ Governor Jeb Bush, Letter to Governor Haley Barbour (April 26,2004), personal copy.

［10］ U.S.Commission on Ocean Policy, An Ocean Blueprint for the 21st Century (Washington, DC: U.S.Commission on Ocean Policy, 2004).

［11］ "U.S.Ocean Action Plan: The Bush Administration's Response to the U.S.Commission on Ocean Policy," 2004, 5, accessed August 27, 2016, https://data. nodc. noaa. gov/coris/library/NOAA/other/us _ ocean _ action_plan_2004.pdf.

［12］ 148 Cong.Rec.S9834 (Oct.2, 2002) (testimony of Sen.Landrieu).

［13］ Gulf of Mexico Alliance, "Governors' Action Plan for Healthy and Resilient Coasts: March 2006-March 2009," accessed March 16, 2016, http://www.gulfofmexicoalliance.org/pdfs/gap_final2.pdf.

［14］ Currently, the GOMA Priority Issue Teams focus on Coastal Resilience, Data and Monitoring, Education and Engagement, Habitat Resources, Water Resources, and Wildlife and Fisheries. Three cross-Priority Issue Team regional initiatives were added in 2014: Comprehensive Conservation, Restoration and Resilience Planning, Ecosystem Services, and Marine Debris.Accessed March 16, 2016, http://www. gulfofmexicoalli-ance.org/our-priorities.

［15］ Gulf of Mexico Alliance, "Governors' Action Plan Ⅲ for Healthy and Resilient Coasts:2016−2021," 40, accessed August 28, 2016, http://www.gulfofmexicoalliance.org/documents/APⅢ.pdf.

［16］ Gulf of Mexico Alliance, "Business Advisory Council," accessed August 24, 2016, http://www.gulfofmexi-coalliance.org/partnerships/pdfs/GOMA%20BAC%20Function%20and%20Format.pdf, 2.

［17］ Gulf of Mexico Alliance, "2015 Annual Report," accessed August 24, 2016, http://gulfofmexicoalliance. org/documents/goma-misc/2015/2015-annual-report.pdf, 1.

［18］ Laura Bowie, "10 Years of Building Partnerships for a Healthier Gulf," Gulf of Mexico Alliance Newsletter (June 12, 2014), accessed March 16, 2016, http://www. gulfofmexicoalliance. org/2014/06/10-years-of-building-partnerships-for-a-healthier-gulf.

## Chapter 4

［1］ Daniel Suman, Manoj Shivlani, and J.Walter Milon, "Perceptions and Attitudes Regarding Marine Reserves: A Comparison of Stakeholder Groups in the Florida Keys National Marine Sanctuary," Ocean & Coastal Management 42 (1999):1019−40.

［2］ U.S.Department of Commerce, National Oceanic and Atmospheric Administration, National Marine Sanctuary Program, Channel Islands National Marine Sanctuary Management Plan (Silver Spring, MD: NOAA, 2009), 19−28.

［3］ Leslie Abramson et al., "Reducing the Threat of Ship Strikes on Large Cetaceans in the Santa Barbara Chan-nel Region and Channel Islands National Marine Sanctuary: Recommendations and Case Studies," Marine Sanctuaries Conservation Services ONMS-11-01 (Silver Spring, MD: U.S. Department of Commerce, NOAA, 2011).

［4］　U.S.Department of Commerce,Channel Islands National Marine Sanctuary Management Plan 5-6.

［5］　Unless otherwise indicated,this quotation and all subsequent quotations in the chapter are taken from tele-
phone interviews conducted with the named respondent by the authors or their research assistants,January
2009 to December 2010.

［6］　U.S.Department of Commerce,National Oceanic and Atmospheric Administration,Florida Keys National Ma-
rine Sanctuary Revised Management Plan (Key West,FL:NOAA,2007),13-16.

［7］　Chuck Adams,"Economic Activities Associated with the Commercial Fishing Industry in Monroe County,
Florida," Florida Sea Grant Program Report 92-006 (Gainesville,FL:University of Florida,1992),accessed
August 25,2016,http://nsgl.gso.uri.edu/flsgp/flsgpt92006.pdf.

［8］　William O.Antozzi,"The Developing Live Spiny Lobster Industry," NOAA Technical Memorandum NMFS-
SEFSC-395 (Springfield,VA:National Technical Information Service,1996),1.

［9］　U.S.Department of Commerce,Florida Keys National Marine Sanctuary Revised Management Plan,5.

［10］　U.S.Department of Commerce,Florida Keys National Marine Sanctuary Revised Management Plan,17.

［11］　U.S.Department of Commerce,National Oceanic and Atmospheric Administration,Sanctuaries and Reserves
Division, Florida Keys National Marine Sanctuary, Final Management Plan/Environmental Impact
Statement,Volume 1 (Silver Spring,MD:NOAA,1996),2.

［12］　John C.Ogden et al.,"A Long-Term Interdisciplinary Study of the Florida Keys Seascape," Bulletin of Ma-
rine Science 54 (1994):1059-1071.

［13］　Brian D.Keller and Billy D.Causey,"Linkages between the Florida Keys National Marine Sanctuary and the
South Florida Ecosystem Restoration Initiative," Ocean and Coastal Management 48 (2005):869-900.

［14］　"A Third Freighter Runs Aground Off Keys," New York Times,November 12,1989,accessed August 25,
2016,http://www.nytimes.com/1989/11/12/us/a-third-freighter-runs-aground-off-keys.html.

［15］　U.S.Department of Commerce,Florida Keys National Marine Sanctuary,Final Management Plan/Environ-
mental Impact Statement,Volume 1,2.

［16］　U.S.National Oceanic and Atmospheric Administration,National Marine Sanctuaries,"Galapagos of North
America:Channel Islands National Marine Sanctuary," Sanctuary Watch (Fall 2012),6.

［17］　Quoted in U.S.National Oceanic and Atmospheric Administration,"Galapagos of North America:Channel
Islands National Marine Sanctuary," 6.

［18］　Quoted in U.S.National Oceanic and Atmospheric Administration,"Galapagos of North America:Channel
Islands National Marine Sanctuary," 6.

［19］　Testimony of Dante Fascell before the U.S.House Committee on Merchant Marine and Fisheries,May 10,
1990,reprinted in Hearing on HR 3719,To Establish the Florida Keys National Marine Sanctuary,Serial
No.101-94 (Washington,DC:Government Printing Office,1990),6.

［20］　K.Sleasman,"Coordination between Monroe County and the Florida Keys National Marine Sanctuary," O-
cean and Coastal Management 52 (2009):69-75.

［21］　U.S.Department of Commerce,Channel Islands National Marine Sanctuary Management Plan,42.

［22］　U.S.Department of Commerce,Channel Islands National Marine Sanctuary Management Plan,49.

［23］　U.S.Department of Commerce,Channel Islands National Marine Sanctuary Management Plan,48.

［24］ U.S.Department of the Interior,National Park Service,Channel Islands National Park,Final General Man-agement Plan (Santa Barbara,CA:NPS,April 2015),22.

［25］ "Co-Trustees Agreement for Cooperative Management," May 19,1997,accessed March 26,2016,http://floridakeys.noaa.gov/mgmtplans/man_cotrust.pdf.

［26］ Keller and Causey,"Linkages between the Florida Keys National Marine Sanctuary and the South Florida E-cosystem Restoration Initiative."

［27］ Keller and Causey,"Linkages between the Florida Keys National Marine Sanctuary and the South Florida E-cosystem Restoration Initiative."

［28］ The Fish and Wildlife Conservation Commission is well known to anybody on the water;it is the issuing a-gency for more than two hundred licenses,permits,and certifications for a wide range of activities regarding fish,wildlife,or boating.

［29］ Testimony of Doug Jones before the U.S.House Committee on Merchant Marine and Fisheries,May 10,1990,reprinted in Hearing on HR 3719,To Establish the Florida Keys National Marine Sanctuary,Serial No.101-94 (Washington,DC:Government Printing Office,1990),17.

［30］ U.S.National Park Service,"The Birth of Biscayne National Park," accessed March 26,2016,http://www.nps.gov/bisc/historyculture/the-birth-of-biscayne-national-park.htm.

［31］ National Academy of Public Administration,Center for the Economy and the Environment,Protecting Our National Marine Sanctuaries (Washington,DC:NAPA,2000),22.

［32］ Quoted in William Booth, "'Zoning' the Sea:New Plan for Florida Keys Arouses Storm," Washington Post,October 17,1993,accessed August 24,2016,www.washingtonpost.com/archive/politics/1993/10/17/zoning-the-sea-new-plan-for-florida-keysarouses-storm/ee55f0a0-ad00-413d-842d-ccb33f6befb1.

［33］ Channel Islands National Marine Sanctuary,Sanctuary Advisory Council, "Decision-Making and Operational Protocols," November 18,2005,accessed March 26,2016,http://channelislands.noaa.gov/sac/pdfs/rev_prot.pdf.

［34］ Channel Islands National Marine Sanctuary, "Working Groups and Subcommittees," accessed March 26,2016,http://channelislands.noaa.gov/sac/working_groups.html.

［35］ U.S.Department of Commerce,Florida Keys National Marine Sanctuary,Final Management Plan/Environ-mental Impact Statement,Volume 1,6.

［36］ National Academy of Public Administration,Protecting Our National Marine Sanctuaries,22.

［37］ Partnership for Interdisciplinary Studies of Coastal Oceans,accessed March 26,2016,www.piscoweb.org.

［38］ Gary E.Davis, "Science and Society:Marine Reserve Design for the California Channel Islands," Conserva-tion Biology 19 (2005):1745-51.

［39］ California Department of Fish and Game, "Appendix 3.History of the Channel Islands Marine Reserves Working Group Process," Final Environmental Document,Marine Protected Areas in NOAA's Channel Islands National Marine Sanctuary (October 2002),A3-2,accessed March 27,2016,https://nrm.dfg.ca.gov/FileHandler.ashx? DocumentID=30729&inline.

［40］ California Department of Fish and Game, "Appendix 3.History of the Channel Islands Marine Reserves Working Group Process," A3-2.

［41］ The design criteria included considerations of "biogeographic representation, individual reserve size, human threats and natural catastrophes, habitat representation, vulnerable habitats and species, monitoring sites, and connectivity." Davis, "Science and Society: Marine Reserve Design for the California Channel Islands."

［42］ Davis, "Science and Society: Marine Reserve Design for the California Channel Islands."

［43］ California Department of Fish and Game. Master Plan for Marine Protected Areas, "Appendix H. Summary of Recent and Ongoing Processes Related to the MLPA Initiative" (January 2008), H-5, accessed March 26, 2016, http://www.dfg.ca.gov/mlpa/pdfs/revisedmp0108h.pdf.

［44］ Satie Airamé et al., "Applying Ecological Criteria to Marine Reserve Design: A Case Study from the California Channel Islands," Ecological Applications 13 (2003): 170–84.

［45］ John C. Jostes and Michael Eng, "Facilitators' Report Regarding the Channel Islands National Marine Sanctuary Marine Reserves Working Group," Interactive Planning and Management and U.S. Institute for Environmental Conflict Resolution, May 23, 2001, 13-14, accessed March 24, 2016, http://media.law.stanford.edu/organizations/programs-and-centers/enrlp/doc/slspublic/channelislandstn-exprt2.pdf.

［46］ Lydia K. Bergen and Mark H. Carr, "Establishing Marine Reserves: How Can Science Best Inform Policy?" Environment 45 (2003): 8–19.

［47］ California Department of Fish and Game, "Appendix 3. History of the Channel Islands Marine Reserves Working Group Process," A3–14.

［48］ California Department of Fish and Game, "Appendix 3. History of the Channel Islands Marine Reserves Working Group Process," A3–14.

［49］ National Oceanic and Atmospheric Administration, "Marine Zones Now in Federal Waters of NOAA's Channel Islands National Marine Sanctuary" (August 9, 2007), accessed March 27, 2016, http://www.publicaffairs.noaa.gov/releases2007/aug07/noaa07-r429.html.

［50］ Quoted in Joshua Kweller, "Channel Islands National Marine Sanctuary Advisory Council," in Kathy Chen et al., eds., Sanctuary Advisory Councils: A Study in Collaborative Resource Management (Ann Arbor: University of Michigan, 2006), accessed March 27, 2016, https://deepblue.lib.umich.edu/handle/2027.42/101680.

［51］ U.S. Department of Commerce, Florida Keys National Marine Sanctuary, Final Management Plan/Environmental Impact Statement, Volume 1, 5.

［52］ James Murley and F. Stevens Redburn, Ready to Perform? Planning and Management at the National Sanctuary Program (Washington, DC: National Academy of Public Administration, October 2006), 21.

［53］ Suman et al., "Perceptions and Attitudes Regarding Marine Reserves," 1031.

［54］ U.S. Department of Commerce, National Oceanic and Atmospheric Administration, Sanctuaries and Reserves Division, Florida Keys National Marine Sanctuary, Final Management Plan/Environmental Impact Statement, Volume 2 (Silver Spring, MD: NOAA, 1996), 134.

［55］ Tortugas 2000 Working Group, "Meeting Minutes of April 1998," unpublished.

［56］ Tortugas 2000 Working Group, "Meeting Minutes of June 1998," unpublished.

［57］ Tortugas 2000 Working Group, "Meeting Minutes of May 1999," unpublished.

［58］ Quoted in World Wildlife Fund, "Florida Residents Give Thumbs Up as Largest No-Fish Zone in the US Gets the Nod," April 25, 2001, accessed March 26, 2016, http://wwf.panda.org/wwf_news/? 2243/

Florida-residents-give-the-thumbs-up-as-largest-no-fish-zone-in-the-US-gets-the-nod.

## Chapter 5

[1] U. S. Environmental Protection Agency, "Community – Based Watershed Management: Lessons from the National Estuary Program" (February 2005), accessed March 30, 2016, https://www.epa.gov/sites/production/files/2015-09/documents/2007_04_09_estuaries_nepprimeruments_srnepprimer.pdf.

[2] For example, President Ronald Reagan issued an executive order in 1981 that terminated six federally authorized river basin commissions, including the Pacific Northwest, Great Lakes, and New England River Basin Commissions. Exec. Order No. 12,319 (Sept. 9, 1981), 46 Fed. Reg. 45,591, 3 C.F.R. (1981) Comp, 175.

[3] Jennifer Steel, ed., "Albemarle-Pamlico National Estuarine System: Analysis of the Status and Trends" (April 1991), Report No. 90 – 01, vii, accessed March 30, 2016, http://www.apnep.org/c/document_library/get_file? uuid=36817de5-6891-4563-896f-f5235d3d8dd4&groupId=61563.

[4] National Audubon Society, "Important Bird Areas: North Carolina," accessed March 30, 2016, http://netapp.audubon.org/iba/Reports.

[5] APNEP, "Fast Facts," accessed March 30, 2016, http://portal.ncdenr.org/web/apnep/fastfacts#26.

[6] Steel, "Albemarle-Pamlico National Estuarine System: Analysis of the Status and Trends."

[7] North Carolina Coastal Resources Commission Science Panel, "North Carolina Sea Level Rise Assessment Report: 2015 Update to the 2010 Report" (March 31, 2015), 25, accessed March 30, 2016, https://ncdenr.s3.amazonaws.com/s3fs-public/ Coastal% 20Management/documents/PDF/Science% 20Panel/2015% 20NC%20SLR%20Assessment−FINAL%20REPORT%20Jan%2028%202016.pdf.

[8] APNEP, "About the Partnership," accessed March 30, 2016, http://portal.ncdenr.org/web/apnep/about?p_p_id=15&p_p_lifecycle=1&p_p_state=normal.

[9] NBEP, "Currents of Change: Environmental Status & Trends of the Narragansett Bay Region, Final Technical Report" (August 2009), accessed March 30, 2016, http://www.nbep.org/statusandtrends/CoC-finaltech-3aug09.pdf.

[10] Narragansett Bay National Estuarine Research Reserve, "An Ecological Profile of the Narragansett Bay National Estuarine Research Reserve," Kenneth B. Raposa and Malia L. Schwartz, eds. (2009), accessed March 30, 2016, http://www.nbnerr.org/profile.htm.

[11] Frank Carini, "Narragansett Bay Watershed Feels the Heat," ecoRI News (May 14, 2014), accessed March 30, 2016, http://www.ecori.org/natural-resources/2014/5/14/narragansett-bay-watershed-feels-the-heat.html.

[12] NBEP, "Currents of Change: Environmental Status & Trends of the Narragansett Bay Region."

[13] Narragansett Bay National Estuarine Research Reserve, "An Ecological Profile of the Narragansett Bay National Estuarine Research Reserve."

[14] David M. Bearden, National Estuary Program: A Collaborative Approach to Protecting Coastal Water Quality, CRS Report 97-644 ENR (Washington, DC: Congressional Research Service, Library of Congress, 2001), accessed August 25, 2016, http://digital.library.unt.edu/ark:/67531/metacrs1411/m1/1/high_res_d/97-644enr_2001Jan12.pdf.

［15］ NBEP,"About NBEP," accessed March 28,2016,http://www.nbep.org/about-theprogram.html.

［16］ U.S.Environmental Protection Agency,"Comprehensive Conservation and Management Plans," accessed March 30,2016,https://www.epa.gov/nep/information-about-local-estuary-programs#tab-2.

［17］ Steel,"Albemarle-Pamlico National Estuarine System:Analysis of the Status and Trends."

［18］ APNEP,"Comprehensive Conservation and Management Plan:Albemarle-Pamlico Estuarine Study"(November 1994),22,accessed March 30,2016,http://portal.ncdenr.org/c/document_library/get_file? uuid =40eead85-a903-4cac-b7aa-a249a94be3b3&groupId=61563.

［19］ APNEP,"Comprehensive Conservation and Management Plan," 1994,86.

［20］ Katrina Smith Korfmacher,"Invisible Successes,Visible Failures:Paradoxes of Ecosystem Management in the Albemarle-Pamlico Estuarine Study," Coastal Management 26 (1998):191-211.

［21］ Unless otherwise indicated,this quotation and all subsequent quotations in the chapter are taken from telephone interviews conducted with the named respondent by the authors or their research assistants,January 2009 to December 2010.

［22］ Rhode Island Department of Administration,"Comprehensive Conservation and Management Plan for Narragansett Bay," accessed March 30, 2016, http://www. planning. ri. gov/documents/guide _ plan/ ccmp715.pdf.

［23］ Rhode Island Department of Administration,"Comprehensive Conservation and Management Plan for Narragansett Bay."

［24］ APNEP,"CCMP 2012-2022:Collaborative Actions for Protecting the Albemarle-Pamlico Ecosystem," (March 14,2012),accessed March 30,2016,http://portal.ncdenr.org/c/document_library/get_file? uuid =e6600731-daed-4c5f-9136-253f23c9bbcf&groupId=61563.

［25］ Governor Beverly Eaves Perdue, "Albemarle-Pamlico National Estuary Partnership," State of North Carolina Executive Order #133,November 5,2012.

［26］ APNEP,"CCMP 2012-2022," 1.

［27］ NBEP,"CCMP Update 2012:Revision to the Narragansett Bay Comprehensive Conservation and Management Plan"(December 2012),accessed March 28,2016,http://www.nbep.org/ccmp-guidance.html.

［28］ NBEP,"CCMP Update 2012," 6.

［29］ Paul Cough,Director,EPA Oceans and Coastal Protection Division,letter to Richard Ribb,Director,Narragansett Bay Estuary Program,n.d.

［30］ NEPs across the nation have been found to facilitate networks and partnerships that are more extensive than in estuaries without NEPs,in that they span more levels of government,integrate more experts into policy discussions,and nurture stronger interpersonal ties between stakeholders,and thus lay the foundation for cooperative governance.See Mark Schneider et al.,"Building Consensual Institutions:Networks and the National Estuary Program." American Journal of Political Science 47 (2003):143-58.

［31］ "Narragansett Bay Water Quality Improving Thanks to Less Sewage Treatment Plan Discharges," ecoRI News,August 20,2015,accessed August 25,2016,http://www. ecori. org/narragansett-bay/2015/8/20/ narragansett-bay-water-quality-better-thanks-to-less-sewage-plant-discharges.

［32］ APNEP,"APNEP Partners," accessed March 28,2016,http://www.apnep.org/web/apnep/partners.

［33］ APNEP,"Albemarle-Pamlico Conservation and Communities Collaborative," accessed March 28,2016,http://portal.ncdenr.org/web/apnep/ap3c.

［34］ U.S.Environmental Protection Agency,"Climate Ready Estuaries 2009 Progress Report," accessed March 30,2016,10,https://www.epa.gov/sites/production/files/2014-04/documents/cre_progress_report_v20_singlepages_draft.pdf.

［35］ Korfmacher,"Invisible Successes,Visible Failures."

［36］ Richard Salit,"Environmental Journal:Narragansett Bay Estuary Program Gets a Top-to-Bottom Makeover," Providence Journal,December 29,2013,accessed August 25,2016,http://www.providencejournal.com/article/20131228/NEWS/312289995.

［37］ New England Interstate Water Pollution Control Commission,"Change in Direction:A Talk with the Narragansett Bay Estuary Program's New Leader," iWR e-news（February 2014）,accessed March 28,2016,http://neiwpcc.org/e-news/iWR/2014-02/changeindirection.asp.

［38］ NBEP,"Currents of Change:Environmental Status & Trends of the Narragansett Bay Region."

［39］ NBEP,"Currents of Change:Environmental Status & Trends of the Narragansett Bay Region."

［40］ APNEP,"APNEP's History," accessed March 30,2016,http://portal.ncdenr.org/web/apnep/about.

［41］ APNEP,"Science and Technical Advisory Committee（STAC）Action Plan For the Period November 2012 through June 2014," accessed March 30,2016,http://portal.ncdenr.org/c/document_library/get_file?uuid=d78f3655-f7da-48f7-82c5-600bfc94b9fa&groupId=61563.

［42］ APNEP,"Monitor," accessed March 28,2016,http://www.apnep.org/web/apnep/monitor.

［43］ "Ferry-Based Monitoring of Surface Water Quality in North Carolina," accessed March 28,2016,http://www.unc.edu/ims/paerllab/research/ferrymon/images/index.html.

［44］ Korfmacher,"Invisible Successes,Visible Failures."

［45］ Steven L.Yaffee,"Why Environmental Policy Nightmares Recur," Conservation Biology 11（1997）:328-37.

［46］ Steven L.Yaffee,"Cooperation:A Strategy for Achieving Stewardship Across Boundaries," in Richard L.Knight and Peter Landes,eds.,Stewardship Across Boundaries（Washington,DC:Island Press,1998）,299-324.

［47］ NBEP,"Bay Journal," accessed March 30,2016,http://www.nbep.org/bay journal-currentissue.html.

［48］ In Korfmacher's review of the APES phase of APNEP's history,public participation was judged as a mixed success.Korfmacher,"Invisible Successes,Visible Failures."

［49］ Korfmacher,"Invisible Successes,Visible Failures."

［50］ Korfmacher,"Invisible Successes,Visible Failures."

［51］ Korfmacher,"Invisible Successes,Visible Failures."

［52］ Korfmacher,"Invisible Successes,Visible Failures."

［53］ Rhode Island Bays Rivers and Watersheds Coordination Team,"Systems Level Planning," accessed March 28,2016,http://www.coordinationteam.ri.gov/slplanning.htm.

［54］ Korfmacher,"Invisible Successes,Visible Failures."

［55］ Cough,letter to Ribb,n.d.

［56］ Cindy Cook,Adamant Accord,Inc.,"Facilitator's Assessment:Narragansett Bay Estuary Program"（November 2012）,accessed March 30,2016,http://docsfiles.com/pdf_cindy_cook_adamant_accord.html.

[57] Salit,"Narragansett Bay Estuary Program Gets a Top-to-Bottom Makeover."

[58] Salit,"Narragansett Bay Estuary Program Gets a Top-to-Bottom Makeover."

## Chapter 6

[1] Pacific Marine Conservation Council and Golden Marine Consulting,"Integrating Stewardship,Access,Monitoring and Research:Port Orford Community Stewardship Area"(2008),prepared for POORT,accessed August 1,2010,http://www.oceanresourceteam.org/docs/StewardshipPlan.pdf.

[2] Unless otherwise indicated,this quotation and all subsequent quotations in the chapter are taken from telephone interviews conducted with the named respondent by the authors or their research assistants,January 2009 to December 2010.

[3] POORT,"Mission Statement," accessed March 30,2016,http://www.oceanresourceteam.org.

[4] San Juan County Marine Resources Committee,"Welcome to the San Juan County MSA," accessed March 30,2016,http://www.sjcmrc.org/Marine-Stewardship-Area/MSA-Overview.aspx.

[5] Dan Seimann,"Northwest Straits Marine Conservation Initiative:Five-Year Evaluation Report:submitted by the Northwest Straits Evaluation Panel"(April 6,2004),2,accessed March 30,2016,http://nwstraits.org/media/1257/nwsc-2004-evaluationrpt.pdf.

[6] Seimann,"Northwest Straits Marine Conservation Initiative:Five-Year Evaluation Report," 2.

[7] Seimann,"Northwest Straits Marine Conservation Initiative:Five-Year Evaluation Report," 2.

[8] San Juan Nature Institute and Marine Resources Committee,"Caring for Our Natural Resources:A Way of Life in the San Juans"(2008),personal copy.Original is available from the MRC.

[9] San Juan County Marine Resources Committee,"2010 Annual report," accessed March 30,2016,http://www.sjcmrc.org/uploads/pdf/AnnualReports/2010AnnualReport.pdf.

[10] POORT,"Community Advisory Team," accessed August 27,2016,http://www.oceanresourceteam.org/about/advisors.

[11] Port Orford City Council,"Resolution 2006-41," June 29,2006.

[12] POORT,"Land-Sea Connection Workshop," accessed March 30,2016,http://www.oceanresourceteam.org/initiatives/land-sea-connection/.

[13] San Juan County Marine Resources Committee,"Who We Are," accessed March 30,2016,http://www.sjcmrc.org.

[14] POORT,"Successes," accessed March 30,2016,http://www.oceanresourceteam.org/initiatives/successes/.

[15] POORT,"Ecosystem Based Management," accessed March 30,2016,http://www.oceanresourceteam.org/about/operating-principles/ebm/.

[16] Surfrider Foundation,"Mission," accessed March 30,2016,http://www.surfrider.org/mission.

[17] POORT,"Port Orford Community Stewardship Area," accessed March 30,2016,http://www.oceanresourceteam.org/initiatives/posa/.

[18] Reprinted in "Memorandum of Understanding between Port Orford Ocean Resource Team and the Oregon Department of Fish and Wildlife"(September 17,2008).

[19] San Juan County Marine Resources Committee,"The San Juan County Marine Stewardship Area," accessed

March 30,2015,http://www.sjcmrc.org/Marine-Stewardship-Area.aspx.

[20] Kirsten Evans and Jody Kennedy,"San Juan County Marine Stewardship Area Plan,Prepared by the San Juan County Marine Resources Committee" (July 2,2007),5,accessed March 30,2016,http://www.sjcm-rc.org/uploads/pdf/MSA%20plan%2002-Jul-2007%20Final.pdf.

[21] Evans and Kennedy,"San Juan County Marine Stewardship Area Plan," 27.

[22] Oregon Ocean Policy Advisory Council,"Oregon Marine Reserve Policy Recommendations," (2008),accessed March 30, 2016, http://www. oregon. gov/LCD/OPAC/docs/resources/opac_mar_res_pol_rec_final.pdf.

[23] POORT,"Redfish Rocks Marine Reserve & Marine Protected Area," accessed March 30,2016,http://www.oceanresourceteam.org/initiatives/successes/marine-reserve/.

[24] 75th Oregon Legislative Assembly,"House Bill 3013:An Act Relating to Ocean Resources;and Declaring an Emergency" (2009), accessed March 30, 2016, http://www. oregon. gov/LCD/OPAC/docs/hb_3013.pdf.

[25] POORT,"Stormwater Ordinance," accessed March 30,2016,http://www.oceanresourceteam.org/initiatives/successes/stormwater-ordinance/.

[26] See,e.g.,Elinor Ostrom,Governing the Commons:The Evolution of Institutions for Collective Action (Cambridge UK:Cambridge University Press,1990);Thomas Princen, "Monhegan Lobstering:Self-Management Meets Co-Management," in The Logic of Sufficiency (Cambridge MA:MIT Press,2005),223-90.

## Chapter 7

[1] Jamie Alley,"The British Columbia-Washington Environmental Cooperation Council:An Evolving Model of Canada-United States Interjurisdictional Cooperation," in Environmental Management on North America's Borders,ed.Richard Kiy and John Wirth (College Station:Texas A&M University Press,1998),56.

[2] Unless otherwise indicated,this quotation and all subsequent quotations in the chapter are taken from telephone interviews conducted with the named respondent by the authors or their research assistants,January 2009 to December 2010.

[3] Gulf of Maine Council,"Meeting Briefing Packet" (September 26,2008),17,accessed March 28,2016,http://www.gulfofmaine.org/council/internal/docs/gomc_wg_october_2008.pdf.

[4] State of Oregon,"1994 Territorial Sea Plan Appendix G:Principal Policies of the Oregon Ocean Plan," accessed March 28,2016,http://www.oregon.gov/LCD/OCMP/docs/Ocean/otsp_app-g.pdf.

[5] Gulf of Mexico Alliance, "Alliance Management," accessed March 28,2016,http://www.gulfofmexicoalliance.org/about-us/organization/alliance-management-team/.

[6] Channel Islands National Marine Sanctuary,"Working Group & Subcommittees," accessed March 28,2016, http://channelislands.noaa.gov/sac/working_groups.html.

[7] "Ferry-Based Monitoring of Surface Water Quality in North Carolina," accessed March 28,2016,http://www.unc.edu/ims/paerllab/research/ferrymon/images/index.html.

[8] Albemarle-Pamlico National Estuary Program,"SAV Monitoring," accessed March 28,2016,http://www.apnep.org/web/apnep/sav-monitoring.

[9] Narragansett Bay Estuary Program, "Resolution 2014-01, Establishment of a Science Advisory Committee" (June 18, 2014), accessed March 28, 2016, http://nbep.org/pdfs/Resolution%202014-01%20Science%20Advisory%20Committee.pdf.

[10] Gulf of Mexico Alliance, "Ecosystems Integration & Assessment: Priorities for Managing Ecosystem Data," accessed August 27, 2016, http://www.gulfofmexicoalliance.org/our-priorities/former-ourpriorities/ecosystems-integration-assessment.

[11] See chapter 2, note 21, for updated status of the Gulf of Maine Ocean Observing System.

[12] Gulf of Mexico Alliance, "Power of Partnerships: Other Partners," accessed August 27, 2016, http://www.gulfofmexicoalliance.org/about-us/alliance-partnerships/other-partners.

[13] Gulf of Mexico Alliance, "Power of Partnerships: Other Partners," accessed August 27, 2016, http://www.gulfofmexicoalliance.org/about-us/alliance-partnerships/other-partners.

[14] Northwest Straits Commission, "Marine Resources Committees," accessed March 28, 2016, http://www.nwstraits.org/get-involved/mrcs/.

[15] Gulf of Mexico Alliance, "Constitution," August 2012, accessed August 27, 2016, http://www.gulfofmexicoalliance.org/pdfs/Alliance%20Constitution%20August%202012_final.pdf.

[16] Channel Islands National Marine Sanctuary, Sanctuary Advisory Council, "Decision-Making and Operational Protocols" (November, 19, 2005), accessed March 28, 2016, http://channelislands.noaa.gov/sac/pdfs/rev_prot.pdf.

[17] Gulf of Maine Council, "Agreement on Conservation of the Marine Environment of the Gulf of Maine between the Governments of the Bordering States and Provinces," accessed August 27, 2016, http://www.gulfofmaine.org/2/wp-content/uploads/2014/09/GOMC-Agreement-1989.pdf.

[18] "Co-Trustees Agreement for Cooperative Management," accessed August 27, 2016, http://floridakeys.noaa.gov/mgmtplans/man_cotrust.pdf.

[19] U.S.Department of Commerce, National Oceanic and Atmospheric Administration, "National Marine Sanctuary Program, Sanctuary Advisory Council Implementation Handbook" (May 2003), accessed March 28, 2016, http://sanctuaries.noaa.gov/library/national/sachandbook_new.pdf.

## Chapter 8

[1] Unless otherwise indicated, this quotation and all subsequent quotations in the chapter are taken from telephone interviews conducted with the named respondent by the authors or their research assistants, January 2009 to December 2010.

[2] Katrina Smith Korfmacher, "Invisible Successes, Visible Failures: Paradoxes of Ecosystem Management in the Albemarle-Pamlico Estuarine Study," Coastal Management 26 (1998): 191-212.

[3] Laura Bowie, "10 Years of Building Partnerships for a Healthier Gulf," Gulf of Mexico Alliance Newsletter (June 10, 2014), accessed March 10, 2016, http://www.gulfofmexicoalliance.org/2014/06/10-years-of-building-partnerships-for-a-healthiergulf.

[4] San Juan Initiative, "Protecting Our Place for Nature and People" (December 2008), 5, accessed March 10, 2016, http://sanjuanco.com/cdp/docs/CAO/SJI_Final_Report.pdf.

［5］ Governor Jeb Bush,"Letter to Governor Haley Barbour"(April 26,2004),personal copy.

［6］ Tortugas 2000 Working Group,"Meeting Minutes"(May 1999),personal copy.See also Joanne M.Delaney, "Community Capacity Building in the Designation of the Tortugas Ecological Reserve," Gulf and Caribbean Research 14 (2003):163−69;Benjamin Cowie-Haskell and Joanne M.Delaney,"Integrating Science into the Design of the Tortugas Ecological Reserve," Marine Technology Society Journal 37 (2003):68−79.

## Chapter 9

［1］ See citations in chapter 1,note 2.

［2］ Roger Fisher,William Ury,and Bruce Patton,Getting to YES:Negotiating Agreement without Giving In,2nd ed.(New York:Penguin Books,1991);Lawrence Susskind,Sarah McKearnan,and Jennifer Thomas-Larmer, The Consensus Building Handbook:A Comprehensive Guide to Reaching Agreement (Thousand Oaks,CA: Sage Publications,1999.)

［3］ Morgan Gopnik,From the Forest to the Sea:Public Land Management and Marine Spatial Planning (New York:Routledge,2014).

［4］ USDA-Forest Service,"Sierra Nevada Forest Plan Implementation," accessed March 30,2016,http://www. fs.usda.gov/detail/r5/landmanagement/planning/? cid = stelprdb5349922;USDA-Forest Service, "Northwest Forest Plan," accessed March 30,2016,http://www.fs.usda.gov/detail/r6/landmanagement/planning/? cid =fsbdev2_026990.

［5］ Unless otherwise indicated,this quotation and all subsequent quotations in the chapter are taken from telephone interviews conducted with the named respondent by the authors or their research assistants,January 2009 to December 2010.

［6］ Steven L.Yaffee,"Collaborative Strategies for Managing Animal Migrations:Insights from the History of Ecosystem-Based Management," Environmental Law 41 (2011):655−79.

［7］ Testimony of Dante Fascell before the U.S.House Committee on Merchant Marine and Fisheries,May 10, 1990,reprinted in Hearing on HR 3719,To Establish the Florida Keys National Marine Sanctuary,Serial No. 101−94 (Washington:Government Printing Office,1990),p.6.

［8］ David Olinger,"Preserving the Keys:A Sanctuary within the Sea," St.Petersburg Times,January 29,1997.

［9］ Quoted in William Booth,"'Zoning' the Sea:New Plan for Florida Keys Arouses Storm," The Washington Post,October 17,1993,accessed August 24,2016,www.washingtonpost.com/archive/politics/1993/10/17/ zoning-the-sea-new-plan-for-florida-keys-arouses-storm/ee55f0a0−ad00−413d−842d−ccb33f6befb1.

［10］ Yaffee,"Collaborative Strategies for Managing Animal Migrations."

［11］ See,e.g.,Dale Goble,Michael J.Scott,and Frank W.Davis,eds.,The Endangered Species Act at Thirty:Renewing the Conservation Commitment (Washington,DC:Island Press,2006);C.M.Weible, "Caught in a Maelstrom:Implementing California Marine Protected Areas," Coastal Management 36 (2008):350−73; Steven L.Yaffee,Prohibitive Policy:Implementing the Endangered Species Act (Cambridge,MA:MIT Press,1982).

［12］ Our prescription here is similar to Kai Lee's compass and gyroscope analogy.See Kai N.Lee,Compass and Gyroscope:Integrating Science and Politics for the Environment (Washington,DC:Island Press,1993).

# 作者简介

朱莉娅·M. 旺多莱克(Julia M. Wondolleck)是密歇根大学自然资源专业副教授,争端解决和合作规划过程理论和应用方面的专家,有 3 本独立或共同著作:《公共土地冲突和解决:管理国家森林争端》(普莱南出版社,1988)、《环境争端:社群参与冲突解决》(岛屿出版社,1990)和《让合作发挥作用:自然资源管理创新的经验》(岛屿出版社,2000)。她在旧金山湾区长大,年轻时经常参与湾区的帆船运动,在塞拉徒步旅行,因此,她对陆地和海洋有着广泛的研究兴趣。她的最新研究是关于美国国家海洋与大气管理局(NOAA)国家河口研究保护区系统中涉及的合作科学理念、该局国家海洋保护区计划保护区咨询委员会工作,以及该局海洋保护区中心的社群参与战略。她取得了加州大学戴维斯分校经济学和环境研究专业的本科学位,以及麻省理工学院环境政策和规划专业的硕士和博士学位。

史蒂文·L. 雅飞(Steven L. Yaffee)是密歇根大学自然资源和环境政策专业教授,在联邦濒危物种、公共土地和生态系统管理政策方面已经工作了 40 多年,有 4 本独立或共同著作:《禁止性政策:实施联邦濒危物种法案》(麻省理工学院出版社,1982)、《斑点猫头鹰的智慧:新世纪的政策教训》(岛屿出版社,1994)、《美国的生态系统管理:对当前经验的评估》(岛屿出版社,1996)和《让合作发挥作用》(岛屿出版社,2000)。作为华盛顿特区土生土长的本地人,他年轻时听过许多关于公共政策和政治的故事,还亲身体验了城市扩张造成的本地生境的丧失;因此,他对如何改进决策过程从而做出更加环保的决策产生了浓厚的兴趣。他推动了北美的许多合作进程,并协助众多慈善基金会开发保护项目的评估指标。目前,他正在写一本新书,详细介绍加州《海洋生物保护法》海洋保护区指定过程的历史和教训。他取得了麻省理工学院环境政策和规划专业的博士学位,密歇根大学自然资源管理和政策专业的本科和硕士学位。他曾是哈佛大学肯尼迪政府学院的教员,橡树岭国家实验室和世界野生动物基金会的研究员。